渤海油田三维地震资料连片处理技术与实践

夏庆龙　周　滨　周东红　蒲晓东　李振春　著

科学出版社
北　京

内 容 简 介

本书详细阐述了连片处理中的关键技术,以辽东湾叠前连片处理为例,总结了一套适用于大面积、多区块的三维叠前连片地震资料处理体系。本书共分为五章。第一章简要介绍了渤海油田勘探概况,讲述了渤海油田勘探的发展历程;第二章系统阐述了海上连片处理技术与方法原理;第三至第五章系统阐述了辽东湾地震资料连片处理目的与意义、思路与方法以及取得的技术突破,分析了连片叠前偏移处理应用效果,为渤海油田整体三维地震资料连片处理奠定了基础。

本书是近年来渤海油田三维地震资料叠前连片处理技术与实践的系统总结,可供从事油气勘探和生产实践的科技工作者及高等院校有关专业师生参考。

图书在版编目(CIP)数据

渤海油田三维地震资料连片处理技术与实践/夏庆龙等著.—北京:科学出版社,2017

ISBN 978-7-03-052504-8

Ⅰ.①渤… Ⅱ.①夏… Ⅲ.①渤海–海上油气田–三维地震法–油气勘探 Ⅳ.①P618.130.8

中国版本图书馆 CIP 数据核字(2017)第 073523 号

责任编辑:焦 健 韩 鹏/责任校对:何艳萍
责任印制:肖 兴/封面设计:铭轩堂

科 学 出 版 社 出版
北京东黄城根北街 16 号
邮政编码:100717
http://www.sciencep.com

中国科学院印刷厂 印刷
科学出版社发行 各地新华书店经销
*

2017 年 5 月第 一 版   开本:787×1092 1/16
2017 年 5 月第一次印刷   印张:15 1/4
字数:344 000

定价:188.00 元
(如有印装质量问题,我社负责调换)

序

  近二十年来，随着油气勘探难度的不断加大，对地震勘探精度的要求越来越高，为了获得地下整体地质结构和油气储层分布的认识，需要进行大范围的区域地震勘探。由于大面积地震数据采集的成本高，该书作者针对过去不同时期、不同仪器、不同采集方式获得的多块地震资料数据，利用先进的地震资料数据处理理论和处理手段，开展了辽东湾地震资料大连片攻关处理，处理结果达到了降本增储的目的，取得了十分显著的效果，为生产实践优选了一大批新的钻探目标，同时也在针对复杂数据体处理技术领域取得了重要进展。

  辽东湾大连片处理是中国海上油气田迄今为止已完成的跨年度最长、连片区块最多、满覆盖面积最大的连片处理，该处理项目成功实现了横跨过去30年采集的29块地震资料、16800km^{2}辽东湾探区的大连片处理。

  该书以辽东湾大连片处理为例，针对不同三维区块之间能量、频率、极性、相位、时差等方面的差异以及区块间的边界效应，为了实现运动学和动力学特征一致性处理和无缝拼接，阐述了海上三维叠前地震资料连片处理中的关键技术，剖析了典型实例。主要内容有如下几个方面：①海上干扰噪声压制、数据规则化、基于方位角的倾角时差校正、海上多次波压制和整体偏移成像等海上常规处理技术；②结合辽东湾探区的地质地震特点，形成了连片处理的思路与方法，重点分析了连片处理基本流程中的数据完整性检查、多域组合噪声衰减、双检合并、预测反褶积、数据规则化、拉东域多次波衰减、整体连片处理、速度分析、叠前时间偏移和偏移后处理等方法技术；③针对海量数据处理、拼接条件复杂和构造范围广、变化大等处理难点，形成了海量数据处理措施、连片处理关键技术、三维立体十字交叉速度解释和低频保护等针对性技术；④分析了连片叠前偏移处理应用效果，重点剖析了连片叠前偏移处理成果和地质应用效果。

  该书的出版为海上油气田大连片处理提供了系统的技术支撑和宝贵经验，既有重要的理论指导意义，又有实际的应用价值。相信大连片处理技术与实践的推广应用，会为我国海上油气田"降本增储"做出巨大贡献，为广大油田企业在低油价条件下如何实现"降本增效"提供了新的思路。本人愿意将该书推荐给从事油气勘探科研和生产实践的同行们。

中国科学院院士 马永生
2016年7月25日

前 言

三维叠前连片处理技术是对区域内不同时期采集的多块三维地震资料进行高精度叠前拼接的处理技术，目的是消除不同三维区块之间采集因素、能量、频率、极性、相位、时间及信噪比等运动学和动力学特征方面的差异以及区块间的边界效应，提高地震资料的品质，为后续的大面积三维地震解释提供高质量的成果数据体。

高精度叠前时间连片处理技术可以实现资料间"无缝拼接"，有效规避边界效应问题，提高整体成像精度。以此为基础资料进行精细解释得到的全部资料覆盖区构造图，有利于寻找和发现遗漏的构造单元或地层岩性圈闭，支撑了油田区可持续勘探发展需要。三维连片处理技术能节省大量的重采集费用，降低勘探和后期开发成本，创造巨大的经济效益，因而，开展三维叠前连片处理研究具有重要的理论意义和实用价值。

本书以辽东湾叠前连片处理为例，阐述了连片处理中的关键技术和应用效果，总结了一套适用于大面积、多区块的三维叠前连片地震资料处理体系。辽东湾区域29块三维、两万余平方千米，各个区块资料基本在不同的年度采集，受施工等因素影响，导致各块之间在能量、相位、频率、时间等方面都存在差异，使得勘探开发人员无法获得辽东湾探区统一、系统、全面的地质认识。传统的叠后连片处理存在诸多的不足，因为直接利用叠后资料做连片处理，只能使两种资料叠加剖面趋于一致，并不能使叠前数据的频率、相位和振幅真正做到一致，连片处理效果不理想，处理后导致两块资料间存在严重的边界效应，无法满足高效和整体勘探的要求，也无法有利支持交接位置的精细滚动评价。为解决上述问题，以服务辽东湾探区的中长期勘探需求，提出将横跨过去30年采集的29块三维地震资料，约200T的海量数据进行三维叠前连片处理，这在渤海乃至整个中国海油尚属首次。

本书共分为五章。绪论部分简述地震资料连片处理技术的发展概况，由夏庆龙编写；第一章简要介绍渤海油田勘探概况，由夏庆龙、周滨、周东红编写；第二章系统阐述海上连片处理技术，由夏庆龙、周滨、蒲晓东、李振春、王志亮、张建峰、龚旭东、王旭谦、倪雪灿编写；第三章简述辽东湾地震资料连片处理目的与意义，由夏庆龙、周滨、周东红、王志亮、张建峰、陈昌旭编写；第四章阐述辽东湾地震资料连片处理思路与方法，由夏庆龙、周滨、陈继宗、王旭谦、倪雪灿编写；第五章介绍辽东湾地震资料连片处理技术突破，由夏庆龙、周滨、周东红、蒲晓东、王志亮、张建峰、龚旭东、陈昌旭、张志军编写。全书由夏庆龙统稿。

本书是近年来渤海油田三维地震资料叠前连片处理技术与实践的系统总结，所取得的创新性研究成果与总结出的一套适用于大面积、多区块的三维叠前连片地震资料处理技术体系，为其他三维连片处理提供了有效的技术指导。

本书的撰写与出版得到了中国石油大学（华东），中海石油（中国）有限公司天津分公司，中海油服物探事业部等诸多单位领导和专家的支持与帮助；另外本书的编写还得到了中国石油大学（华东）印兴耀教授，吴智平教授的指导与关心。同时，中海石油（中国）有限公司天津分公司王志亮、张建峰、龚旭东、陈昌旭、张志军，以及中海油服物探事业部陈继宗、王旭谦、倪雪灿等参与了本书的编写工作。在此一并向他们表示衷心的感谢。

由于编者水平所限，本文难免有许多不足之处，恳请各位专家和读者批评指正。

夏庆龙

2017 年 4 月

目　　录

序
前言
绪论 ………………………………………………………………………………… 1
第一章　渤海油田勘探概况 …………………………………………………… 4
第一节　渤海勘探的发展历程 ………………………………………………… 4
第二节　渤海地震勘探采集方法 ……………………………………………… 7
　　一、定位导航技术 …………………………………………………………… 8
　　二、激发技术 ……………………………………………………………… 17
　　三、接收技术 ……………………………………………………………… 23
　　四、常用的观测系统 ……………………………………………………… 24
参考文献 ………………………………………………………………………… 26
第二章　海上连片处理技术 …………………………………………………… 28
第一节　海上常规处理 ………………………………………………………… 28
　　一、海上常规处理流程 …………………………………………………… 28
　　二、海上常规处理技术 …………………………………………………… 29
第二节　海上干扰噪声压制 …………………………………………………… 39
　　一、海上干扰噪声特点 …………………………………………………… 39
　　二、海上干扰噪声压制技术 ……………………………………………… 39
第三节　数据规则化技术 ……………………………………………………… 48
　　一、基于方位角的倾角时差校正法 ……………………………………… 49
　　二、加权抛物拉东变换法 ………………………………………………… 52
　　三、迭代加权最小二乘法 ………………………………………………… 54
　　四、反漏频傅里叶变换法 ………………………………………………… 58
　　五、借道与三角剖分联合法 ……………………………………………… 59
　　六、非均匀傅里叶变换与贝叶斯参数反演联合法 ……………………… 61
第四节　海上多次波干扰压制 ………………………………………………… 64
　　一、多次波的产生、分类及基本特征 …………………………………… 64
　　二、多次波干扰的识别方法 ……………………………………………… 70
　　三、多次波压制技术 ……………………………………………………… 70
　　四、OBC双检合并技术 …………………………………………………… 89
第五节　一致性处理技术 ……………………………………………………… 95

  一、面元网格和方位角一致性处理 ·· 95
  二、子波零相位化处理 ·· 96
  三、时差一致性处理 ·· 99
  四、能量/振幅一致性处理 ··· 100
  五、相位一致性处理 ·· 101
  六、频率一致性处理 ·· 103
  七、速度场一致性处理 ·· 104
 第六节 偏移成像 ··· 106
  一、叠前时间偏移处理 ·· 106
  二、叠前深度偏移处理 ·· 111
 参考文献 ··· 118

第三章 辽东湾地震资料连片处理目的与意义 ··· 122
 第一节 项目背景 ··· 122
  一、辽东湾区域地质概况 ·· 122
  二、辽东湾地区地震资料情况分析 ·· 125
  三、辽东湾现有地震资料存在的问题 ·· 127
 第二节 原始资料品质分析 ··· 129
  一、北部区块 ·· 133
  二、中部区块 ·· 137
  三、南部区块 ·· 140
 第三节 连片处理的目的和意义 ·· 144
 参考文献 ··· 148

第四章 辽东湾地震资料连片处理思路与方法 ··· 149
 第一节 连片处理思路 ··· 149
 第二节 连片处理的基本流程 ··· 150
  一、数据完整性检查 ·· 151
  二、多域组合噪声衰减 ·· 154
  三、双检合并 ·· 164
  四、预测反褶积 ·· 166
  五、数据规则化 ·· 180
  六、$\tau\text{-}p$ 域多次波衰减 ·· 181
  七、连片处理 ·· 190
  八、速度分析 ·· 201
  九、叠前时间偏移 ·· 204
  十、偏移后处理 ·· 205
 参考文献 ··· 206

第五章 辽东湾地震资料连片处理技术突破 ··· 207
 第一节 辽东湾地震资料处理难点 ·· 207

	一、海量数据处理	207
	二、拼接条件复杂	207
	三、构造变化大	208
第二节	处理难点的针对性技术	208
	一、海量数据针对性措施	208
	二、针对性连片处理技术	210
	三、三维立体十字交叉速度解释	210
	四、低频保护技术	211
第三节	连片叠前偏移处理应用效果分析	213
	一、连片叠前偏移处理成果效果分析	213
	二、地质应用效果分析	219
参考文献		231

绪 论
——地震资料连片处理概述

半个世纪以来,渤海油田的勘探工作主要经历了四个阶段,包括以凸起潜山为主的摸索阶段(1966~1984 年)、以古近系为主的勘探阶段(1985~1994 年)、以新近系为主的勘探阶段(1995~2005 年)以及多层系立体勘探阶段(2006 年至今)。渤海油田勘探的前三个阶段,不同时期任务各不相同,并且在十一五之前,受海上地震采集技术以及装备的限制,渤海三维地震采集年作业能力只有几百平方千米,因此地震勘探的主要区域集中在有利构造的重点区域,以满足勘探工作的需求。渤海油田自 2006 年进入多层系立体勘探阶段以后,海上地震资料采集以"整体部署、分步实施"为战略目标,逐年开展大面积三维地震资料采集及处理工作(夏庆龙,2016)。

渤海油田的三维连片处理技术是伴随着三维资料处理技术和计算机技术的不断进步而发展的,从 20 世纪 90 年代末期开始,经历了三个重要的阶段:三维叠后连片处理,三维叠前连片处理,大面积三维叠前连片处理。

(1) 1998~2007 年,三维叠后连片处理阶段。

20 世纪 90 年代末,在渤海油田勘探程度相对较高的地区,三维地震资料由多块相邻的野外采集工区组成,不利于对构造的整体认识。但由于计算机能力和处理技术的限制,只能对地震资料进行叠后连片处理。

1998 年,渤海油田首次在 PL 和 BZ 地区的三个区块进行了三维叠后连片处理,并取得了较好的效果。随后经过多年的攻关研究与应用,形成了一套成熟的适合渤海油田的三维叠后连片处理技术,并进行了推广应用。1998~2007 年期间,渤海油田的连片处理工作量约 $16000km^2$。

(2) 2008~2013 年,三维叠前连片处理阶段。

随着渤海油田勘探与开发的不断深入,对地震资料品质提出了更高的要求,叠后连片处理技术已经不能满足需求。通过对国外地球物理公司的考察调研及技术攻关研究,形成了一套适合于渤海的叠前连片处理技术。

2008 年,渤海油田首次在 JX 和 JZ 地区的两个区块进行了三维叠前连片处理,并取得了较好的效果。随后进行了推广应用,在 2008~2013 年期间,渤海油田三维叠前连片处理工作量约 $10620km^2$。

(3) 2013 年至今,大面积三维叠前连片处理阶段。

2013 年,渤海油田已基本完成三维地震资料全覆盖,为三维地震资料整体叠前连片处理创造了条件,并以辽东湾地区的三维地震资料叠前连片处理开始,逐步完成渤海油田整体三维地震资料叠前连片处理。对这些跨年代、品质迥异的地震资料连片处理、实现无缝拼接，既能增强也能革新对渤海油田地下构造的整体认识，同时强化对油田油藏储层细节处的精细把握，以此为基础进行渤海油田地质的再认识、再研究，进一步助推渤海油田的高效勘探和开发。

海上地震资料叠前连片拼接的目的是要真正解决资料之间横向错断，即能量、相位、时差和频率不统一的问题。拼接前首先对原始资料的能量、极性、相位、时差、频率及信噪比等因素进行详细的调查、分析、研究、对比，搞清楚两块资料的差别所在，然后采取一系列统一化技术措施，以达到"无缝拼接"。

首先，采用能量调整技术使两块资料的振幅达到统一。由于球面扩散，大地的吸收衰减作用和不同的震源及接收方式等因素的影响使得地震资料在纵、横向上能量存在着较大差异，通过采用几何扩散补偿方法提高和恢复层间弱反射信号的强度，在此基础上应用地表一致性振幅补偿消除由于激发和接收因素造成的道集间能量的不均衡问题，从而使两块数据以及同一地震数据之间地震记录的能量在时间和空间方向上基本一致。这样就保持地震波组的反射特征和振幅的相对关系，为后续各项保幅处理奠定了良好基础。

其次，对地震资料的地震道的极性进行调查分析，通过对拼接处相同测线叠加效果的对比，调整极性，使其统一。

再次，对资料拼接处叠加剖面的各有效反射层的时间进行对比，提取并消除两块三维资料之间的系统时差，然后对全区采用统一的地表一致性剩余静校正和速度迭代技术，进一步地精细时差调整，使全区的纵、横向时差问题得到很好的解决。

最后，针对两块资料频率存在的差异，采用不同方式、不同参数的反褶积方法来消除其频率差异。再应用不同参数、不同时窗的地表一致性反褶积技术，缩小资料间原始频率的差异，然后对各块采用不同参数的预测反褶积技术，在消除海上资料鸣震的同时，使全区资料的频率趋于一致。

辽东湾地区由 29 个三维地震采集区块组成，处理面积 16864km^2，为当时国内面积最大的地震资料叠前时间偏移连片处理项目。所得项目成果对辽东湾的勘探开发具有重要意义，具体表现在以下五个方面：

（1）大连片资料由辽东湾所有小块三维资料联合拼接而成，经过连片处理实现了整个辽东湾地震资料在频率、相位、能量等方面的统一，为辽东湾的整体研究提供了高品质的资料基础。

（2）连片处理成果为辽东湾整体构造特征研究、断裂体系分析，构造格局认识提供了全面的信息。

（3）连片处理的成果解决了小块资料解释层位存在时差不统一的现象，使辽东湾探区全区层位的统一成为可能，为区域沉积研究提供较好的资料基础。准确建立全区等时地层格架，确定沉积体系展布及成因模式，明确辽东湾探区盆地沉积充填特征，为储层研究提供支撑。

（4）连片处理具有较大的偏移距，解决了小块资料边部高陡目标成像差，构造覆盖不全，成像不清的问题，能够对跨界构造实现精细落实。其中锦州 25-1 油田、辽东湾锦州 20-2N 油气田等都是依靠连片处理而发现的。

（5）辽东湾探区主要分布有辽西潜山带和辽东潜山带等多个潜山圈闭群。潜山规模大、岩性的多样性与多块三维地震资料品质的差异性相重叠，整体研究难度很大。通过连片处理，统一的地震资料能为潜山整体研究提供资料基础。

本书结合具体实例，通过三维叠前连片处理及相关目标处理，解决了勘探评价过程中存在的八个方面的问题。

（1）不同区块间时差与相位差的问题。由于不同资料的采集时间、采集方式及采集参数的差异，不同区块间存在时间与相位的差异，这是本次连片处理解决的首要问题。

（2）高陡产状地层（断层）归位与成像问题。通过利用不同时期采集得到的地震资料，对同一区域进行精细研究，较好地解决了高陡产状地层（断层）归位与成像问题。

（3）基底及潜山内幕成像的问题。通过三维连片处理，使得基底及潜山内部的同相轴连续性增强，进一步提高了分辨率和成像质量。

（4）复杂断裂区断层归位的问题。将不同区块的资料进行连片处理，可以使断层归位更加准确，绕射波更加收敛，从而进一步提高成像质量，为后续的地震资料解释提供高质量的成像剖面。

（5）中深层地震分辨率问题。通过三维资料的连片处理，可以对区块做进一步的目标处理，由此提高成像分辨率，尤其是提高中深层的分辨率，为接下来的储层预测提供高分辨率的成像剖面。

（6）采集足迹问题。早期海底电缆采集足迹比较严重，经过连片处理后能得到较好压制。

（7）剩余多次波干扰的问题。通过三维连片处理，可以有效地衰减多次波，处理后剖面有效波更加突出，同相轴的连续性得以增强，构造形态更加真实可靠，为储层预测提供了高精度的地震剖面。

（8）探区南北三维采集方向差的问题。通过三维连片处理，可以得到全部工区资料覆盖区的整体构造图，有效地解决了探区南北三维采集方向差的问题。

本书分为五章。第一章简述渤海油田勘探概况，首先回顾渤海勘探的发展历程，接下来分析渤海地震勘探采集方法，重点介绍定位导航技术、激发技术、接收技术和常用的观测系统；第二章详细阐述海上连片处理技术，首先给出海上常规处理流程和海上常规处理技术，接下来重点介绍海上干扰噪声压制、数据规则化技术、基于方位角的倾角时差校正、海上多次波压制一致性处理和整体偏移成像等海上常规处理技术；第三章简述辽东湾地震资料连片处理目的与意义，分析辽东湾区域地质概况和地震资料特点，结合现有地震资料的品质和存在的问题，阐述连片处理的重要性；第四章阐述辽东湾地震资料连片处理思路与方法，重点介绍连片处理基本流程中的数据完整性检查、多域组合噪声衰减、双检合并、预测反褶积、数据规则化、拉东域多次波衰减、整体连片处理、速度分析、叠前时间偏移和偏移后处理等方法技术；第五章介绍辽东湾地震资料连片处理技术突破，以及连片处理中的难点与措施，分析海量数据处理、拼接条件复杂和构造范围广、变化大等处理难点，阐述海量数据针对性措施、连片处理关键技术、三维立体十字交叉速度解释和低频保护等针对性技术。另外，本章还分析了连片叠前偏移处理应用效果，重点剖析了连片叠前偏移处理成果效果和地质应用效果。

第一章 渤海油田勘探概况

第一节 渤海勘探的发展历程

渤海是中国唯一的内海,面积约 $7.3×10^4 km^2$,水深 $5\sim30m$,其位于渤海湾盆地的中东部。渤海湾盆地大小约 $20×10^4 km^2$,其中包含任丘、冀东、胜利、辽河、大港、渤海和中原等油田区块。作为国内油气年产量最多的盆地,截至目前,其包含的七个油田区块累计产原油 $8300×10^4 t$。其中,渤海油区的勘探面积达 $5×10^4 km^2$,该油区拥有储量大于 $1×10^8 m^3$ 的大型油田九个,中型油田 33 个,2010 年产油气 $2900×10^4 t$,成为中国最大的海上油田。尤其是"十一五"以来渤海油田勘探坚持以深浅兼顾的多层系立体勘探思路为指导,发现了多个亿吨优质油田群(图 1.1)。

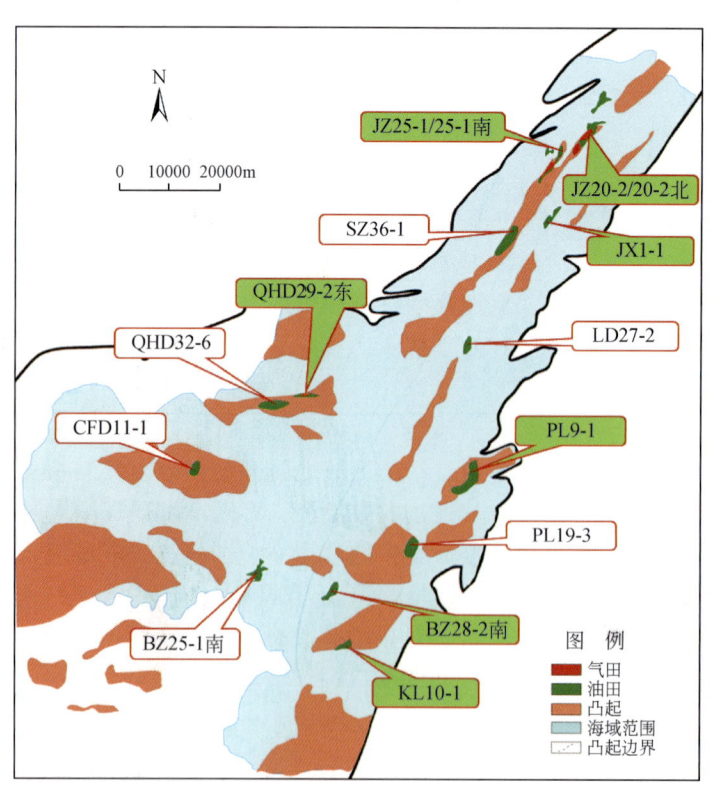

图 1.1 渤海海域主要大油田位置分布示意图
绿色标注为"十一五"后发现

渤海海域的勘探历程大致可以概括为四个阶段：

(1) 以凸起潜山为主的摸索阶段（1966～1984年）。

海洋石油勘探指挥部成立于1965年8月。它于1966年12月15日完成我国第一座桩基式海上钻井一号平台的设计与建设。我国第一口海洋石油探井H1井于1966年12月31日开钻，次年6月14日在明下段1615～1630m井段喷出原油。渤海海域的油气勘探由此开始进入新的篇章。1971年1月在其相邻的海四油田的沙河街组、馆陶组和明化镇组发现油层。

随后，勘探中采用了"区域甩开、重点突破"的原则。整体解剖了石臼坨凸起、埕北低凸起以及沙垒田凸起等三大凸起区域（姜培海，2001）。当时借鉴陆上勘探经验，在"源控论"的指导下进行油气勘探。在埕北低凸起的西高点部署了第一口探井H7井，获得工业油流。沙垒田凸起为一被凹陷环绕的大型凸起（图1.2），面积约1650km²，于1973年在该凸起顶部CFD11-1构造部署了HZ1井，在明化镇组、馆陶组发现了百余米厚的油层，从而认为该区域新近系是有利勘探层系。由于该区新近系整体披覆于凸起之上，且储集性较好，应连片含油，后续在该凸起上整体部署6口探井均为油气显示井，因此，勘探重点区域向石臼坨凸起区转移。该阶段发现的油田主要为以埕北油田为代表的凸起披覆型背斜及潜山油气藏。

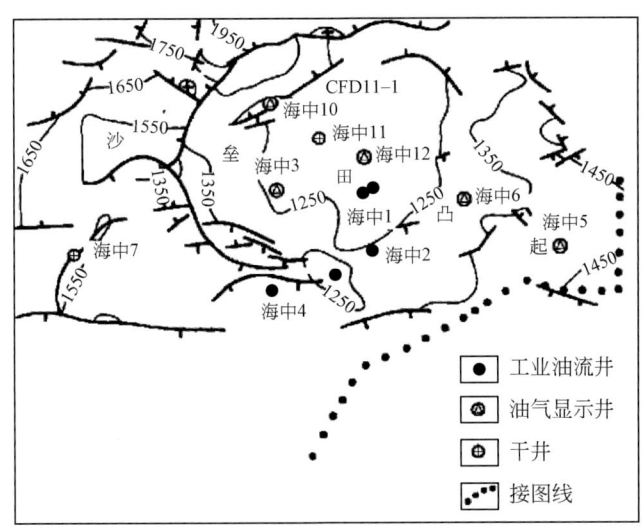

图1.2 沙垒田凸起构造示意图（王向辉，2000）

(2) 以古近系为主的勘探阶段（1985～1994年）。

本阶段，周边陆上油田古近系相继获得重要发现，渤海油田积极借鉴周边陆上油田勘探取得的成功经验，并积极推进对外合作，在"复式油气成藏理论"指导下，展开了以古近系为主的勘探。1979～1984年，在中央的直接关怀和领导下，走上了对外合作的正确道路，埃索等九家外国公司进行了大规模的勘探投入，均无商业发现，合作勘探遭遇挫折（石宝衍，2000；朱伟林，2011）。1986年，转变思路将勘探区域转向辽东湾地区，同年6月在辽西低凸起中段SZ36-1构造上部署钻探SZ36-1-1井，在古近系东营组发现了大套油层。在深入研究 SZ36-1-1 井的资料和二维地震资料的基础上，以东营组为重点勘探层系，于 1987 年 4 月在 SZ36-1-1 井南 11.3km 处部署了 SZ36-1-2D 井，在东营组发现 200m 厚的油层，发现了绥中 36-1 油田。渤海石油勘探从此走出低谷，经过后期不断勘探开发，截至 1995 年，绥中 36-1 油田探明石油地质储量近 $3\times10^8m^3$，这是当时渤海海域油气勘探 20 多年来发现的唯一的亿吨级大油田。

(3) 以新近系为主的勘探阶段（1995~2005 年）。

以潜山为主的阶段，没有获得规模性油气田，以古近系为主的阶段，虽然取得勘探重要进展，但受储层物性及储层预测方法制约，整体成效不佳。针对渤海海域晚期构造活动强烈等特点，创新建立"晚期成藏理论"，勘探重点转向新近系。同时，绥中 36-1 稠油油田的成功开发，坚定了新近系勘探的信心，推动了凸起区新近系油气的积极勘探，自营勘探发现秦皇岛 32-6 亿吨级油田，带动合作勘探发现，掀起了新近系勘探高潮。该阶段自营发现了 QHD32-6、NP35-2、BZ29-4；与 PHILLPS 合作发现 PL19-3、PL9-1、PL25-6；与 Kerr-McGee 合作发现 CFD11-1、CFD12-1；与 CHEVRON 合作发现 LD27-2；先自营，后与 Texaco 合作发现了 BZ25-1 油田等 10 个大中型的油气田，累计探明原油地质储量 20×10^8t。这一重大成果为渤海油田 2005 年建成 1×10^7t 产能奠定了基础。

(4) 多层系立体勘探阶段（2006 年至今）。

随着凸起区勘探程度增加，构造圈闭越来越少，圈闭规模不断减小，勘探难度逐渐增大，新近系勘探进入低潮，勘探再次陷入困境，需要创新勘探思路，丰富勘探理论发展新的勘探技术。本阶段以寻找规模优质油气田为指导思想，将勘探领域从凸起稳定区转向活动断裂带，创新提出"活动断裂带油气差异富集理论"，加强区域研究、整体解剖，开展多层系立体勘探。通过大面积的三维地震勘探和区域研究，全面再认识了渤海海域油气的成藏特征，找到了一批大中型高产优质油气藏，发现了五个亿吨级优质油田群，分别为锦州油田群、金县油田群、石东油田群、莱北油田群和黄东油田群，新增石油地质储量达 $14\times10^8m^3$。过去以稠油为主的储量结构得以改变，整体产能也得到有效提高。

渤海海域凸起区的浅层为稠油主要分布区。针对这一现状，对勘探思路进行调整，由凸进凹地寻找轻质油；同时拓展中深层，寻找凹内陡坡带优质储层。这一思路的调整，打破了过去储层认识上的埋深禁区，在渤中凹陷石南陡坡带中深层新探明油当量约 $2\times10^8m^3$，发现了位于莱州湾凹陷陡坡带的垦利 10-1 亿吨级大油田。近五年来，随着渤中 28-2 南等大中型油田群的发现，使该勘探区新增三级储量约 $3\times10^8m^3$。

近年来，对郯庐断裂带等地区进行连片采集处理的基础上，重新认识了古近系优质储层的形成机理和分布。随着锦州 25-1 等大中型优质油气田的发现，郯庐断裂带周边累计新增石油地质储量超过 $4\times10^8m^3$。

渤海海域勘探程度相对最高，但我们没有满足于现状。通过不断研究，不断在新区取得重大突破，使勘探领域得到有效的扩展。一系列前新生代盆地以及沉积较厚的中、古生界地层广泛分布在中国近海，目前的研究表明该区域具有较大的勘探潜力。同时也需要着眼未来，坚持研究和探索勘探远景区。要坚持依靠勘探思路的创新和技术的进步，不断拓展勘探领域，不断促进中国近海的油气勘探的发展。

第二节 渤海地震勘探采集方法

1965 年渤海油田开始二维地震采集普查、概查工作，当时地震采集作业方式利用打井放炮，光点地震仪接收，虽然技术落后，效率低，资料品质差，但对渤海油田勘探发展意义十分重大；随着地震采集技术不断发展，渤海油田地震采集先后经历了光点记录、模拟磁带地震记录，到 1978 年全部以数字地震仪替代了模拟磁带地震仪。1983 年使用 Geco-Alpha 地震船在渤中 28-1 构造首次进行三维地震采集，面元网格 100m×100m，从此拉开渤海油田三维地震采集勘探的序幕。1984～1998 年期间，渤海油田加大地震采集投入，引进国外先进技术与装备，包括全球卫星定位导航系统，千道以上数字采集系统，光导纤维数字传输电缆以及现场实时质量控制处理系统，逐步实现了高质量、高效率、低成本的多源、多缆的二维、三维、高分辨率地震资料采集。1996 年首次进行海底电缆双检（一个水检，一个陆检）地震资料采集，双检地震资料采集能够有效地衰减鬼波影响，拓宽地震资料频带，当时海底电缆地震采集作业观测系统较为简单，采用 2 线 12 炮平行束线作业，采集方位较窄，无横向覆盖。2008 年引入 GeoRe5 海底电缆多分量（一个水检分量和三个相互正交的陆检分量）地震资料采集，检波器不但能够接收地震纵波信息，而且能够接收转换波信息，采用片状观测系统采集，方位较宽，有一定的横向覆盖次数。2009 年开始，引入 408ULS 轻型海底电缆双检装备，进行 8 线 4 炮正交束线观测系统的采集作业，该作业方式炮检距分布均匀，具备一定横向覆盖次数适合于极浅水及过渡带采集，通过对采集装备升级改造和技术的不断攻关，地震资料采集作业效率与资料品质得到了逐步提升。2010 年开始，引入基于 MEMS（微电子机械系统）技术的 SeaRay300 型全数字多分量海底电缆装备，进行片状与束线观测系统采集作业。2013 年，随着渤海油田一次三维全覆盖完成，渤海油田逐步开启基于地质目的为导向的目标采集处理工作，在 KL 构造区开展的海底电缆高覆盖定向采集、在 JZ 油田区开展的海底电缆宽方位地震采集以及在 BZ 油田区开展的高密度海底电缆地震采集均取得了明显的效果。

海上地震采集工作是以地震船队的组织形式进行的，主要包括定位导航、激发和接收三部分。定位导航是由全球定位系统（GPS）、差分全球定位系统（DGPS）、相对全球定位系统（RGPS）和导航定位软件组成的，用于指引地震船行驶方向、确定船位、测定震源位置和电缆上地震检波器位置，实时控制放炮接收的一套测量系统（邓元军等，2016b）。地震接收仪器安装在船上，用于接收海上专业电缆或是检波器采集回来的地震资料。震源由船拖曳的专业设备激发，在航行中按设计炮点位置连续激发产生地震波。

一、定位导航技术

（一）全球卫星导航定位系统介绍

1. GPS 定位系统

全球定位系统（Global Positioning System，GPS）是美国从 21 世纪 70 年代开始研制，历时 20 年，于 1994 年全面建成，具有在海、陆、空进行全方位实时三维导航与定位能力的新一代卫星导航与定位系统。它是美国第二代卫星导航系统，是在子午仪卫星导航系统的基础上发展起来的，采纳了子午仪系统的成功经验。GPS 系统包括三大部分：空间部分——GPS 卫星星座；地面控制部分——地面监控系统；用户设备部分——GPS 信号接收机。

2. GLONASS 定位系统

格洛纳斯卫星导航系统（Global Navigation Satellite System，GLONASS）是由苏联（现由俄罗斯）国防部独立研制和控制的第二代军用卫星导航系统，它也由 24 颗卫星组成，原理和方案都与 GPS 类似，不过，其 24 颗卫星分布在三个轨道平面上，这三个轨道平面两两相隔 120°，同平面内的卫星之间相隔 45°。每颗卫星都在 19100km 高、64.8°倾角的轨道上运行，轨道周期为 11 小时 15 分钟。地面控制部分全部都在俄罗斯领土境内。GLONASS 用户设备（即接收机）能接收卫星发射的导航信号，并测量其伪距和伪距变化率，同时从卫星信号中提取并处理导航电文。接收机处理器对上述数据进行处理并计算出用户所在的位置、速度和时间信息。与美国的 GPS 系统不同的是 GLONASS 系统采用频分多址（FDMA）方式，根据载波频率来区分不同卫星（GPS 是码分多址（CDMA），根据调制码来区分卫星）。每颗 GLONASS 卫星发播的两种载波的频率分别为 L1 = (1602 + 0.5625K) MHz 和 L2 = (1246+0.4375K) MHz，其中 K = 1～24 为每颗卫星的频率编号。所有 GPS 卫星的载波的频率是相同的，均为 L1 = 1575.42MHz 和 L2 = 1227.6MHz。

3. 伽利略定位系统

伽利略定位系统（Galileo Positioning System），是欧盟一个正在建造中的卫星定位系统，有"欧洲版 GPS"之称，也是继美国现有的"全球定位系统"（GPS）及俄罗斯的全球导航卫星系统（GLONASS）外，第三个可供民用的定位系统。

伽利略定位系统是世界上第一个基于民用的全球卫星导航定位系统，在 2008 年投入运行后，全球的用户将使用多制式的接收机，获得更多的导航定位卫星的信号，将无形中极大地提高导航定位的精度，这是"伽利略"计划给用户带来的直接好处。伽利略定位系统是欧洲自主、独立的全球多模式卫星定位导航系统，提供高精度，高可靠性的定位服务，实现完全非军方控制、管理，可以进行覆盖全球的导航和定位功能。伽利略定位系统还能够和美国的 GPS、俄罗斯的 GLONASS 系统实现多系统内的相互合作，任何用户将来都可以用一个多系统接收机采集各个系统的数据或者各系统数据的组合来实现定位导航的要求。

伽利略定位系统由空间段、地面段、用户段三部分组成。空间段由分布在三个轨道上的 30 颗中等高度轨道卫星（MEO）构成，每个轨道面上有 10 颗卫星，9 颗正常工作，1 颗运行备用；轨道面倾角 56°。地面段包括全球地面控制段、全球地面任务段、全球域网、导航管理中心、地面支持设施、地面管理机构。用户段主要就是用户接收机及其等同产品，伽利略定位系统考虑将与 GPS、GLONASS 的导航信号一起组成复合型卫星导航系统，因此用户接收机将是多用途、兼容性接收机。

4. BDS 定位系统

中国北斗卫星导航系统（Beidou Navigation Satellite System，BDS）是中国自行研制的全球卫星导航系统。是继美国全球定位系统（GPS）、俄罗斯格洛纳斯卫星导航系统（GLONASS）之后第三个成熟的卫星导航系统。

北斗卫星导航系统是中国自主发展、独立运行的全球卫星导航系统。根据系统建设总体规划，2012 年，系统已具备覆盖亚太地区的定位、导航和授时以及短报文通信服务能力。将在 2020 年左右，建成覆盖全球的北斗卫星导航系统。系统建设目标是建成独立自主、开放兼容、技术先进、稳定可靠、覆盖全球的北斗卫星导航系统，促进卫星导航产业链形成，形成完善的国家卫星导航应用产业支撑、推广和保障体系，推动卫星导航在国民经济社会各行业的广泛应用。

北斗卫星导航系统由空间段、地面段和用户段三部分组成，北斗卫星导航系统空间段计划由 35 颗卫星组成，包括 5 颗静止轨道卫星、27 颗中地球轨道卫星、3 颗倾斜同步轨道卫星。5 颗静止轨道卫星定点位置为东经 58.75°、80°、110.5°、140°、160°，中地球轨道卫星运行在三个轨道面上，轨道面之间为相隔 120° 均匀分布。

在北斗卫星导航系统中，能使用无源时间测距技术为全球提供无线电卫星导航服务（RNSS），同时也保留了试验系统中的有源时间测距技术，即提供无线电卫星测定服务（RDSS），北斗卫星导航系统使用码分多址技术，与全球定位系统和伽利略定位系统一致，而不同于格洛纳斯系统的频分多址技术。两者相比，码分多址有更高的频谱利用率，在由 L 波段的频谱资源非常有限的情况下，选择码分多址是更妥当的方式。此外，码分多址的抗干扰性能，以及与其他卫星导航系统的兼容性能更佳。

（二）海洋定位导航技术发展史

在中国海洋石油的勘探开发的初期，没有海上定位导航技术专用设备，基本上是搬用陆地上测量点位的办法。因此专门成立一个海陆测量建标队，在近海地区时利用国家测绘部门在海岸已建的三角点或自行补建大地点通用的钢质舰标，或选择近海处的高大建筑物顶端，测定其坐标位置作为控制点。远离海岸时在海上建简易钢标，用前方交会法测出坐标位置。物探船的定位组就根据这些基本的控制点，使用光学六分仪，采用后方交会法测定地震炮点和重力观测点的位置。经反复观测，用第四个控制点校核，精度一般可控制在 15m 左右。海滩队则用经纬仪定方向，测绳量距离的附合导线及支导线测量方法，来测定物探点位。深海物探作业，则只能用六分仪定测线起始点，而后使用航海罗经定向，六分仪测天文校核，航速定距来确定点位。在物探测线终点用陆上控制点作前方交会校核，误差达到 1~3n mile。

为此中国海洋石油在1966年从法国引进TORAN3P（道朗3P）无线电定位仪，应用于深海物探的定位导航，并与国内厂家协作，将GHJ-500W归航机改装为定位仪，解决重、磁力勘探的定位导航问题，为此专门成立了无线电定位队（404队）使海洋石油物探作业中的定位工作，初步有了适合海洋作业的设备，测量定位精度提高到20m内。但由于这种设备是双曲线相位系统，不但只适应白昼作业，而且受天波干扰时容易发生整相位数值混乱，所以仍然需要由建标队在物探作业的海域建造、测定简易钢标或大量抛放登鼓，供物探作业船队在每日的作业的始末，对定位仪进行对标校核，有时，正在作业中突然受到雷电干扰，定位数据失真，往往使物探采集资料报废。1974年，引进时TORANP100（道朗P100）型具有一级相识别的定位仪，但仍需日出而作，日落而息定时进行相位对标检测，致使物探作业效率受到影响。1977年在北黄海地震作业中也曾使用过国产长河1号船舶导航系统，但其定位质量仅能满足区域概查要求。

1981年，为适应中国海洋石油勘探全面对外合作和物探技术发展相适应的新要求，海洋物探加速了定位设备的引进，这一时期引进了MX-1502大地卫星接收机，塞里第斯无线电定位系统和船用综合卫星定位导航系统等。1983年7月，确定英国雷卡测量公司为合作伙伴，先后使用了塞里第斯（SYLEDIS）、哈波菲克斯（HYPERFIX）、阿戈（ARGO）、脉冲/8（PULSE/8）、马西兰（MAXIRAN）等陆基无线电定位系统和MX-1502大地卫星接收机。

进入90年代，国际上在海洋定位作业中普遍采用卫星全球定位系统取代陆基无线电定位系统，使定位作业实现了全天候、全覆盖（800km）、低成本高精度（1~3m）的要求，中国海洋石油勘探从1993年起普遍使用该项技术，不但使控制范围更加扩大，同时取消了大部分陆基台站，使作业成本大幅度降低。1993年到1994年英国雷卡测量公司布设在香港、越南、日本等地的GPS控制点与辉固公司布设在沿海地区的控制点进行了联测，并由雷卡测量公司使用美国精密星历进行平差处理，建立了纳入世界WGS-84坐标系的GPS大地控制网，使各海区定位作业的坐标建立在统一的、可靠的基础上。

90年代初引进的Deltafix陆基差分GPS定位系统，在渤海湾的辽宁绥中和山东海港两地布设了两个差分岸台，通过这两个岸台该定位系统覆盖了整个渤海，可为渤海海域提供全天候、高效率、低成本的定位导航。随着全球卫星定位导航系统的逐渐发展，GPS和DGPS及其数据链设备（如DeltaFix-DGPS、SkyFix-DGPS、NR103-DGPS等）相继引进渤海。

2006年，开始引进如双频GPS接收机、StarFix 4100LRS差分接收机，StarFix 4100LR12、StarFix 8200HP等GPS/DGPS二合一接收机及Seatarck尾标跟踪系统设备。2012年，引进了StarPack差分接收机设备，不仅可以提供更多的差分解算服务，而且还使野外作业中设备更加精简。经历了StarFix.L1、StarFix.HP、StarFix.XP2等的定位技术，目前已经发展到最新的StarFix.G2+，接入了GLONASS系统，并能达到3cm的定位精度。

（三）中国海洋石油定位坐标系

1. BJ-54坐标系

1954年北京坐标系，属参心大地坐标系。在经典大地测量中，通常选取一个参考椭球面作为处理观测成果和计算定位数据坐标的基准面。选一个参考点作为大地测量的起算点（大地原点），并且通过大地原点的天文测量来确定参考椭球在地球内部的位置和方向。不过，由此所确定的参考椭球位置，其中心一般均不会与地球质心相重合。这种原点位于地球质心附近的坐标系，通常称为地球参心坐标系，简称参心坐标系。世界上各种地球参心坐标系在建立时，总是要求椭球的短轴和地球某一地轴平行，起始大地子午面和起始天文子午面平行。这是参考椭球定向的条件，简称"双平行"条件。

我国海洋石油系统在1984年以前一直使用BJ-54坐标系作为海上定位测量基准。

2. WGS-72 坐标系

WGS-72坐标系，属地心坐标系。地心坐标系可分为地心空间大地直角坐标系和地心大地坐标系等。地心空间大地直角坐标系又可分为地心空间大地平直角坐标系和地心空间大地瞬时直角坐标系。地心空间大地直角坐标系的原点位于地球的质心，其坐标轴的指向：OZ轴指向国际协议原点CIO，OX轴和OZ轴垂直，位于格林尼治平均天文台子午面上，OY轴和OZ轴、OX轴构成右手坐标系。地心大地坐标系和某一个地球椭球元素有关，一般要求一个全球大地水准面最为密合的椭球，全球密合椭球的中心和地球的质心重合，所以，地心大地坐标系的一个明显特点是该坐标系所对应的与地球最为密合的椭球的中心位于地球的质心，其短轴指向CIO，起始大地子午面位于格林尼治平均天文台子午面上。

1984年海洋石油系统开始使用WGS-72坐标系统，到1986年，将以往的BJ-54坐标系的所有定位数据转换到WGS-72基准上，与BJ-54坐标系相比，从测量意义上来讲，它是一个较为准确的基准。

3. WGS-84 坐标系

随着科技的进步，尤其是电子计算机技术的迅猛发展，为测量和计算一个与大地水准面更为精确密合的参考椭球提供了可能。美国国防部、美国国防制图局（DMN）继WGS-72之后，于1984年开始立项研究，经过多年的休整和完善，发展了一种新的世界大地坐标系，即为美国国防1984年世界大地坐标系（WGS-84），它较WGS-72更为精确，并且已经作为新的地心坐标系统被世界各地所采用。

中国海洋石油于1999年开始，使用国际上最为精确的测量基准WGS-84坐标系。

（四）定位技术在海洋石油勘探的应用

1. 统一基准

中国海洋石油总公司规定：从1999年1月1日起，中国海洋石油系统统一使用新的基准WGS-84坐标系和UTM投影，并具体规定了各个海域的中央经线：

渤海：东经120°；东海：东经123°；南海东部：东经117°；南海西部：东经111°。

2. 水上定位技术

1) DGPS 定位技术

DGPS定位技术即差分GPS定位技术，其目的是为了消除太阳活动的影响，减小GPS单点定位的误差，提高定位精度。目前，差分GPS定位技术广泛应用于海洋石油勘探作业中，为海洋石油勘探活动提供高精度的船舶导航和定位。根据差分基准站发送信息的方式可将差分 GPS 定位技术分为伪距差分、载波相位差分和卫星差分三类。

伪距差分是最早使用且应用最广的一种方式。在基准站上，观测所有卫星，根据基准站已知坐标和各卫星的坐标，求出每颗卫星每一时刻到基准站的真实距离，再与测得的伪距比较，得出伪距改正数，通过通信手段将其传送到用户接收机，实现差分定位目的。常见的伪距差分系统有 Deltafix、信标差分和 Starfix.L1 三种：

Deltafix 是一种陆基中远程无线电数据链，通过定位目标周边的岸台计算伪距修正值，使用双频（2.2～3.4MHz）数据传输技术将 RTCM-104 格式的差分信息传给移动台，能达到 1～3m 的定位精度，数据更新率小于 5s，最大作用距离 600km，可以多用户同时使用，其工作原理见图 1.3。

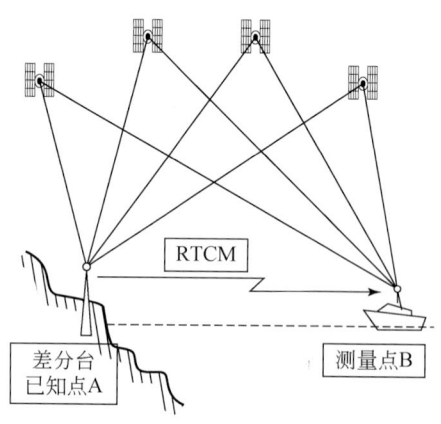

图 1.3　Deltafix 定位示意图

信标差分技术是差分 GPS 技术的一种，它是利用现有的海用无线电信标台，在其所发射的信号中加一个副载波调制，以发射差分修正信号，该信号为国际海事无线电委员会推荐的 RTCM SC-104，提供米级精度定位导航。目前，已在全球多数国家和地区建立并统一规定了频率，频率范围为 283.5～325kHz，达到全球通用。信标/GPS 二合一接收机，即 GPS 信标机，是将信标接收机、GPS 接收机集成为一体的接收机，GPS 信标机的工作模式为实时伪距差分定位（图 1.4）。由于任何型号的 GPS 仪器接收天空多于 4 颗 GPS 卫星信号时，定位误差为 10～15m，不能满足常规测量精度要求，因此需要在已知坐标的基准点上设置 GPS 基准。利用基准点的已知坐标及每颗锁定卫星的定位，基准机可精确计算出卫星与基点的真实距离。采用以上定位原理，GPS 信标机通过接收沿海导航基准站 24 小时不间断发送的差分信号（即信标）进行差分计算，确定接收机所处的位置坐标。

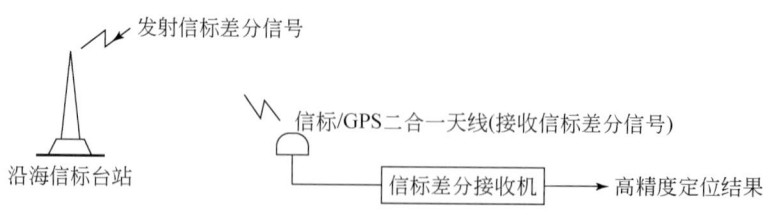

图 1.4　信标差分定位示意图

Starfix. L1 差分定位系统，使用全球差分台站进行单频 GPS 观测，通过获取 GPS 卫星伪距修正信息，然后通过卫星播发差分信息，可在地面控制中心进行实时监控，有效作用范围可达 2000km。

载波相位差分是一种实时处理两个测站载波相位观测量的差分方法。即将基准站采集的载波相位发给用户接收机，进行求差解算坐标。载波相位差分可使定位精度达到厘米级。大量应用于动态需要高精度位置的领域、陆地地震勘探也有应用。Starfix. HP 系统是载波相位差分的代表性差分系统。通过全球差分台站进行双频 GPS 观测，采用双频 GPS 载波相位差分技术，通过获取 GPS 卫星载波相位修正信息，然后通过卫星播发差分信息，有效作用范围可达 1500km。

卫星差分是利用国际 GPS 服务机构 IGS 提供的或自己计算的 GPS 精密星历和精密钟差文件，所有卫星的修正信息为一组数据；修正信息对全球任何位置的用户有效，无需参考台站；利用双频 GPS 接收机接收到的 L1、L2 载波信号对电离层延迟观测值的区别，来消除电离层对电磁波信号延迟的误差；依靠高精度的模型去除对流层误差。卫星差分主要有 Skyfix. XP 和 Starfix. G2 两种。Skyfix. XP 差分定位系统是采用卫星差分定位技术，通过定位公司全球台站对 GPS 卫星连续观测，实时发布卫星轨道误差、时钟误差，使用海事通讯卫星作为传输差分改正值的高速数据链，不受台站距离的约束，采用双频 GPS 接收机，能够消除电离层、对流层产生的误差影响，能够达到真正意义上的全球定位覆盖。Starfix. G2 是在 Skyfix. XP 的基础上发展起来，相对 Skyfix. XP 其主要优点是能同时对 GPS 和 GLONASS 卫星连续观测。目前，最新的 Starfix. G2+不但对 GPS 和 GLONASS 卫星连续观测，还可接入国产北斗卫星定位系统，对其卫星连续观测，大幅提高了亚太地区的定位精度。

2）RGPS 定位技术

在中国海洋石油勘探作业中，RGPS 配置在地震船、震源浮体、拖缆前标和尾标上，一种是直接给出震源、前标和尾标的位置，例如 John Chance-DigiCON 系统，直接将差分信号传给震源 RGPS、前标 RGPS 和尾标 RGPS，震源 RGPS、前标 RGPS 和尾标 RGPS 直接将位置传回系统计算机；另一种给出相对于船上 RGPS 参考点的距离矢量，方位是相对于正北的，例如 GeoPod 系统，震源 RGPS、前标 RGPS、尾标 RGPS 将接收到的 GPS 伪距信息传回系统计算机，综合差分信息再进行计算，如果没有差分信号，系统仍然能计算出相对的距离和方位。地震勘探中常使用后一种 RGPS 定位系统。

在双船或多船海洋物探作业中，为了让船舶之间掌握相互的位置和距离关系，需要单独配置 RGPS，并且将所有船舶的 RGPS 调整到同一个接收频率。在同一个地震勘探作业活动中，各船舶掌握了其他船舶的相互位置和距离关系，能够预防事故，提高了船舶作业和航行的安全性。同时，地震主控船也能根据其他辅助船只的位置和距离，合理的对地震作业进行部署和安排。

震源 RGPS 用于海洋地震勘探的拖缆和海底电缆地震资料采集作业中。震源 RGPS 有两个主要作用：一是通过与地震采集船上固定 RGPS 天线的相对位置关系确定其相对距离，并通过物探用电罗经的方位指示，实时精确地计算出震源中心点的实际位置；二是通过子阵上 RGPS 之间或 RGPS 与声学探头之间的距离来监控子阵间距和震源间距。通常情况下，三阵列震源是将 RGPS 放置在中间的阵列上，在其他两个阵列上分别配置声学探头，将 RGPS 放置在中间阵列上是为了得到高精度的震源中心点位置。双阵列震源是将 RGPS 放置在外弦阵列上,四阵列震源是将 RGPS 放置在 1、4 阵列上,其他阵列上放置声学探头,目的是为了精确监控每个震源的横向间距在技术要求范围内,从而达到多阵列构成的点震源效果。

前标 RGPS 和尾标 RGPS。前标 RGPS 常用在缆数较多的拖缆地震勘探作业中,如 12 缆及以上的拖缆地震勘探作业,配置在电缆的前端,故称前标 RGPS;尾标 RGPS,配置在拖缆的尾部,不受拖缆缆数的限制。前标 RGPS 和尾标 RGPS 原理和作用相同,一方面给出相对于船上 RGPS 参考点的距离矢量,通过地震勘探船监控画面实时监控电缆前部、尾部在水下的距离矢量(图 1.5);另一方面为拖缆水下定位系统提供推算参考点。

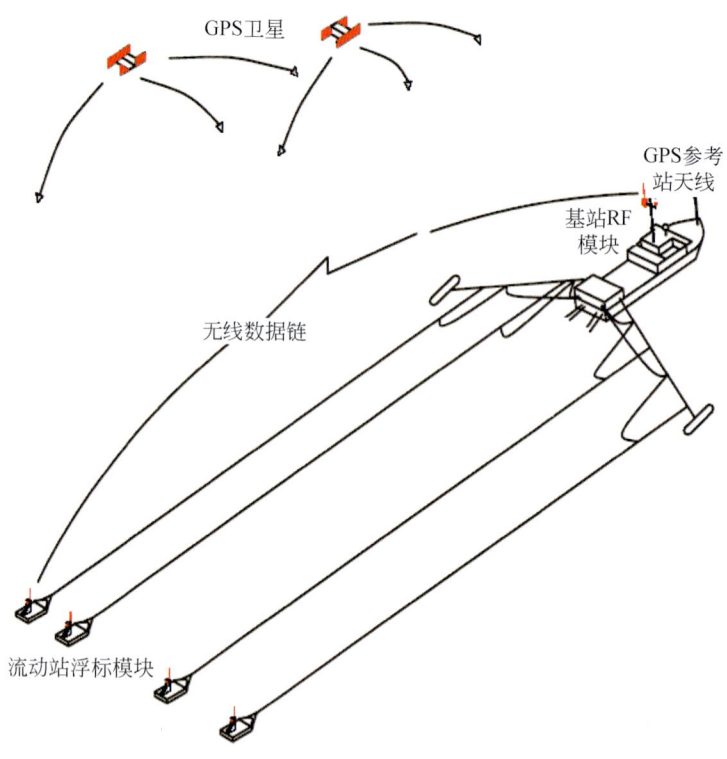

图 1.5　RGPS 定位示意图

3. 水下定位技术

水下定位技术目前应用最广泛的是声学定位系统。通过声学测距节点在通信控制机的控制下,每个声学节点发射包含自身位置信息(ID 号)的声波信号。该节点发射声波的同时,对相邻位置的声学测距节点发射过来的声波信号进行接收处理,通过地址识别以后得到目标声学测距节点的声波信号,同时得到所需的延时值。测距数据最终通过接口送达数据处理系统进行位置计算。再加上定位导航系统,最终得到水下设备的实际位置。

1)拖缆水下定位技术

在海上拖缆三维地震勘探中,以拖缆船的 DGPS 天线位置点或公共导航点为基准点,通过电缆前部或尾部的 RGPS 为参考点,采用声学定位设备组成的网络推导拖缆上的检波器位置。声学定位网络主要是通过拖缆的声学鸟发送并接收声波信号,转换为声学鸟之间的距离,并在罗经鸟、RGPS等其他专业设备的共同作用下,实时解算,推导移动电缆上检波点的实时位置。声学定位网络从前、尾部网络,发展到前、中、尾部网络,目前部分三维拖缆采集已经采用全声学定位网络模式(图1.6~图1.8)。

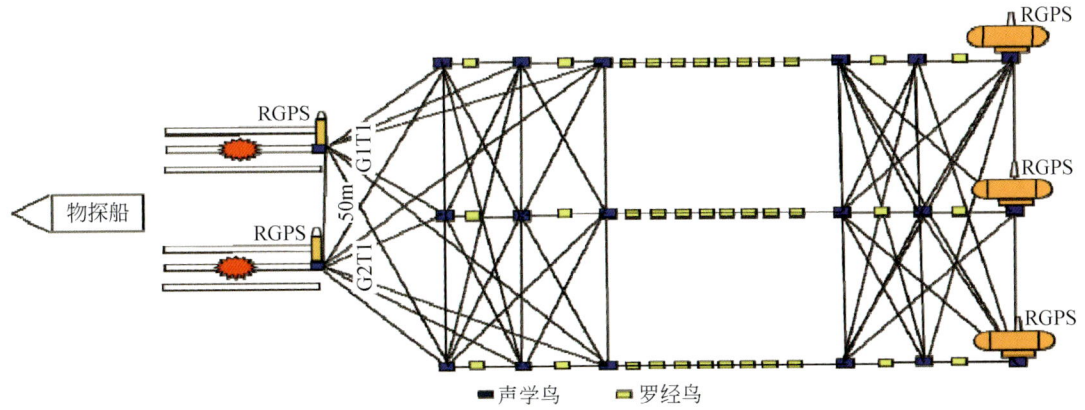

图1.6 前、尾声学定位网络示意图

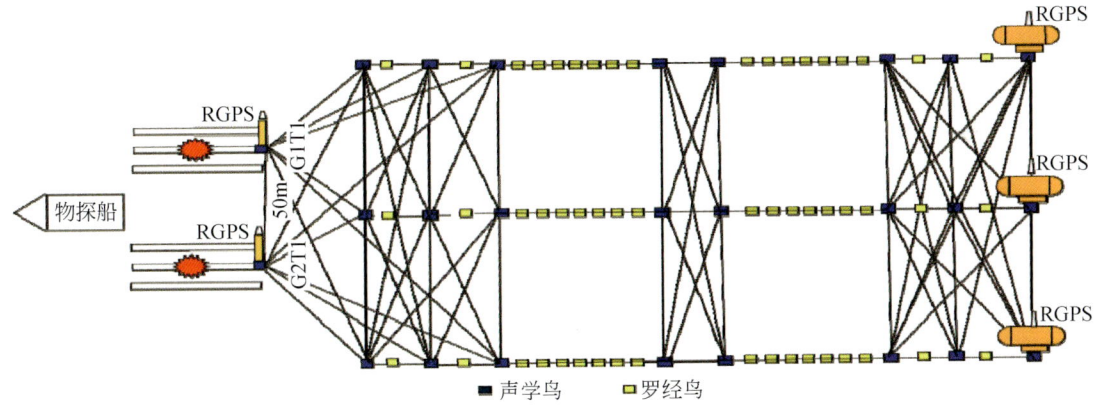

图1.7 前、中、尾声学定位网络示意图

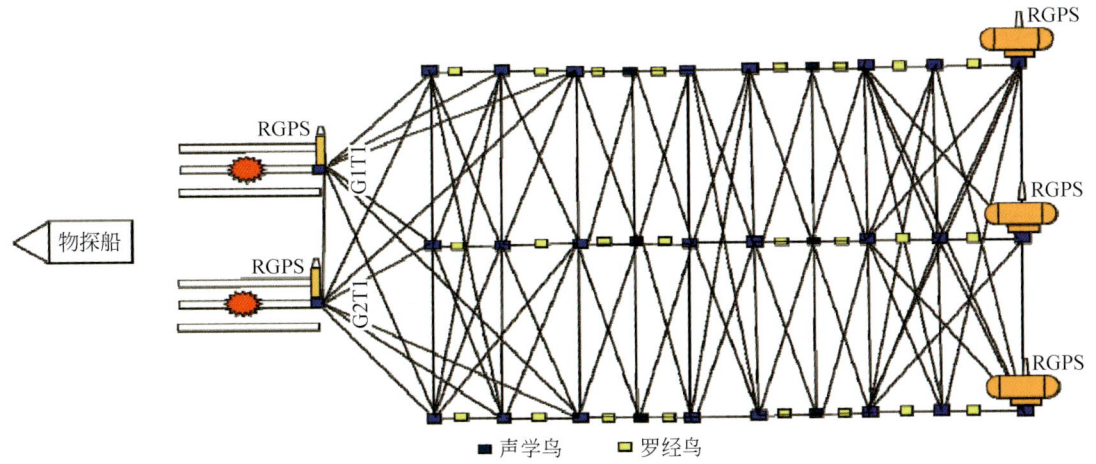

图1.8 全声学定位网络示意图

常用声学定位网络中的每个声学鸟作为一个声学节点，每个节点获得的距离分布像一个树枝型：一个节点上有八个枝节，也就是说，每个声学发射/接收器最多可同时向八个声学鸟发射或接收来自八个声学鸟的信号，也可设定为每个声学鸟只发射信号、只接收信号或既接收又发射信号，所以，声学网络的选择主要是针对声学网络配置的选择（邓元军等，2016a）。

一般情况下，选择前、尾声学定位网络和前、中、尾声学定位网络的主要区别由电缆长度决定，当电缆的长度小于3km时，一般采用前、尾声学定位网络，当前、尾网络的距离大于3km时，主要采用前、中、尾声学定位网络。无论是采用前、尾声学定位网络还是采用前、中、尾声学定位网络，有声学定位网络的电缆段都比没有声学网络的电缆段的定位精度要高。因为没有声学定位网络的电缆段只能通过前后精确节点的位置，由罗经鸟辅助来推导其检波器的位置，这种推导不可避免的会产生精度误差，并且随着推导距离的增长，其误差会越来越大。而全声学网络相比前两种声学网络，在每条电缆的声学鸟分布很均匀，单从配置来看，电缆从前到尾的定位精度一致。声学网络定位技术是海洋石油拖缆地震勘探中最主要的一种水下定位方式。

声学定位网络的数据，需要根据每一条测线声学观测数据的变化特征选择与之相适应的门限进行合理的插值、网络平差，然后对得出的网络平差报告和方差因子进行分析，得出最佳的成果数据。

2）海底电缆水下定位技术

在海底电缆地震勘探作业中，检波器通过抛掷或机械放缆的方式铺设到海底。检波器入水之前的位置，通过一次定位获得，称为一次定位点，可在放缆的时候实时得出，一方面用于指导后续的放缆，另一方面用于二次定位的内插计算。由于受到海流、潮汐、船速以及检波器沉放速度的影响，检波器沉放到海底后的实际位置，与理论设计的位置存在一定的偏差，通过二次定位计算得出，二次定位点的精度直接关系到采集地震资料的品质。

声波二次定位技术随着海底电缆在海洋石油勘探的发展被广泛应用。目前，应用在海底电缆地震勘探中的声波二次定位技术主要有两种：①国内自主生产的BPS声学定位系统，采用二频二时隙三脉冲的编码方式，系统挂接容量达到4000个声学应答器，最大使用水深达到200m，使用的声波信号频段在34~50kHz，声波应答器的电池可以在海底连续使用一年以上。②Sonardyne公司生产的二次定位系统，采用时延差的编码方式，系统挂接容量为3609个声学应答器，能在500m范围内的水深使用，使用的声波信号频段在35~55kHz的范围，声波应答器的电池可以连续在海底使用18个月。这两种声波二次定位系统的主要工作原理一致。

铺放海底电缆时，在检波器上安装一定且等距离的声波应答器，每一个声波应答器分配一个指定的IP地址。地震勘探船沿着所铺放的海底电缆方向匀速航行的同时声波发射器发射一定频率的声波信号时，电缆上相应IP地址的声波应答器就会接收声波信号并反馈给声波发射器一个声波数据，通过这种方法，定位导航系统就能采集到海底电缆上固定的相应声波应答器的多个观测值并用来精确推算海底电缆检波器的位置。图1.9展示了震源船上的声波发射器发射一定频段的声波，在海底电缆上的相应频段IP地址（如图1.9中的A1-1、A1-2、A1-3、A1-4、A1-5、A1-6、A2-1、A2-2）的声波应答器接收到声波后，再返回给声波接收系统相应的声波数据。

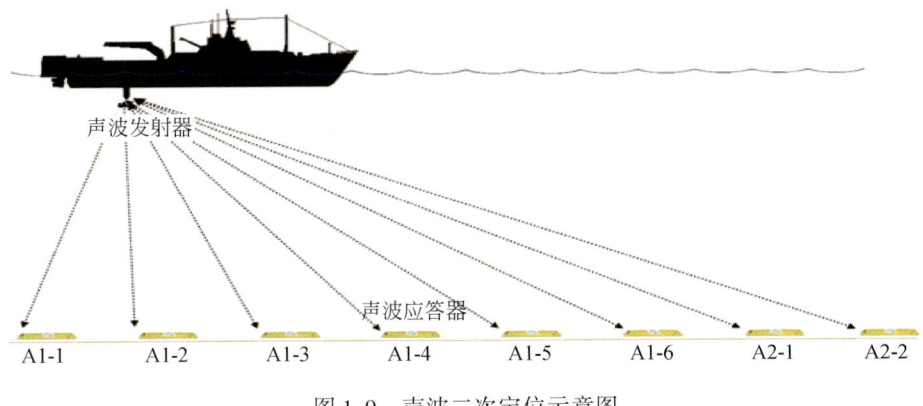

图 1.9 声波二次定位示意图

声波二次定位的分析和处理主要包括声波数据匹配、声波速度确定、迭代计算和插值这几个环节，通过这几方面的精细处理，最终计算出声波应答器沉放在海底的实际位置，从而计算出海底电缆检波器的精确位置。

二、激发技术

（一）气枪震源技术的发展

渤海油田海上地震勘探激发技术经历了炸药震源、电火花震源、蒸汽枪震源以及空气枪震源几种主要激发源。气枪震源于 1964 年由美国 BOLT 公司的卡尔明思基先生发明。最初用于海洋地质调查，使用 5000psi① 的高压枪，且基本上是单只大容量气枪工作。60 年代末 70 年代初发展、提出了重要的气泡衰减方式、振荡周期、振荡模型理论，为以后气枪阵列理论的发展起到了重要的作用。70 年代末 80 年代初美国西方地球物理公司设计出了 LRS-6000 高压气枪。该枪与老式的 BOLT 气枪相比具有结构简单、可靠性高、频带宽、能量强等优点。随着气枪阵列设计技术的成熟，高压气枪主脉冲大的优势逐渐减弱，80 年代末高压气枪逐渐被淘汰，由压力低于 3000psi 的低压枪取代。1983 年西方物探公司研制出了 2000psi 的 I 型套筒枪，成为 80 年代的主流枪型。1991 年在 I 型枪的基础上，研制出了 II 型套筒枪，并作了四项技术改进，进一步提高了可靠性。1989 年，美国的地震系统公司研制出了 G、GI 枪。GI 枪除了具有 G 枪的特点外还具有消除自身气泡的特点。1990 年由 PGS 公司主持开发的 NUCLEUS 软件为气枪阵列的设计提供了强大的技术支持。BOLT 公司为了重新取得对气枪的领先地位和市场份额，于 1991 年研制出了长命型气枪（Long Life Airgun）。主要机械部件工作寿命达到 50 万次。1999 年 BOLT 公司在成熟的长命型气

---

① 1psi = 6.89476×10³Pa。

枪制造和阵列设计基础上研制出了 APG（Annular Port Gun）气枪，此种气枪输出能量更高、工作寿命更长。

（二）气枪震源分类

1. BOLT 气枪

目前主要枪型有：BOLT 2800LL-X、BOLT 1900LL-X-AT、BOLT 1500LL-X 和 APG 枪（Annular Port Gun），如图 1.10。

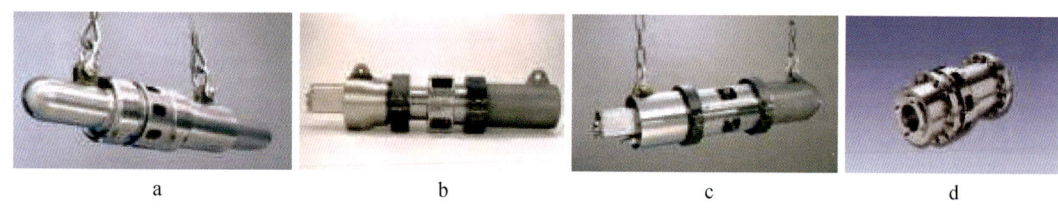

图 1.10　BOLT 气枪示意图

a. BOLT 2800LL-X 枪；b. BOLT 1900LL-X 枪；c. BOLT 1500LL-X 枪；d. APG 枪

BOLT 2800LL-X 枪由于体积小，适合于浅水区域。工作容积为 10~120 in³[①]。
BOLT 1900LL-X 枪体积较大，适合于深水区域，工作容积为 20~250 in³。
BOLT 1500LL-X 枪体积大，适合于深水区域，工作容积为 40~1500 in³。
Annular port gun 适合于较深水域，工作容积为 10~500 in³。

2. Sleeve 套筒枪

主要枪型有 I 型套筒枪和 II 型套筒枪两种，如图 1.11。

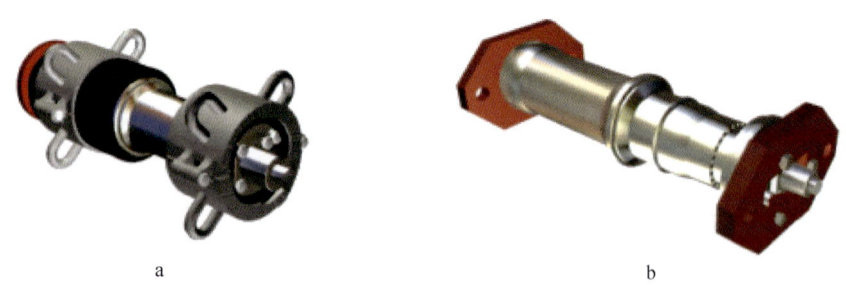

图 1.11　Sleeve 套筒枪示意图

a. I 型套筒枪；b. II 型套筒枪

I 型套筒枪主要有三种容量类型气枪：10 in³、20 in³、30 in³。
II 型套筒枪主要有五种容量类型气枪：70 in³、100 in³、150 in³、210 in³、300 in³。
在气枪阵列设计中可以根据实际需求将标准气枪改装为 55、80、100、160 等不同容量气枪。

---

① $1 \text{in}^3 = 1.63871 \times 10^{-5} \text{m}^3$。

3. G 枪与 GI 枪

如图 1.12 所示，G 枪相对于 BOLT 枪和 Sleeve 枪结构更加简单，工作可靠性好。所有 G 枪的尺寸和结构都相同，并且气枪容量也可以比较容易地在 25~250 in³ 变化。

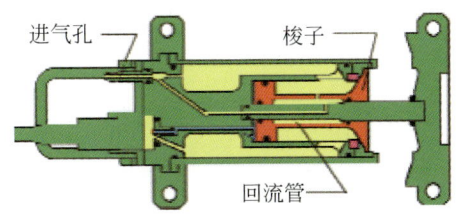

图 1.12 G 枪示意图

(三) 空气枪震源 (船) 分类

海上拖缆地震采集作业时，空气枪震源与电缆由同一条作业船拖曳，作业海域的水深要求大于 10m，并且一般在开阔海域（无水上水下障碍物），在滩浅海及水陆过渡带区域采用海底电缆地震采集作业，电缆铺设到海底与仪器船相连，而震源船则拖曳空气枪震源按照设计方案进行激发作业。空气枪震源（船）通常由运载船舶系统、枪控系统、压力系统和气枪阵列等组成，根据气枪阵列的拖曳方式不同，又分为以下几种类型的空气枪震源（船）：

1. 小型后拖平台式气枪震源

浅海小型后拖平台式气枪震源系统技术参数：整系统吃水为 0.8m，最大激发压力为 3000psi；最大阵列总容积为 2000in³。

（1）全系统采用标准集装箱化运输设计理念，双体可解体结构设计，拆装、运输方便，适合负责水域施工，整套系统可在简易码头完成组装。

（2）针对水深较浅，小型后拖平台式气枪震源系统采用小型深设计，便于人员上下船及对气枪震源系统进行维护；双体设计既满足了集装箱化运输的要求，又提高了航迹的稳定性。采用双挂机作为推进器，具有较高的机动性。

（3）小型后拖平台式气枪震源系统采用三浮体紧凑设计，吃水浅、运载能力大、航行稳定性高，可通过 7m 宽的桥墩，适合于狭窄的水域施工。针对狭窄水域水道弯曲，要求整系统具有较高的机动性，小型后拖平台式气枪震源系统创新的采用拖曳平台与阵列收放平台分离结构设计。图 1.13 给出了适用于极浅水域的海豚空气枪震源（船）。

2. 侧吊/拖曳两用气枪震源

侧吊/拖曳两用气枪震源系统技术参数：航行区域为沿海，整系统吃水 2.3m；最大激发压力为 3000psi；最大阵列总容积为 6000in³；最小激发间隔为 10s。

（1）针对复杂水域频繁上下线激发作业的问题，采用大间距、双机推进系统设计理念，加大了舵的表面积，从而具备了良好的机动性能。

（2）针对部分水域水深较浅的问题，船体结构采用小平底可坐滩结构设计，使作业水域可推进到 2m 水深。

图 1.13 适用于极浅水域的海豚空气枪震源（船）

（3）针对单一作业模式无法适用多种海况的问题，可根据海况实施侧吊、侧拖、后拖复合作业模式施工，兼顾了侧吊模式的高机动性和后拖模式的高施工效率，从而可替代通常情况下由两艘不同类型的气枪震源船实施作业，节约了设备资源。施工水深在 3~5m，浪或涌小于 1m 的海域施工时，采用侧吊作业模式；施工水深大于 4m，施工区域海面障碍较多，浪或涌大于 1m 的海域施工时，采用加装浮体的侧拖作业模式；施工水深大于 4m，施工区域宽阔，浪或涌大于 1m 的海域施工，采用后拖作业模式。

（4）震源系统采用整体吊装结构设计，便于运输。图 1.14~图 1.16 分别给出了震源船侧吊、侧拖、后拖等模式示意图。

图 1.14 震源船侧吊模式

图 1.15 震源船侧拖模式

图1.16 震源船后拖模式

（四）空气枪震源主要参数

空气枪震源的激发性能主要取决于选择什么样的气枪类型以及气枪阵列组合，气枪阵列一般是由数条或数十条空气枪按照一定的空间位置排列的气枪组合，其技术参数主要有气枪类型、气枪容量、气枪压力、气枪阵列容量、气枪之间的空间位置关系以及气枪阵列的沉放深度等。

在气枪阵列设计中，一般通过专用的气枪阵列模拟软件（PGS的nucleus软件）模拟其远场子波（如图1.17）及频谱（如图1.18），通过子波及频谱性能参数对比选定最佳气枪阵列组合。

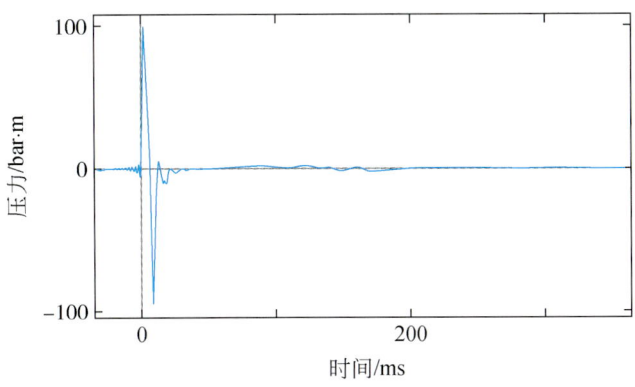

图1.17 远场子波

注：$1 \text{ bar} = 10^5 \text{ Pa}$

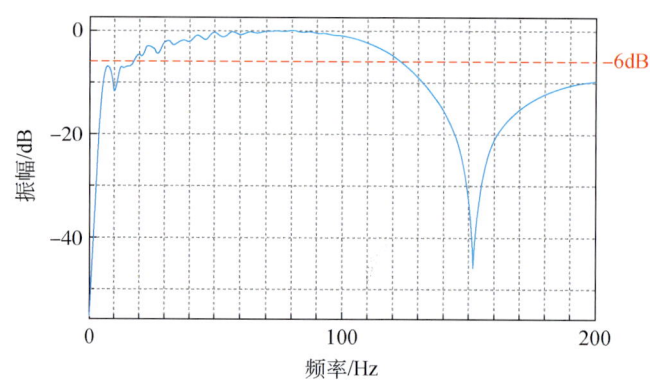

图 1.18 远场子波频谱

1. 子波

子波是气枪或一个阵列激发后得到的以时间为横坐标的压力脉冲波,期望得到的主脉冲越尖锐越好,从而频谱越宽;对于单只气枪通常用近场子波描述,气枪阵列用远场子波描述。

2. 主脉冲

主脉冲是指气枪内的高压气释放后产生的第一个正压力脉冲的振幅值,其单位为 bar·m。其含义是以距震源中心 1m 的假想点的声压值为度量单位,来衡量气枪压力脉冲振幅的大小。

3. 频谱

频谱是由子波的傅里叶变换得到,反映气枪或阵列的激发频率特性。期望低频部分的能量足够强,高频部分的频率尽量高,这是地震勘探的要求。

4. 峰–峰值

峰–峰值是指在一个规定的频带内,远场子波第一个压力正脉冲与第一个压力负脉冲之间的差值。主脉冲和峰–峰值都是表示气枪能量的重要指标。主脉冲和峰–峰值越大,说明该气枪的能量也越大。峰–峰值的单位是 bar·m。

5. 初泡比

初泡比是指在一个规定的频带内,远场子波第一个压力脉冲的峰–峰值与第一个气泡脉冲的峰–峰值之比。通常初泡比不能低于 10。

6. 气泡周期

气泡周期是指主脉冲与第一个气泡脉冲的时间间隔。

7. 气枪总容量

气枪总容量是指阵列中各枪容量之和,单位为 in^3。

8. 组合气枪

组合气枪是根据不同容量的气枪具有不同气泡周期的特点,设计用于有效抑制气泡效应的空气枪震源。经过容量选择的气枪同时激发,主脉冲相加,气泡脉冲互相抑制。而且大小不同容积的多只气枪组合激发,可以改善震源的频率特性,这对于获得深穿透、高分辨率的震源具有极其重要的作用。

9. 近场信号

近场信号是指来自海洋震源的直达波与来自周围边界或界面的反射信号相比能量很大（>20dB）的一种声学子波。近场信号通常用来记录一个点震源。点震源是指它的尺寸远远小于我们所关心的最短波长的一种震源。

10. 远场信号

远场信号是以直达波与从空气-水界面反射来的反射波（鬼波）叠加为特征的。其振幅反比于海底封与震源的距离。通常用峰-峰主脉冲振幅值和主脉冲与二次脉冲之比来表示。由于这两个数值受通频带的影响，所以记录时应该明确地标定出通频带。直达波与鬼波的旅行距离比接近于 1.0。远场信号通常用来记录阵列震源（方向性震源）。方向性震源是指它的尺寸与我们所关心的波长为同一数量级的震源，$L \approx \lambda$。

三、接收技术

1965 年渤海油田开始地震勘探，使用国产 51 型 26 道光点地震仪，采用中间放炮或两端放炮的简单连续观测系统，接收单次地震记录；1967 年，由法国引进的 CGG59 型模拟磁带地震仪和国产 DZ661、DZ663 型模拟磁带地震仪陆续替代 51 型光点地震仪，逐步实现由单次覆盖向 4~6 次覆盖的转变；1972 年，将检波器改用 MP3、MP4 压敏检波器，并开始四次覆盖地震资料采集；1974 年，引进配备有一级识别的道郎-100 无线定位仪，提高定位精度，并减少了对基点测量的次数，增加作业时间，提高地震船队作业效率，深海地震队全面采用六次覆盖技术；1975 年，第一套数字地震仪 SN338B 引进到位，利用自行研制的电火花震源和第一条 24 道等浮电缆开始进行 12 次覆盖采集作业；1976 年，又引进一套 GS-2000 数字地震仪，装备起第二条数字地震船；1978 年，由法国引进的数字地震船——滨海 504，在渤海秦南地区投产，该船配备有 SN338B 数字地震仪，AMG48 道等浮电缆、蒸汽枪震源、综合卫星导航系统，可实现 24 次覆盖采集作业；1979 年，由日本建造的数字地震船——滨海 511、滨海 512 竣工回国，在渤海油田投入使用配有 96 个接收道的 DFS-V 数字地震仪，96 道等浮电缆，BOLT 空气枪震源和 MX-702A 综合导航系统，可实现 60 次覆盖采集作业。到 1979 年，渤海作业的深、浅海地震队的地震仪器，全部以数字地震仪替代了模拟磁带地震仪，深海地震队由非炸药震源替代了炸药震源。

1983 年滨海 511 船配备双套 DFS-V 数字地震仪，高密度记录磁带，240 道接收，可完成 60~120 次覆盖的二维、三维地震勘探的数据采集，使中国海洋石油地震勘探由只能做二维数据采集，跨入可做三维数据采集的新阶段。1984~1998 年，中国海洋石油物探投入大量资金不间断引进国外先进技术与装备，深海地震船引进全球卫星定位导航系统，千道以上的数字采集系统，光导纤维数字传输电缆以及现场实时质量控制预处理系统，实现高质量、高效率、低成本的多源、多缆的二维、三维、高分辨率地震资料采集。海底电缆是 20 世纪 90 年代在海水深 2~8m 的浅海区内实施地震采集的新装备，可以将数百道、上千道的电缆一次放入海底，按设计的排列长度和覆盖次数，由装备高压空气枪的震源船进行激发作业；由于放置在海底的电缆检波器，无辅助悬挂系统，减小了海流冲击噪声，提高了数据记录质量，与以往的遥测地震采集技术相比，新的装备及施工技术方法大大提高了浅海地区二维、三维地震采集的工作效率，受地震采集技术以及装备的限制，当时海底电缆地震采集观测系统一般采用双线采集，覆盖次数 60 次，无横向覆盖，采集方位较窄，浅层地震采集脚印较为严重。进入 2000 年以后，随着渤海油田一次三维地震采集覆盖基本完成，三维地震采集技术快速发展，拖缆三维地震采集技术也随之迅速发展。2004 年，滨海 501 配备 SEAL 数字地震仪，采用 24 位 Σ-Δ（模数转换）技术，可实时控制上万道地震采集，受海域特点限制，渤海油田一般进行双源三缆或双源四缆三维地震资料采集，覆盖次数 42~51 次；2010 年，海上拖缆地震采集电缆逐步由固体缆代替，固体缆与传统油缆相比，稳定性更好，电缆故障率低，并且电缆噪声较低；2011 年，为提高拖缆采集定位精度，在电缆上逐步开始配置全声学定位网络，拖缆地震采集作业质量与作业效率进一步提升。

2009 年之前，海底电缆三维地震资料采集作业方式较为简单，主要采用双线 12 炮观测方式（王哲等，2014）。自 2009 年开始，在渤海东部浅水区（水深小于 10m）引入 408ULS 轻型海底电缆（水陆双检）进行 OBC 采集作业，观测系统主要为八线四炮正交束线，与传统的双线 12 炮束线三维地震采集方式相比，采集方位相对较宽，具备 4~6 次横向覆盖，并且较好地解决了采集脚印问题；在深水平台区，采用美国 OYO 公司生产的 GeoRes Subsea 数字地震仪器开展片状海底电缆三维地震资料采集作业，该套海底电缆地震采集系统是一套可扩展的集成式系统，具有连续、实时管理来自大量采集站点的大带宽地震信号或声波信号的特点，检波器采用四分量，一个压电检波器（水中检波器）和三个分量（X、Y、Z）的速度检波器（陆上检波器）同时接收，陆检为模拟万向节 Gimbal 型，没有倾斜角度，完全靠机械设备进行垂直调整。2010 年，渤海开始采用 Sercel 公司的 SeaRay300 地震数据采集系统进行地震资料采集作业，其检波器采用四分量全数字检波器，每个接收点包括一个压电检波器和三个基于 MEMS（微电子机械系统）技术的加速度陆地检波器，从检波器直接输出数字信号，与传统的模拟检波器相比，全数字检波器的幅频响应特性更好，在 0~800Hz 范围内，输出相位为零相位，对低频信号没有衰减压制，可以记录低频反射信息，同时可以记录高频弱反射信号；四分量检波器接收到的地震信息通过预处理和有效地校正叠加，能消除浅海地震资料中的鬼波，从而提高地震资料的信噪比，在确定裂缝方位和密度方面有独特的优势。

四、常用的观测系统

图 1.19 为渤海常用 OBC 施工 Patch 观测系统，一个 Patch 共四条排列，每条排列 120 道，96 条炮线，每条炮线 64 炮。下面是具体观测系统参数。

接收线数：4 条； 接收线距：400m；
每条接收线道数：120 道； 接收道距：50m；
面元尺寸：12.5m×25m（纵向细分）； 覆盖次数：96 次（纵 24×横 4）；
炮线数：96 条； 炮线距：125m；
每条炮线炮点数：64 炮； 炮点距：50m；
纵向滚动距离：6000m； 横向滚动距离：1600m；

单个 Patch 炮数：6144 炮。

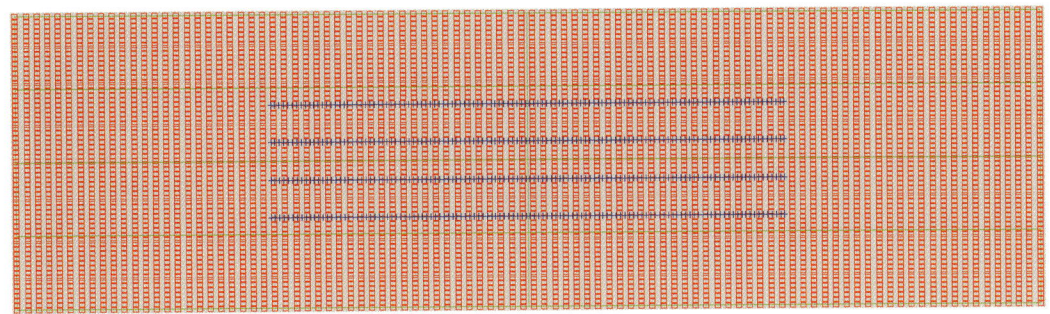

图 1.19　Patch 观测系统

图 1.20 为渤海常用 OBC 施工束线观测系统，该观测系统为八线四炮中间放炮。下面是具体观测系统参数。

接收线数：8 条；　　　　　　　　　接收线距：200m；
每条接收线道数：180 道；　　　　　接收道距：25m；
面元尺寸：12.5m×25m；　　　　　　覆盖次数：180 次（纵 45×横 4）；
炮线数：4 条；　　　　　　　　　　炮线距：50m；
炮点距：50m；　　　　　　　　　　横向滚动距离：200m。

图 1.20　束线观测系统

图 1.21 为渤海拖缆施工常用双源四缆的观测系统，每条电缆接收道数为 360 道，震源间距 50m。下面是具体观测系统参数。

电缆条数：4 条；　　　　　　　　　电缆间距：100m；
每条电缆道数：360 道；　　　　　　道间距：12.5m；
面元尺寸：12.5m×25m；　　　　　　覆盖次数：45 次；
震源数量：2 个；　　　　　　　　　炮间距：25m（单源 50m/炮）。

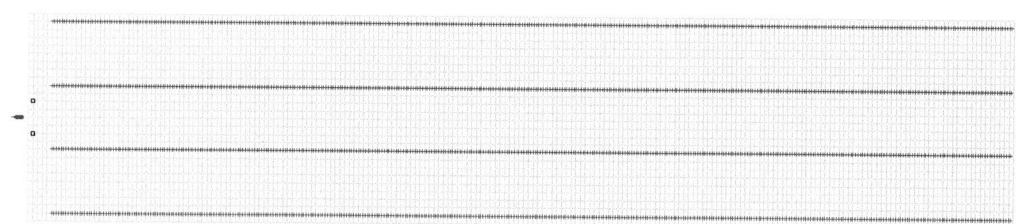

图 1.21 常用拖缆观测系统

参 考 文 献

陈昌旭, 张建峰, 李江, 等. 2015. 拖缆高密度高分辨地震资料采集处理技术的探讨与应用. 中国石油学会 2015 年物探技术研讨会论文集

陈浩林, 张庆宝, 刘军, 等. 2014. 海上 OBC 地震勘探高精度潮汐校正方法. 石油地球物理勘探, 49 (1): 1~4

陈见伟, 庄锡进, 胡冰, 等. 2012. 海洋拖缆地震资料关键问题分析及处理对策. 科学工程与技术, 12 (27): 7039~7035

董艳蕾, 朱筱敏, 李德江, 等. 2007. 渤海湾盆地辽东湾地区古近系地震相研究. 沉积学报, 25 (4): 554~563

邓元军, 杨志国, 张建峰, 等. 2013. 新的声波二次定位技术在海底电缆地震勘探的应用. 地球物理学进展, 28 (5): 2718~2724

邓元军, 李江, 张建峰, 等. 2015. 浅滩拖缆地震采集方式研究. 中国石油勘探, 20 (6): 60~65

邓元军, 乔秀海, 李江, 等. 2016a. 声学定位网络在海上拖缆三维地震勘探的应用. 中国石油勘探, 21 (2): 84~91

邓元军, 杨志国, 龚旭东, 等. 2016b. 海洋地震采集定位技术研究, 中国科技纵横, (1): 146~150

邓运华. 2015. 渤海大中型潜山油气田形成机理与勘探实践. 石油学报, 36 (3): 253~261

龚旭东, 魏宏伟, 亓发庆等. 2006. 辽东湾北部浅海区海岸工程地质特征. 海岸工程, 25 (2): 47~54

龚旭东, 陈继宗, 庄祖银, 等. 2010. 深水地震资料处理关键技术浅析. 勘探地球物理进展, 33 (5): 336~341

龚旭东, 周滨, 高梦晗, 等. 2014. 复杂过渡带海底电缆地震资料处理难点及关键技术-以渤海 CF 过渡带勘探区块为例. 中国海上油气, (1): 49~53

龚旭东, 周滨, 高梦晗, 等. 2014. 检波点水深误差对 OBC 双检资料合并处理的影响与对策. 石油物探, 53 (3): 324~329

龚再升. 1997. 中国近海大油气田. 北京: 石油工业出版社

何振才, 唐健. 2002. 高精度水上浅层地震勘探方法应用研究. 水利水电快报, 23 (13): 29~31

姜培海. 2001. 渤海海域浅层油气勘探获得重大突破的思索. 中国石油勘探, 6 (2): 77~86

李德江, 朱筱敏, 董艳蕾, 等. 2007. 辽东湾拗陷古近系沙河街组层序地层分析. 石油勘探开发, 6 (19): 669~676

裴彦良, 王揆洋, 闫克平, 等. 2010. 深水浅地层高分辨率多道地震探测系统研究. 海洋科学进展, 28 (2): 244~249

石宝衍. 2000. 海洋石油勘探开发对外合作创史. 中国海上油气, 14 (5): 295~297

帅平, 曲广吉, 向开恒. 2004. 现代卫星导航系统技术的研究进展. 中国空间科学技术, 24 (3): 45~53

王桂华. 2004. 海上地震数据采集主要参数选取方法. 海洋石油, 24 (3): 35~39

王竟男.1991.SZ36-1油田的三维地震储层研究.中国海上油气,5(1):51~62

王祥,王应斌,吕修祥,等.2011.渤海海域辽东湾拗陷油气成藏条件与分布规律.石油与天然气地质,32(3):342~351

王向辉.2000.浅析渤海石油勘探中的成功与失误.中国海上油气,14(6):432~437

王应斌,王强,黄雷,等.2010.渤海海域油气藏分类方案及分布规律.海洋地质动态,(11):7~12

王哲,杨志国,龚旭东,等.2014.海底电缆地震资料采集观测系统对比.中国石油勘探,19(4):56~61

王志亮,周滨,高祁,等.2011.高斯射线束偏移技术在渤海LD16-17区的应用.中国海上油气,23(5):307~308

王志亮,周滨,龚旭东.2013.高精度速度建模和高斯射线束深度偏移技术在渤海地区的应用.中国石油勘探,18(2):37~44

王志亮,周滨,龚旭东,等.2013.高密度高分辨地震勘探技术在渤海PL地区的应用.中国石油勘探,18(2):37~44

吴志强.2014.海洋宽频带地震勘探技术新进展.石油地球物理勘探,49(3):421~430

夏庆龙.2016.渤海油田近10年地质认识创新与油气勘探发现.中国海上油气,28(3):1~9

夏庆龙,赵志超,赵宪生.2004.渤海浅部储层沉积微相与地球物理参数关系的研究.天然气工业,24(5):51~53

夏庆龙,庞雄奇,姜福杰,等.2009.渤中海域渤中凹陷源控油气作用及有利勘探区域预测.石油与天然气地质,30(4):398~400

夏庆龙,周心怀,王晰,等.2013.渤海蓬莱9-1大型复合油田地质特征与发现意义.石油学报,34(增刊2):15~22

肖国林,董贺平,何拥军.2011.我国近海海洋油气产量接替现状与面临的问题及应对策略.海洋地质与第四纪地质,31(5):147~153

杨志国,陈昌旭,张建峰,等.2011.提高浅海OBC地震资料采集作业放缆点位精确度的理论计算方法.石油物探,50(4):406~409

叶苑权,周滨,陈浩林,等.2015.OBC三维宽方位观测系统设计方法及应用.中石油学会2015年物探技术研讨会论文集

张建峰,龚旭东,杨志国,等.2012.滩浅海地区海底电缆地震采集正交束线观测系统分析.石油物探,51(3):280~284

张新颖,贺萍,王腾飞,等.2013.辽东湾地区沙河街组三段断裂体系的沉积响应.石油化工应用,32(12):55~59

钟明睿,朱江梅,杨薇,等.2012.震源及电缆沉放深度对海上地震资料的影响.物探与化探,36(1):78~83

周滨,刘长镇,高祁等.2007.海上浅水区地震资料采集方法研究.中国海上油气,19(2):90~92

周滨,龚旭东,张建峰.2014.复杂海陆过渡带地震采集难点与对策.中国石油勘探.19(5):59~64

周滨,龚旭东,高梦晗,等.2015.海底电缆交叉鬼波化双检合并技术改进及应用.中国海上油气,(1):49~52

庄祖垠,陈继宗,王征,等.2011.深水地震资料特性及相关处理技术探析.中国海上油气,23(1):26~31

朱伟林.2011.中国近海油气勘探的回顾与思考.中国工程科学,13(5):4~9

朱伟林,米立军,龚再升,等.2009.渤海海域油气成藏与勘探.北京:科学出版社

朱伟林,吴景富,张功成,等.2015.中国近海新生代盆地构造差异性演化及油气勘探方向.地学前缘,22(1):88~101

第二章 海上连片处理技术

随着油气勘探工作的不断深入，为了对整个勘探区域的地下地质现象进行综合研究，对全区有一个深入全面的认识，需要将已采集到的各自独立的三维区块进行连片处理。通过连片三维资料的精细解释，得到资料覆盖区的整体构造图，有利于对区域的整体认识并在各小区块三维拼接区寻找遗漏的构造单元或地层岩性圈闭。

三维连片处理不仅可以避免重复的三维地震勘探以节省大量资料采集费用，而且能够有效解决小区块采集处理引起的边界效应问题，使得资料的成像精度提高，明确勘探区域构造的整体形态。由于以往各小三维地震勘探区块的勘探年份、采集条件、工区位置、面元大小等因素各不相同，再加上不同区块地震资料处理流程也不尽相同，从而造成各个区块之间原处理成果在地震资料的振幅、频率、相位等多方面存在很大的差异。为了实现统一网格、统一静校正、统一地震记录（极性、时差、振幅、频率、波形），统一叠加和偏移的处理，因此在整个勘探区域进行连片处理时，需要消除各块三维数据采集和原处理成果之间的不一致性，从而获得统一完整的数据体，为全区的综合解释提供可靠的地震资料。

三维资料的连片处理是实现区域构造精细评价的有效途径，其基本思路是通过对以往采集的大量地震数据进行对比、分析，得到影响地震数据质量的关键因素，针对连片处理过程中各区块处理成果资料之间存在的各种不一致性、边界效应及成像问题，借助一系列的技术手段和措施予以消除。

海上地震资料连片处理关键技术主要有以下几个方面：海上地震干扰波衰减与压制，数据规则化处理，海上地震多次波压制，数据一致性处理及偏移成像技术等。

第一节 海上常规处理

一、海上常规处理流程

海上常规处理是对预处理后的地震数据进行必要的基本处理运算，是做进一步精细处理的前提，在地震资料处理中占有很重要的地位。

海上常规处理流程如图 2.1 所示：

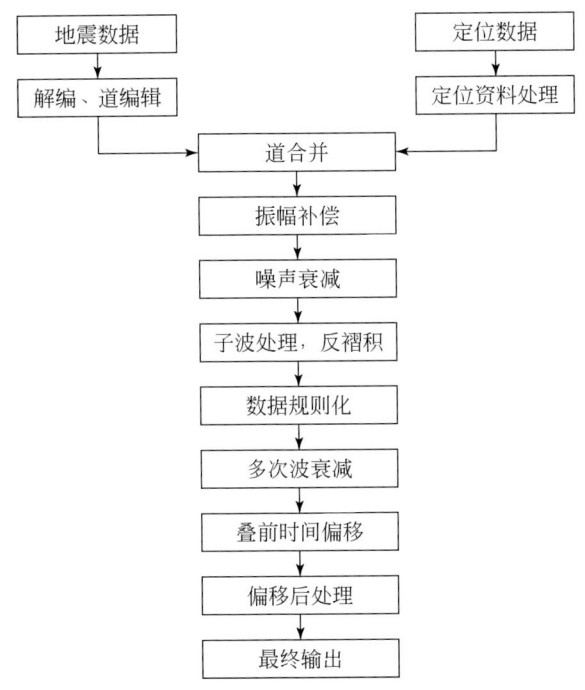

图 2.1 海上常规处理流程图

二、海上常规处理技术

海上常规处理技术主要包括：振幅补偿、潮汐校正、速度分析、动校正、采集脚印衰减技术、偏移、叠加。

（一）振幅补偿

地震波在地层中传播时会有一定的能量衰减，所以在进行地震资料处理时要对地震波的能量损失进行振幅补偿。影响地震波振幅的因素主要有四个方面：

（1）随着地震波传播距离的增大，反射信号能量迅速降低，使得深浅层反射能量差异比较大，如球面扩散、吸收衰减等；
（2）激发和接收条件的不同造成横向上能量的差异；
（3）叠置在一次反射波上的多种干扰波的影响，如多次波、直达波、地表噪声等；
（4）其他较小的影响因素。
实际资料处理中的地震波能量补偿主要指的是对前两方面影响因素的消除。
处理方法有相对保幅方法和非保幅性方法。主要振幅补偿技术如下：
（1）单道振幅均衡。该方法是在每个地震道上单独完成的。

（2）地表一致性振幅补偿。主要思路是在特定的时窗内计算整条测线每个数据道的能量，通过高斯-赛德尔迭代的方法求出补偿系数，并将其用在各个数据道进行补偿。

（3）瞬时吸收补偿。包括反 Q 滤波和谱白化（零相位反褶积）。

（4）小波变换频率补偿。

（5）地表一致性反褶积。分时窗计算使得它能很好地补偿时变的大地吸收。

实际资料处理中，通常使用一种或几种方法组合来达到球面发散和吸收补偿的目的，如图 2.2～图 2.4 所示，为振幅补偿前后道集，叠加及振幅能量曲线对比。

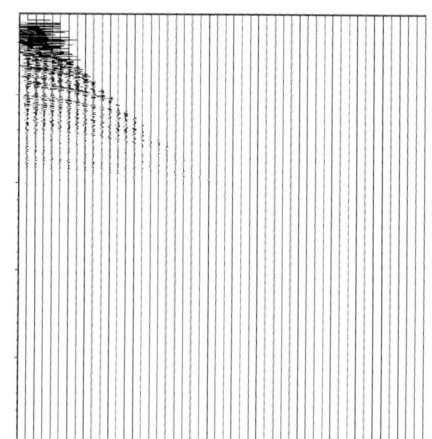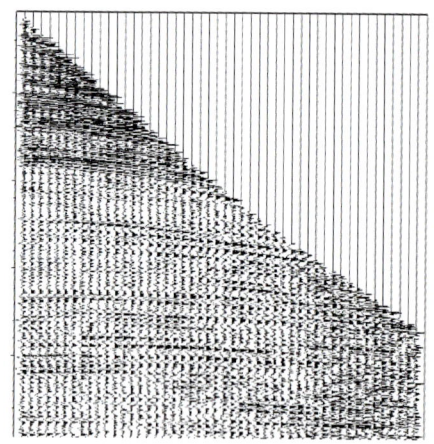

图 2.2　振幅补偿前（左）、补偿后（右）道集的对比图

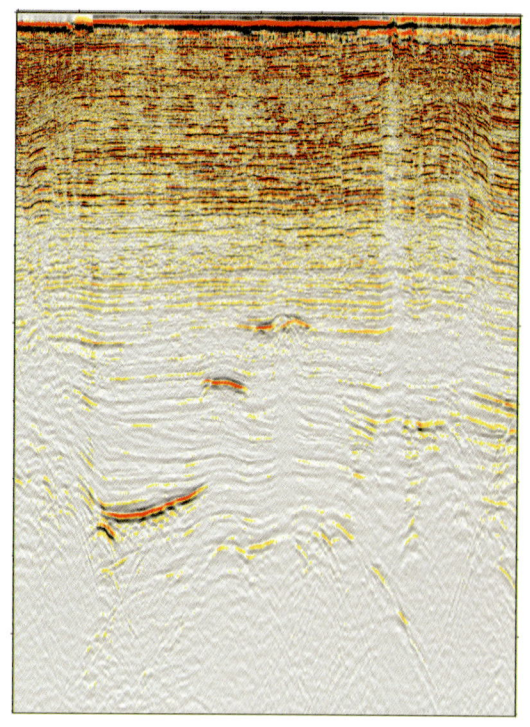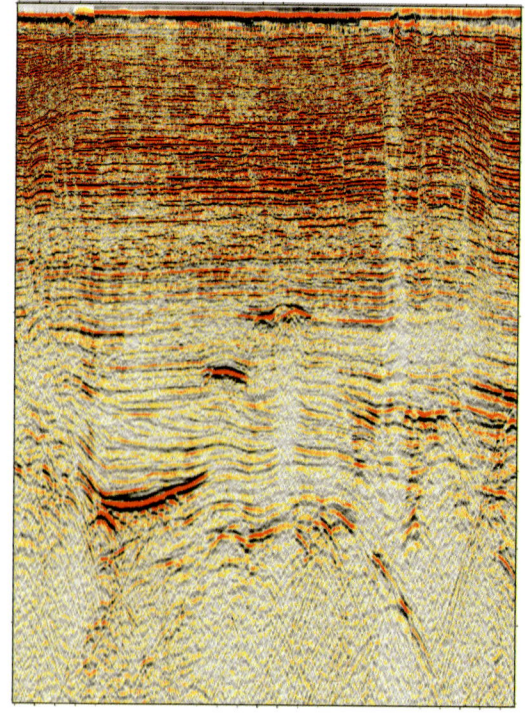

图 2.3　振幅补偿前（左）、补偿后（右）的叠加剖面对比图

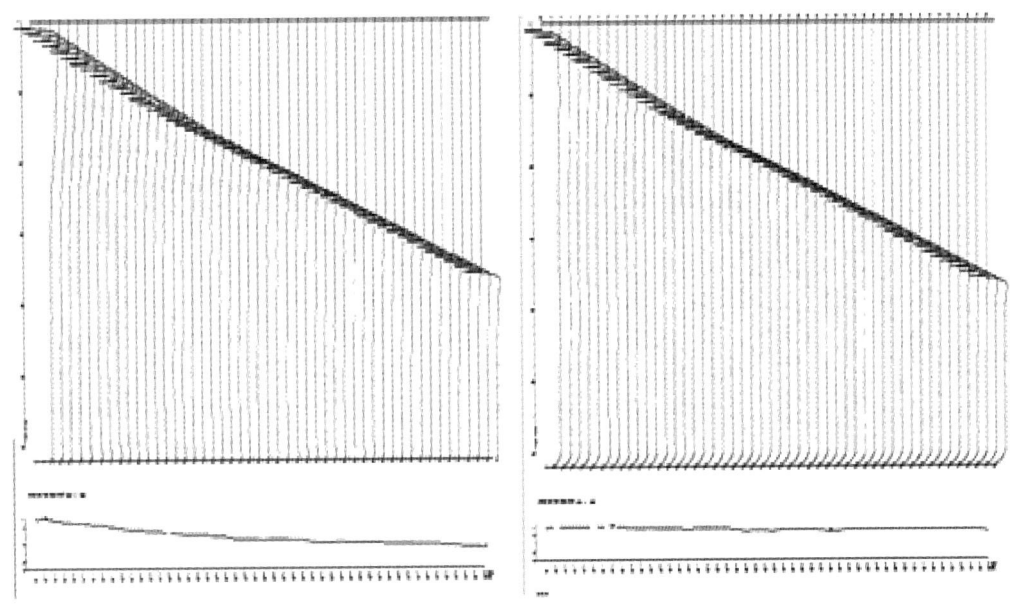

图 2.4 振幅补偿前（左）、补偿后（右）的振幅能量曲线对比图

常用的振幅补偿处理流程是先在时间方向上进行能量补偿，通过使用球面发散补偿或几何排列补偿的方法来完成；然后，再调整道间能量差异，这可以通过地表一致性振幅补偿或道平衡实现。最后，补偿频率振幅的吸收衰减，这一过程可以使用谱白化或反 Q 滤波完成。这种振幅补偿方法的缺点是处理比较耗时并且耗费资源，同时，能量补偿后进行频率补偿会使得后一步的处理影响前面的处理结果。

（二）潮汐校正

正如陆上数据的采集受到地表条件的影响存在静校正问题一样，海上数据同样受到采集环境的影响。例如，潮汐对地震数据的影响主要表现在 CROSSLINE 方向不同潮高时采集的束线间存在错动，造成不同相叠加，影响了分辨率、连续性和成像效果。目前潮汐校正主要采用按潮汐表来计算校正量的方法。该方法存在一定的缺陷，主要是因为潮汐表一般为预测的潮汐变化规律，与实际的潮汐变化周期存在时差，并随着日期的变更而改变；另外，即使在同一时间，同一海域的不同工区由于受海岸、海底地形、水深以及风等自然条件的影响，涨潮落潮的时间和幅度都会有差别。也就是说即使使用观测站实际观测的潮汐值（一般很难得到），也会与所施工工区的潮汐变化存在误差。

随着卫星差分定位系统精度的提高，高程测量的精度逐渐可以满足地震数据处理的要求。目前，潮汐校正多使用卫星差分定位系统记录的高精度高程值来进行潮汐校正，高程值记录与地震资料采集同步进行，进而实现潮汐校正。目前，渤海油田主要有以下两种方法进行潮汐校正。

1. 使用卫星差分定位数据进行潮汐校正

在地震资料采集过程中使用 Skyfix. XP 系统提供卫星差分定位数据，Skyfix. XP 系统是一种通过卫星播发修正信息，不受台站距离约束的一种卫星差分定位技术。它的主要特点是工作状态比较稳定，测量精度比较高，静态时高程测量精度可以达到15cm，动态时约为20~50cm，最大时差约为0.27ms。这一精度完全能够满足潮汐校正的需要。实际采集测量中，采集到的并不是潮高值，而是天线点相对于某一基准面的高程值，不过基准面的选取对后面潮汐校正量的提取并不重要，它主要是为测量过程中波纹等校正服务的。可以通过求取所有测量数据的算术平均值来获得一个相对基准面，所有高程数据与该基准面的差值就是潮汐相对于施工期间平均海平面的涨落幅度值，将其除以声波对水的速度转化为震源和电缆检波器的校正量Δt（震源校正量=检波器校正量=Δt），按静校正的方式应用于地震数据中。

在野外实测过程中，由于信号可能存在瞬间的不稳定性，高程值中会含有少量的野值噪声。因此需要对其进行必要的平滑以去除野值，一般可选择低频滤波器进行平滑，滤波器频率响应定义为

$$h_d(n) = \begin{cases} \dfrac{1}{2\pi}\int_{-\omega_c}^{\omega_c} e^{-j\omega} \mathrm{d}\omega \\ \dfrac{\sin[\omega_c(n-a)]}{\pi(n-a)} & n \neq a \end{cases} \quad (2.1)$$

式中，$h_d(n)$ 为理想单位脉冲响应；n 为窗口长度；常数 ω 为角频率，rad/s；ω_c 为截止角频率，rad/s；$a=(n-1)/2$。

对应的冲激响应为

$$h_d(n) = \begin{cases} e^{-j\omega} & |\omega| \leq \omega_c \\ 0 & |\omega| > \omega_c \end{cases} \quad (2.2)$$

由于潮差的变化主要表现在不同采集线束之间，所以平滑方向最好选择沿测线采集方向，平滑半径可根据野值情况进行试验。对于应用后的效果检验一般可选用前后的浅层时间切片或 CROSSLINE 方向的单次或叠加剖面对比。

对野外 Skyfix.XP 测得的高程值进行整理，减去海平面后得到了潮汐变化量（图2.5a）。通过低通滤波消除了野值，得到了图2.5b 所示的最终校正值。应用于数据体后从 CROSSLINE 叠加剖面和时间切片上对其效果进行了检验，CROSSLINE 叠加剖面从方差图上可以看到由潮差引起的相位错动得到明显改善（图2.6）。

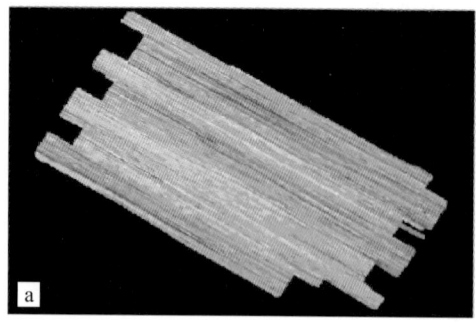 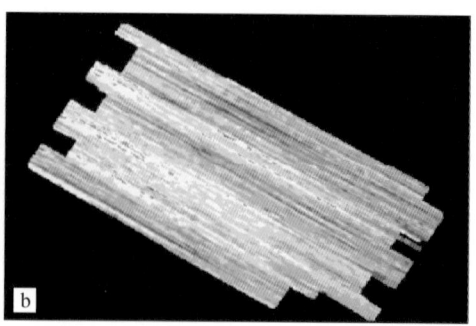

图 2.5　低通滤波前后潮汐变化量图

a. 原始的潮汐变化量；b. 低通滤除野值后潮汐变化量

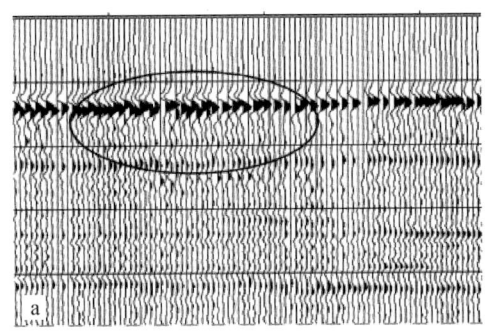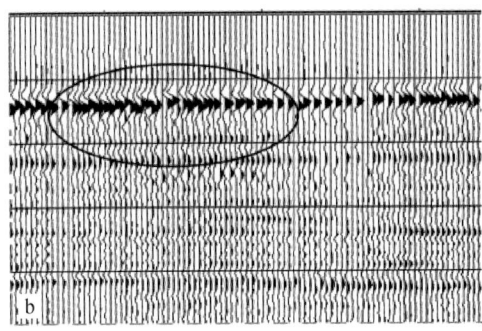

图 2.6 潮汐校正前后叠加剖面的变化图

a. 校正前叠加剖面；b. 校正后叠加剖面

2. 使用水深数据进行潮汐校正

在使用卫星差分定位系统记录高程数据之前，在野外采集的数据中没有高程数据。潮汐校正是通过安装在作业船底的测深仪记录的水深数据通过运算实现。测深仪测量的水深数据，会随着潮汐变化而变化。由于潮差改正量很难确定，因此测深仪工作时一般不输入潮差改正参数，那么测量的水深数据中实际也包含了潮汐的变化量。因此可以利用水深数据来提取潮汐校正值，可分以下三种情况来考虑：

（1）假设海底为水平界面，那么实测水深的变化量就是潮汐变化量（其中也包含涌浪引起的变化）。

（2）当海底地形变化比较平缓时，在 CROSSLINE 方向上测量水深的突变就应该是由潮汐引起的，那么可以说水深曲面上的高频成分就是潮汐的变化。

（3）当海底地形变化比较剧烈时，水深曲面变化没有明显的规律，这时很难区分出哪些变化是由潮汐引起的。由以上分析可见，前两种情况利用水深数据提取潮汐校正量是可能的。为了提取水深曲面上的高频成分，同样采用了低频平滑滤波的方法，首先对水深曲面在 INLINE 方向适当平滑去除测量中存在的少量野值，得到曲面 C1；然后在此数据基础上选取较大的平滑半径，沿 CROSSLINE 方向进行较重的平滑，以消除曲面上的高频成分（潮汐变化）影响，得到曲面 C2；再将两次平滑的数据体相减，则潮汐变化量 $S = C1 - C2$。校正量的求取和应用与上述 GPS 方法相同。

在没有 GPS 高程数据的三维工区，利用水深数据进行了潮汐校正试验处理。图 2.7 中依次展示了原始水深（图 2.7a）、轻度平滑结果（图 2.7b）、重度平滑结果（图 2.7c），两次平滑结果的差值，即最终潮汐校正量（图 2.7d）。应用于数据体后，从时间切片上进行了检查（图 2.8）。从图 2.8a 中可以看出，由于浅层较平河道的存在，从原始切片上清楚地看出潮汐影响的条带状振幅和相位异常；经过水深数据校正后（图 2.8b），很好地衰减了潮汐的影响，河道看上去更加连续。

因此，利用 Skyfix. XP 高程数据进行潮汐校正和利用水深数据进行潮汐校正的技术，均能够得到比较满意的潮汐校正处理效果。

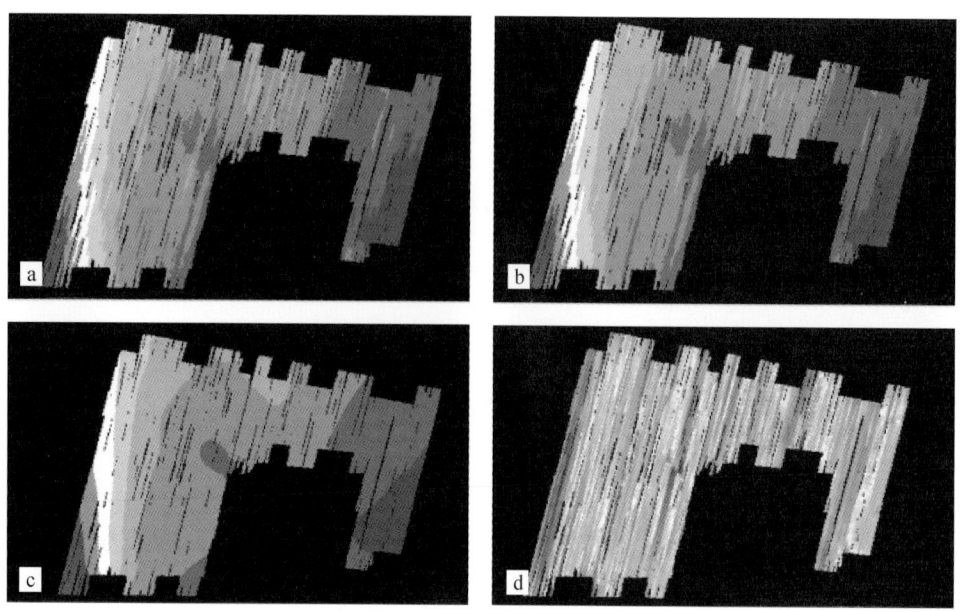

图 2.7　原始水深、轻度、重度平滑结果及其差值图

a. 原始水深图；b. 轻度平滑后水深图；c. 重度平滑后水深图；d. 重度平滑与轻度平滑的水深差值图

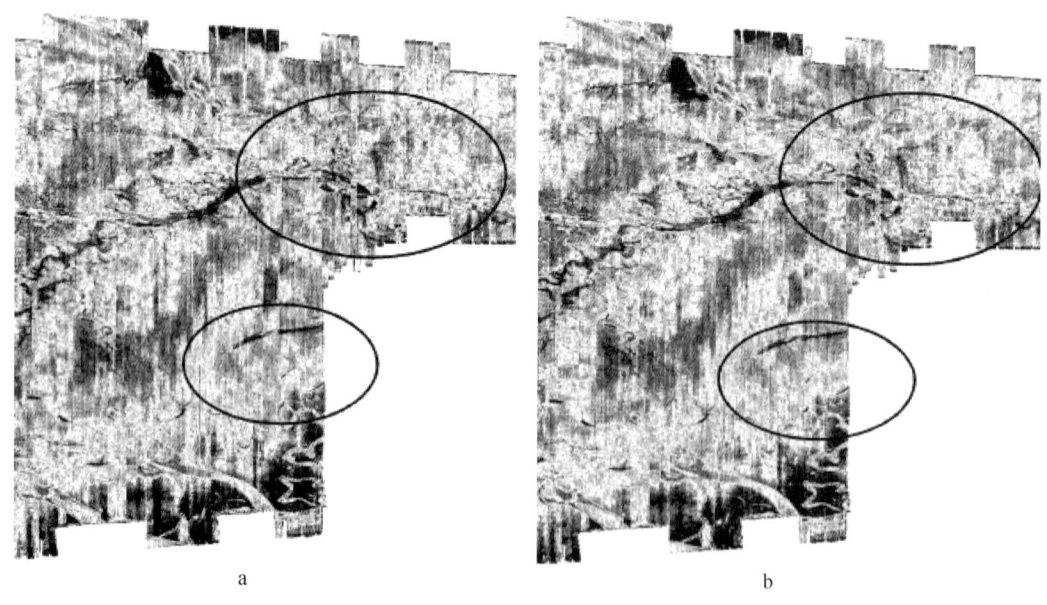

图 2.8　应用水深数据进行潮汐校正前、后的时间切片图（切片时间为 380ms）

a. 校正前时间切片；b. 校正后时间切片

（三）速度分析

地震处理中的速度分析特指通过制作速度谱和通过速度扫描的方法来确定地震叠加速

度的过程。地震叠加在地震勘探中有着多种用途,例如用来进行地层岩性分析、地层压力预测等。速度分析的目的是提供叠加速度场,为后续动校正和叠加处理做准备。速度分析、动校正和叠加是紧密相关的三个处理环节,在方法原理上也是相关的。

在共中心点道集上进行速度分析、动校正和叠加处理。速度分析的主要目的是拾取叠加速度,主要采用速度谱拾取和常速扫描两类技术。

1. 叠加速度谱

假设在共中心点道集上,对于某个 t_0 时刻,有一个反射波同相轴与之对应。若不存在静校正问题的话,对于该同相轴来说,在沿着准确的叠加速度所对应的时距曲线轨迹上,各道上的地震波波形是相似性最好的。

因此,对于一个 CMP 道集来说,如果在每个 t_0 时刻,都用一系列的速度值去做一个试探,计算出每个速度相应的振幅平均绝对值,那么,如果在某个 t_0 时刻存在一个速度值使得上述平均绝对值达到一定能量级别,说明在该 t_0 时刻对应着地下一个反射面,这时最大振幅值对应的速度就是这个反射面的叠加速度。叠加速度谱技术的基本原理如图 2.9 所示。

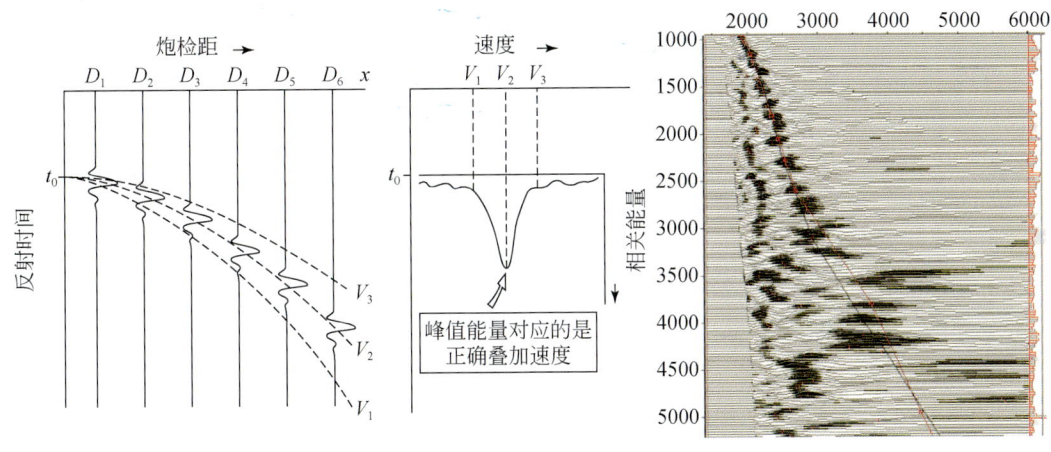

图 2.9 叠加速度谱技术基本原理图

将每个 t_0 时刻上计算出的各个速度值对应的振幅平均绝对值在 t_0-v 平面上以能量团的形式绘制出来,这个图件称作叠加速度谱。因此在叠加速度谱上,能够方便地拾取相应 CMP 点的叠加速度函数 $v(t_0)$,它是以 (t_0, v) 数据的形式表示的。

在实际资料处理中,考虑到实际地震记录的有限频带特点和对叠加速度的敏感程度以及计算效率等方面的原因,t_0 时间和试探速度 v 的取值都是按一定的间隔步长进行的,他们可以是等间隔分布,也可以是非等间隔分布,在叠加速度谱上,能量团显示是 t_0-v 平面网格点上叠加振幅数据的平面插值平滑结果。并且,为了使得叠加振幅的变化更加突出,在叠加速度谱上常用归一化的叠加振幅绝对值来代替平均振幅绝对值。对于低信噪比或低覆盖次数资料,一般将若干个相邻 CMP 道集组合在一起,形成一个具有更高(视)覆盖次数的 CMP 大道集(或超道集),以此提高速度谱的信噪比。大道集使得速度分析分辨率下降,应视资料实际情况选用。

速度谱一般相隔数百米计算一个。控制点间的速度场通过插值获得。对于复杂地下地质情况，应考虑适当加密速度谱点。速度谱方法拾取的速度误差一般小于5%，信噪比低时误差会加大。对于大炮检距道，叠加速度往往偏大，大于由小炮检距资料提取的叠加速度。

2. 速度扫描技术

速度扫描是复杂条件下的速度精细分析技术。地下构造比较复杂的情况下，资料信噪比较低，使用速度扫描的方法可提高速度分析的精度。

速度扫描是对于叠加效果不好的时间方向层段和空间方向区段，在速度谱分析后的拾取值附近，使用一些间隔小的叠加速度试探值作为一个叠加速度常变量，然后对选定层段区间的数据进行动校正和叠加，根据动校正及叠加效果推断各个主要反射层的最佳叠加速度值，并且在此基础上修改叠加速度函数，得到最终的动校正叠加的速度函数，如图2.10所示。

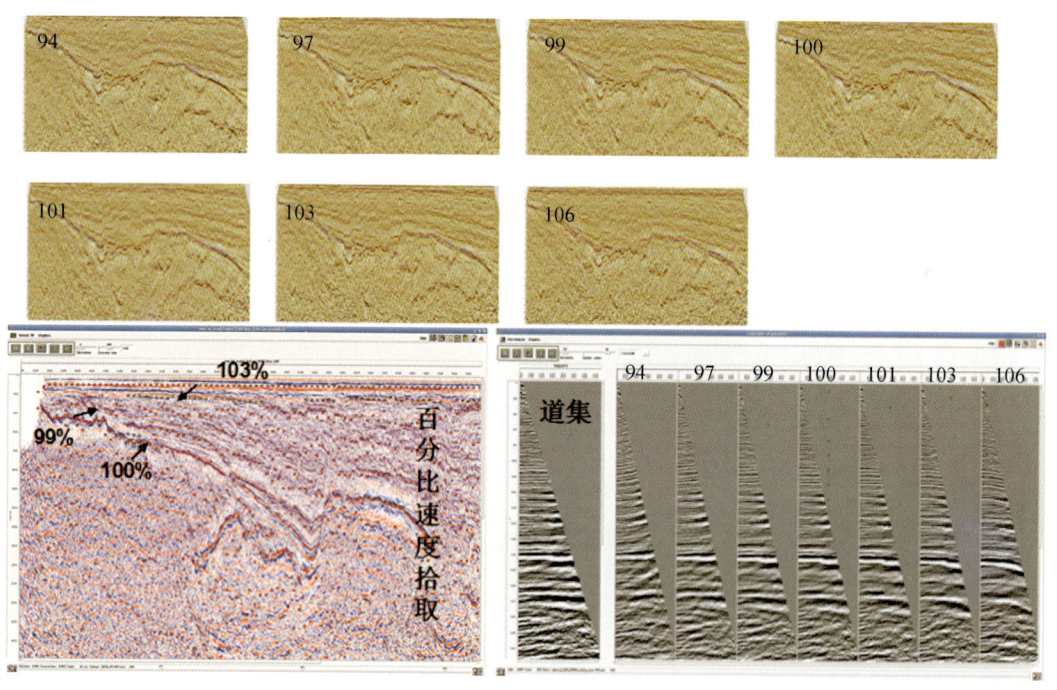

图2.10　速度百分比扫描和拾取

在交互处理中，常将速度分析和速度扫描结合起来使用，特别是在信噪比低且叠加对于速度非常敏感的情况下效果十分明显。

（四）动校正和叠加

动校正的主要作用是将非零偏移距CMP道集转换为等效零偏移距道集，待叠加后获得质量更高的等效零炮检距道，获得等效自激自收剖面。一次波速度动校正之后，一些干扰波还存在剩余时差，通过水平叠加后可以增强一次波，削弱多次波。

需要指出的是，由于双曲线时距方程是对实际的时距曲线的二阶近似，动校正量会随着炮检距的增大而不断增大，因此大炮检距时，不容易拉平反射波同相轴，有两种方法可以解决以上问题：①利用分炮检距速度分析、动校正方法；②利用大炮检距速度分析、动校正方法。

水平叠加是利用采集的多次覆盖资料把共中心点道集记录经动、静校正之后再叠加起来，达到压制干扰波，提高信噪比的处理方法。顾名思义，叠加就是叠合、累加的意思。从数学角度讲，就是将多个具有相同特性的量累加求和。地震勘探中的叠加具有类似的含义，它具体地指共中心点道集中多个等效零炮检距记录的累加平均。在水平层状介质条件下，得出了地震反射的非零炮检距记录经动校正与零炮检距记录到达时间相同的结论。

在此结论基础上，叠加更进一步假定，地震反射信号的非零炮检距记录经动校正与零炮检距记录在振幅和波形（由相位、频率等因素决定）等方面也是相同的。

（五）采集脚印衰减技术

随着复杂油气藏勘探对地震成像分辨率提出更高的要求，需要更好地刻画地震资料细节。不规则的空间采样会导致采集脚印问题，规则的三维观测系统中，规则的空间采样也会不可避免地产生采集脚印问题。这些问题都会影响速度分析，影响地质目标的高质量地震成像和 AVO 属性分析。由观测系统问题引起的不完全采样会造成地震成像中出现周期性变化的假象，一般在时间和深度切片上看到这些现象，称之为采集脚印。

最终的叠加数据中可以表现出采集脚印，所谓采集脚印就是指在地震资料采集过程中由于采集循环片的滚动等人为因素而在地震数据中所留下的痕迹。它主要存在于采集和资料处理两方面：采集方面，主要受观测系统和非观测系统因素的影响。观测系统的影响因素有：①震源点的线距和点距，考虑到实际生产的效益，这两个参数始终比检波点距和线距大，不好实现对称采样；②接收点以及组合形式，如利用检波器组合压制纵向的噪声，却不能压制横向的噪声；③排列方式方面，可以采用垂直、束状、斜交等不同排列关系。使得不同面元的覆盖次数、方位角分布不均匀。非观测系统因素：①天气和地表等自然条件引起的噪声；②仪器或海上电缆羽角造成采样不规则；③激发震源和地下地质因素造成的噪声干扰等。资料处理方法的使用不当也会增大这种影响。

任何三维观测系统都会产生采集脚印。由于地震数据浅层的覆盖次数少，所以采集脚印现象在浅层的体现比深层要明显的多。采集脚印通常以条带状出现在较浅的时间切片或反射层振幅图上，掩盖真实的振幅异常，影响储层预测、油气藏描述和 AVO 研究。

衰减采集脚印的方法有以下几种：第一种方法为调整采集观测系统的参数使不同偏移距的道数变化最小；第二种方法为利用叠前处理缩小叠加的道集间的差异；第三种方法为利用叠后处理的方法衰减采集脚印。在分析海上地震数据采集脚印的成因及特点的基础上，结合生产实践，得到压制或衰减采集脚印方法总结如下：

（1）采用三维反褶积以及地表一致性振幅校正等方法减弱子波和振幅的差异，利用剩余静校正技术来消除道间的时差等。

(2) 采用 SkyFix. XP 定位系统数据,对地震资料做潮汐校正。
(3) 采用面元规则化技术减小相邻道间的差异。
(4) 采用叠后 $f-k$ 法消除或减弱剩余的采集脚印的影响。

通过上述关键技术的应用,提高了最终处理成果的信噪比,如图 2.11,从时间切片和纵横剖面上看,明显地衰减了采集脚印,为海上油气勘探和开发提供了更为可靠的基础地震资料。

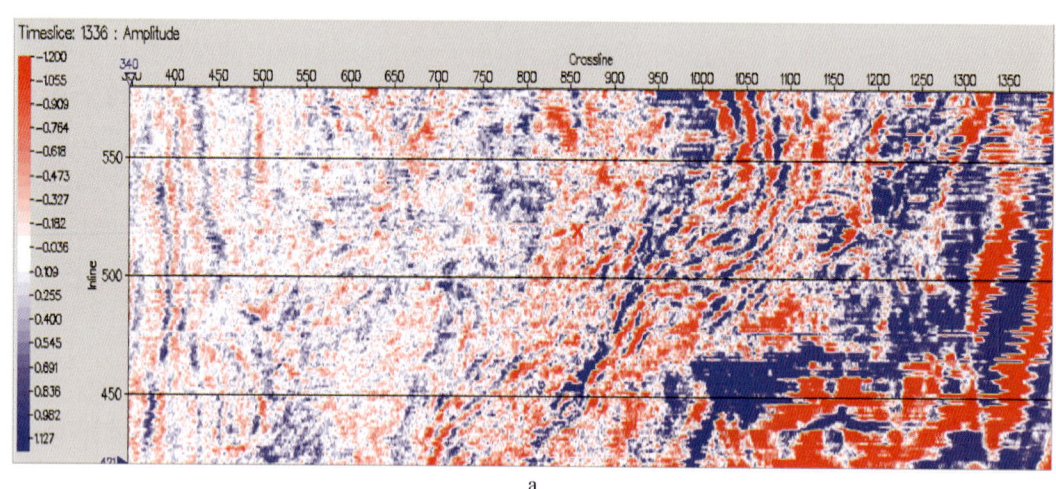

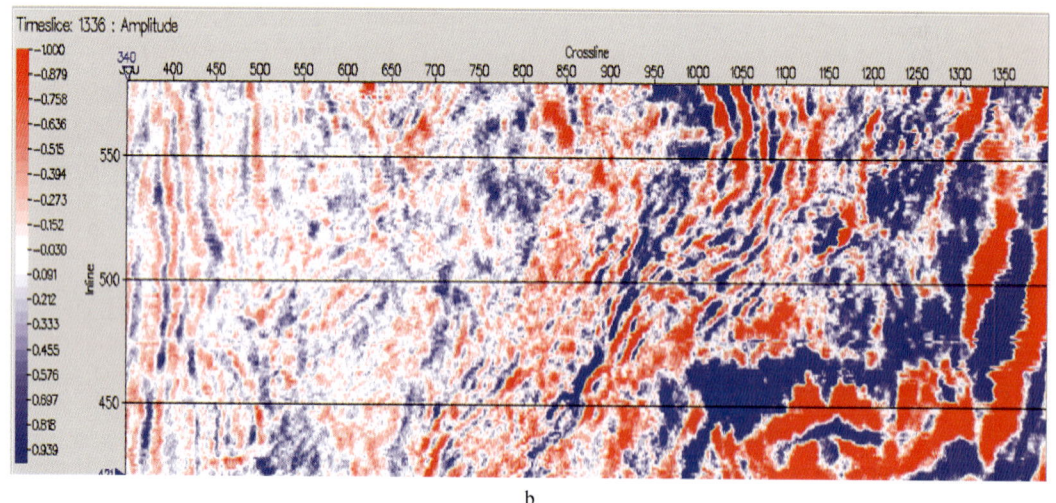

图 2.11　采集脚印衰减前 (a) 后 (b) 切片

采用潮汐静校正、面元中心化及剩余静校正处理是通过叠前处理来减小要叠加的道集间的差异,从而达到衰减采集脚印的目的,属于保真保幅处理。通过该套技术的应用,工区内严重的采集脚印都得到了衰减,大大改善了资料的信噪比,提高了剖面的整体成像质量,为精细刻画、描述地质构造形态和预测油气储层分布及有利油气富集区带,提供了可靠的地震资料。

采用潮汐静校正、面元中心化及剩余静校正联合处理技术虽然可以在一定程度上衰减采集脚印，但对由于采集时的面元覆盖次数过少，震源能量、容量不稳定，远缆采集质量过差等引起的严重采集脚印还不能在保真保幅的要求下完全消除，这还需要在后续工作中继续深入研究。

第二节 海上干扰噪声压制

一、海上干扰噪声特点

在海上地震勘探资料采集过程中，地震仪器可接收到检波点处的所有振动，其中既有可用于解决地质问题的地震有效波（有效信号），也有对有效波起干扰作用的干扰波或噪声。

常见的地震资料中的噪声分类方法有三种。

(1) 按噪声的来源和特点，可以将其分为相干噪声（如多次波、有源干扰等）和随机噪声（如低频噪声等）。相干噪声具有明显的运动学特征。随机噪声具有空间上和时间上的随机性，是高频部分主要的噪声。

(2) 按噪声的传播机理，可以将噪声分为面波（地滚波）、侧面波、多次波、折射波等。

(3) 根据噪声频谱方面的特征，可以将噪声分为低频噪声、高频噪声和工业干扰等。

海上地震勘探中的噪声可分为相干噪声和随机噪声两类。相干噪声指的是测线周围障碍物产生的绕射波，船体、水下设备抖动产生的噪声等。随机噪声指的是风浪、涌流产生的环境噪声。

海上勘探噪声具有不同于陆地勘探的特点：

(1) 主要为规则干扰，随机噪声相对较弱。由于海水良好的传导特性，众多的海上规则干扰源引起的规则干扰多，随机干扰相对较弱。处理时容易去除规则干扰，因此海上资料通常具有高信噪比的特点。

(2) 在频域的分布特征。随机噪声是全频道白噪，而规则干扰的频域分布特征与有效波基本一致。

因此，海上资料的噪声与陆上资料相比更容易压制。目前来说，容易去除相干噪声，采集时需要严格控制随机噪声，以免形成强干扰。

二、海上干扰噪声压制技术

（一）常见特殊干扰波及特征

1. 水波、面波、涌浪、怪流噪声

沿地表传播的面波，为一种低频干扰波，速度也较低，基本特征是强度大、频率低，且振动延续时间长,如图 2.12 所示,在地震记录上呈"扫帚"状,海浪是一种面波,速度慢,频率低,随深度的增加衰减地比较快。

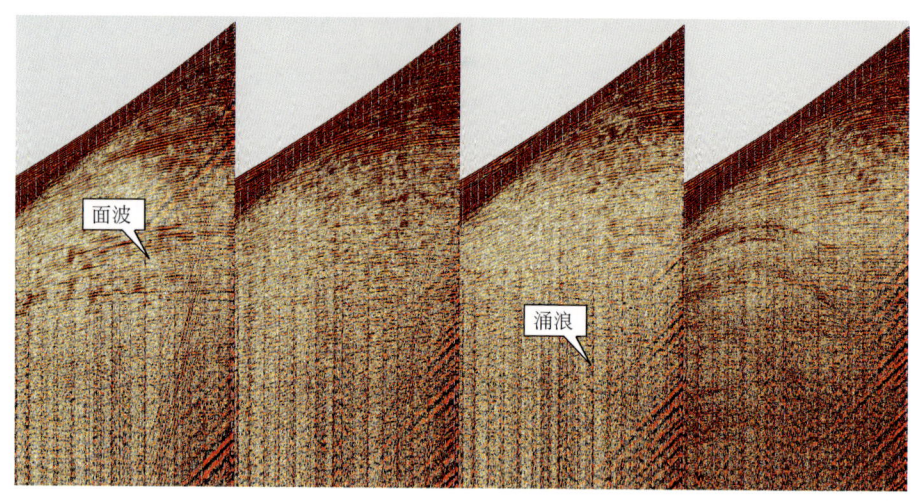

图 2.12 面波噪声及涌浪噪声

水波干扰指的是来自于勘探船和震源本身,沿表层传播的干扰波,船体的振动,水下沉重的物探设备引起的振动都可能引起水波干扰,在单炮记录上,是与初至平行的一组波,由于振动不断,可能出现多个。另外,也可能记录到与其传播方向相反、传播速度相同的水波,这种水波是由电缆尾标引起的,强度相对勘探船引起的水波弱些。水波干扰的速度与直达波相近或略低于直达波。频率成分上不同于面波。

涌浪噪声是一种在海上勘探中常见的噪声干扰类型,其特点为频率低,周期长、振幅高,频带较窄,呈垂直条带状分布。

另外,怪流噪声是由于洋流极不稳定而出现的一种随机噪声。

2. 空气枪震源自激干扰

空气枪震源自激干扰是由个别枪提前激发或者滞后激发引起的震源自激现象。如图 2.13 所示,单炮记录上出现的连续的初至即为震源自激。

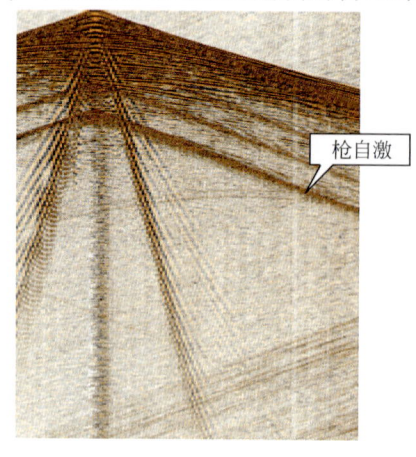 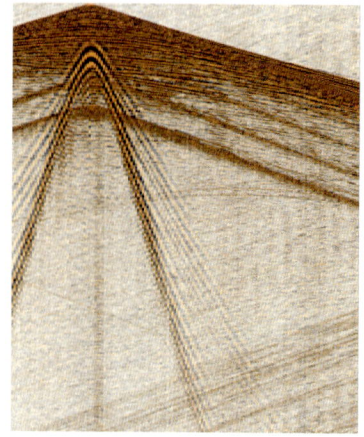

图 2.13 枪自激噪声

3. 重复冲击

海水中震源激发产生的气泡未冲出水面，静水压力导致气泡效应（胀缩震荡运动）。每次胀缩都相当于一个新震源，从而形成重复冲击波。地震单炮记录上的特征为初至波一定时间间隔后，重复出现与初至波视速度及方向相同的振动。

4. 侧反射

在地震作业海域中存在油田平台、水下暗礁、沉船等影响，其表面为波阻抗较强的界面，震源波传播到这些界面时被反射回来形成侧反射干扰。侧反射波的基本特征为强度衰减很慢，且以不同的视速度出现在地震记录中。如图 2.14 所示，当测线垂直于海底障碍物时，对应侧反射的时距曲线是直线；当测线不垂直于海底障碍物时，此时的时距曲线是双曲线；当反射体端点变为突变点时，可能出现侧面绕射波；能量随着与反射体距离的增大而逐渐衰减，直至消失。

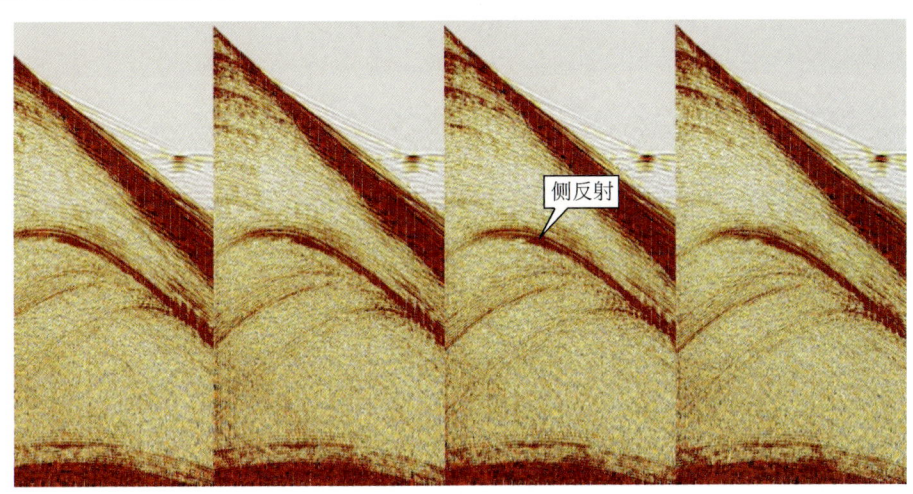

图 2.14 侧反射噪声

侧面绕射波可在连续单炮记录上观测到，极易识别，其极小点位置不变，即炮点向前移动时，极小点出现的道次相应后滚；能量随着炮点距绕射点距离的增大而逐渐衰减直至消失；当绕射源非常接近电缆或测线的延长线时，其时距曲线为直线，地震记录上，类似初至波。

5. 船舶噪声

船舶噪声是海上地震采集中常见的一种干扰，当地震船队在野外施工时，附近如有船舶经过时，将会形成振幅强的干扰，在单炮记录全时窗上都存在干扰，如图 2.15 所示。

6. 邻队干扰

邻队干扰指的是本物探船接收到来自邻近物探船激发震源的地震波，而产生的干扰。其主要特征为与本队初至波方向不同，能量较强，没有规律性，对地震记录有很大的干扰。

7. 电缆挂物噪声

在拖缆采集作业过程中，水下漂浮物容易缠绕在电缆上，形成噪声。当这样的情况出现时，在地震记录上就会出现易识别的低频噪声，可以在室内处理时去除。在单炮记录上出现明显的"鱼骨"状的背景干扰，干扰波同相轴极小值点所在的道次固定，形状固定，多张记录连续出现，且由浅到深都存在，不一定是连续出现的。如图 2.16 所示。

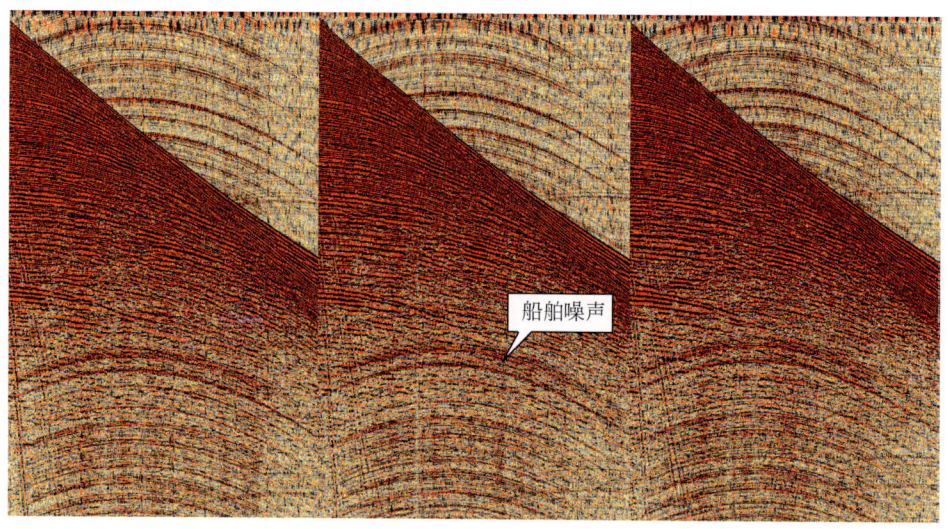

图 2.15　船舶噪声

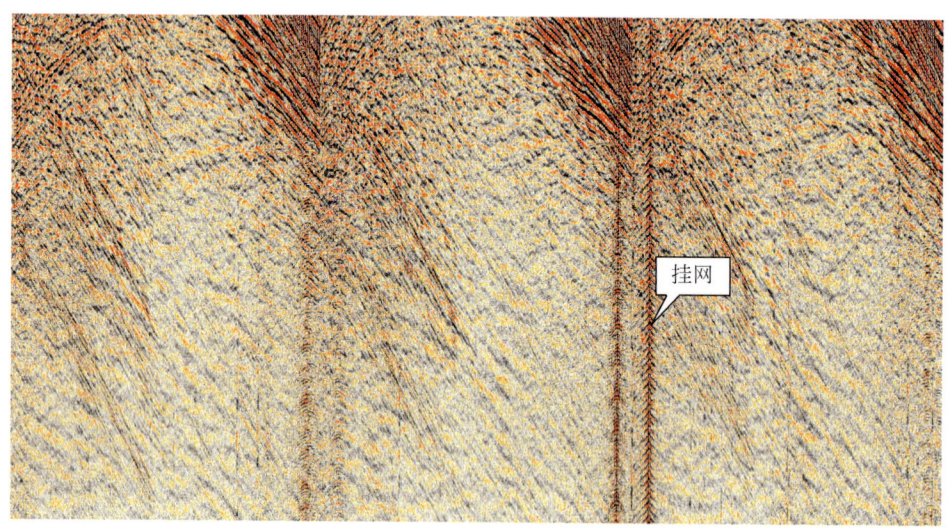

图 2.16　电缆挂渔网（杂物）噪声

8. 电缆平衡噪声

采用拖缆作业模式进行海上地震资料采集作业时，为了让电缆保持在相同深度，一般采用电缆挂接罗经鸟等水下设备来实现这一目的。但是，在电缆下水后需要通过调节罗经鸟等水下设备的翼角来控制电缆深度，当这些设备调节不合适时，例如罗经鸟的翼角过大时，在水流的冲击下电缆就会发生抖动，造成其所在道附近形成抖动噪声，其干扰方式与涌浪噪声类似，习惯上称其为电缆平衡噪声。该噪声振幅较弱，频率较低。

9. 修舵噪声

修舵噪声是指在作业时由于地震船修舵螺旋桨产生的线性相关的噪声，主要为低频噪声。如图 2.17 所示，在频谱上可以轻易区分出有效信号与噪声干扰。

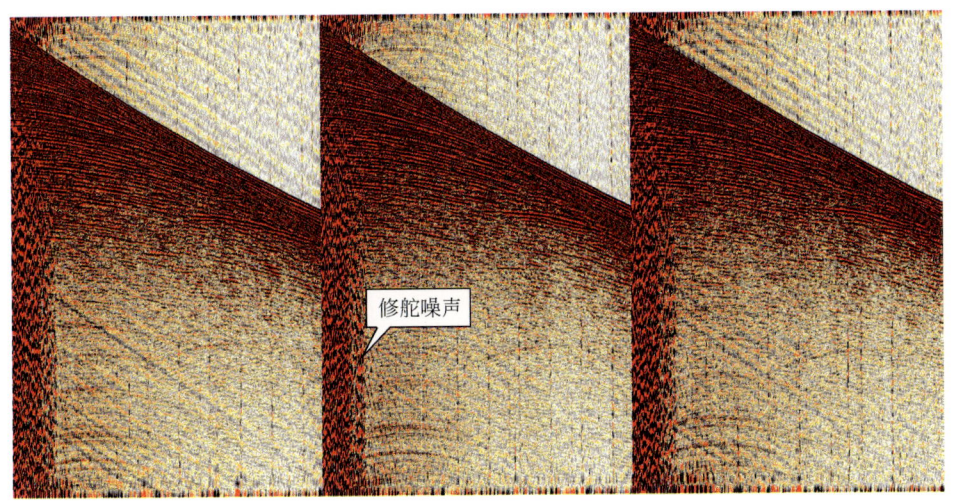

图 2.17　修舵噪声

10. 生物噪声

由于海洋生物的活动，如鱼群撞击电缆的活动，对电缆造成影响而产生的噪声。

11. 坏道

坏道是指在地震数据采集过程中出现不工作或断续工作的、怪跳噪声大于 1.0Pa 的、极性发生反转的、漏电或绝缘电阻小于 1.0MΩ 的、平均振幅与相邻道比较其幅度下降超过 6μbar[①] 的道，都称为坏道。缆沉放超过一定深度时，检波器就会发生短路，造成死道或尖脉冲噪声。如图 2.18 所示。

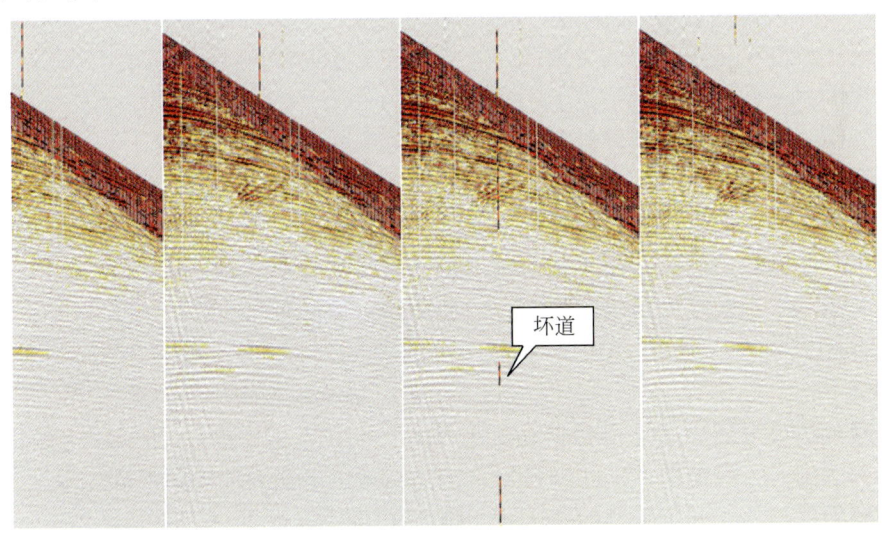

图 2.18　坏道

---

① 　1μbar=0.1Pa。

(二) 海上干扰噪声压制技术

处理中有多种压制干扰噪声的方法。通常根据信号与噪声的特征差异，设计出一系列的去除噪声、提高信噪比的方法。但不管使用何种方法，都是利用干扰噪声有别于有效信号的特征来设计的，以此进行分类，干扰噪声压制方法主要有以下几类。

1. 以频率来区分干扰噪声的压制方法

利用频率域滤波来去除噪声，其原理是噪声频率与有效信息具有不同特征。例如可以通过高通滤波器有效地压制低频噪声，通过低通滤波或陷频滤波去除高频噪声或50Hz工业干扰等。

2. 以振幅来区分干扰噪声的压制方法

根据许多干扰噪声振幅往往比同一时间段的地震有效信号的振幅强得多的特点，人们经常利用其振幅特性来设计压制干扰噪声的方法，例如切除、中值滤波、振幅衰减、自动振幅统计判别衰减、改变干扰噪声响应水平等方法技术。

3. 按照视速度差异区别干扰噪声的压制方法

干扰噪声（如面波、多次波等）和有效信号存在速度上的差异，利用这一点可采用f-k滤波、τ-p变换、聚束滤波等方法来压制干扰波。

4. 按照反射波的线性相干性区分干扰噪声的方法

利用干扰噪声的随机分布特性与有效波线性分布特性的差异来压制随机干扰噪声，突出有效信息。在受噪声干扰的地震数据中，由于有效波信号在空间上具有相干性或可预测性，而随机噪声不具此特性，因此可采用预测滤波等方法。

地震资料去噪方法总体来说很多，但是其自身特点、应用条件、方法原理都有一定的区别。所以，在去噪的过程中，我们要清楚地知道，对于每一种去噪方法，不仅要看去噪效果，同时还要分析去噪前后的差值噪声（去噪前记录减去噪后的记录），确保该方法在去噪的过程中尽量保护到有效信息。

下面介绍一下海上地震资料处理中常用的几种去噪技术。

1. 中值滤波

中值滤波是一种非线性的滤波方法，从滤波效应来看，它是一种特殊的低通滤波。在数据处理中，使用较多的是空间方向上的中值滤波。在海上地震资料处理过程中，中值滤波主要用来压制、衰减高能量野值噪声，主要使用下述两种方法：

（1）倾角约束中值滤波：沿着数据倾角进行中值滤波处理，可以用来压制高能量野值噪声或随机干扰。

由于倾角约束中值滤波是针对非线性地震噪声的压制处理方法，既可在叠前使用，也可以在叠后使用。一般说来，这是一种稳定的、有效的且相对简单的处理方法，它可以改进输入数据的信噪比，并增加道与道的相干性。

（2）希尔伯特变换高能量野值噪声压制：通过对一组相邻道的包络应用中值滤波计算得到的中值，与当前输入样点进行比较，来消除高振幅能量异常。使用希尔伯特变换计算每道的包络。设$e(i)$是样点i的包络，$t(i)$是输入道样点i的振幅，且$h(i)$是样点i的

希尔伯特变换，则

$$e(i) = \sqrt{t(i)^2 + h(i)^2} \tag{2.3}$$

我们可定义一个中值滤波宽度参数对包络进行中值滤波。

2. 分频分时噪声压制技术

分频分时去噪方法的基本原理：利用有效信号与噪声在频率、时间上的分布差异以及振幅值的不同，设置不同的门槛值，从而达到信噪分离的目的。

采样点及周围区域采样点的振幅值，是以这个采样点为中心的时窗内所有采样点绝对振幅值的平均值。而其周围区域的定义为与采样点所在道相邻地震道上具有相同时间的一组采样点，其采样点的振幅值为周围区域内所有采样点能量的中值。图 2.19 为振幅值求取原理图。

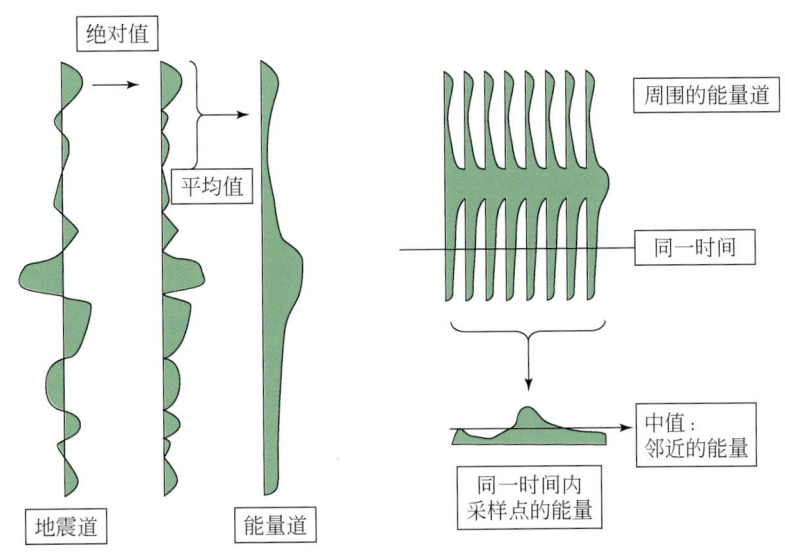

图 2.19 振幅值求取原理图

对于衰减那些随时间显著变化的噪声来说，需要设置一个随时间变化的门槛值。在每一个给定的频率点，时间的变化相比较另一个频率点来说是独立的，门槛值作为时间的函数在两个给定的时间点中间进行线性插值，门槛值在两个不同的频率点之间线性横向插值。图 2.20 为门槛值插值原理图。

在掌握信号和噪声分布的前提下，不同的时间段为不同的频率范围定义不同的门槛值可以取得更好的效果。

3. τ-p 域预测滤波衰减随机噪声

基于傅里叶变换的去噪方法有很多，其中最基本的技术是 f-x 域预测去噪，目的在于压制原始地震资料中的随机干扰。这项技术是由 Luis 和 Canales（1984）提出的，基于这项技术在理论上的严密性以及实际应用上的有效性，从而得到了广泛的应用。在实际应用上，视为二维地震资料处理过程中的一个基本模块。

f-x 域预测去噪首先假设 f-x 域相干信号是可以被预测的，而随机噪声是不可预测的，

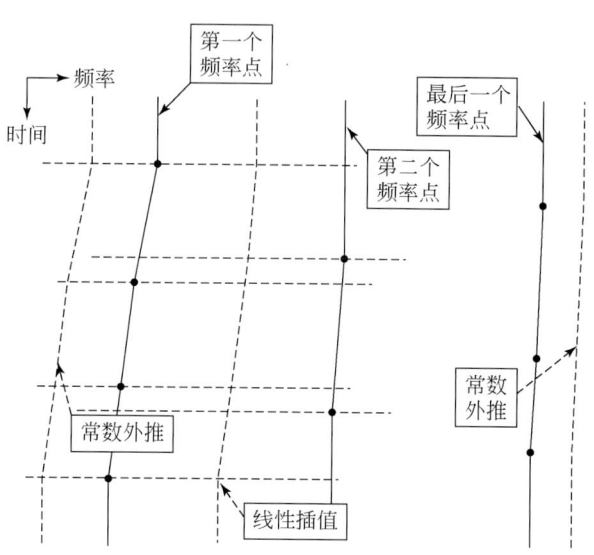

图 2.20 门槛值插值原理图

同时假定反射波同相轴存在线性或局部线性特征,设计空间滤波算子,对输入数据在频率域进行空间褶积,分为三步实现:

(1) 定义误差 $e(n)=a(i) \cdot t(n)$;
(2) 计算 $a(i)$,$i=0,1,\cdots,p$,$a(0)=1$,以使 $e(n)$ 的能量达到最小;
(3) 分离信号:$t_0(n)=t(n)-e(n)$。

以上公式中,$e(n)$ 为误差剖面;$a(i)$ 为预测误差滤波器;$t(n)$ 为输入剖面;$t_0(n)$ 为可预测信号。

由此,可从含噪声的地震数据中估计出有效信号,达到加强有效信号和消除随机噪声的目的。该方法应用灵活,适用于炮集、道集、叠后地震剖面、叠前共偏移距面等,对各集合中的线性同相轴进行预测,消除随机噪声。

4. τ-p 域分频投影滤波

在 f-x 域可采用投影滤波的方法,在不同的频率段分别做投影滤波处理。投影滤波是一种统计式噪声衰减技术,它与常规的预测滤波去噪方法的不同之处在于,其使用反褶积预测误差滤波器代替预测滤波器,其计算步骤如下:

(1) 定义误差 $e(n)=op(i) \cdot a(i) \cdot t(n)$;
(2) 计算 $a(i)$,$i=0,1,\cdots,p$,$a(0)=1$,以使 $e(n)$ 的能量来达到最小;
(3) 分离信号:$t_0(n)=t(n)-e(n)$。

以上公式中,$e(n)$ 为误差剖面;$a(i)$ 为预测误差滤波器;$op(i)$ 为 $a(i)$ 的一个自反褶积因子;$t(n)$ 为输入剖面;$t_0(n)$ 为可预测信号。

与传统的去噪方式相比,投影滤波能够最大限度地识别和衰减涌浪、怪流以及其他环境噪声等随机干扰,同时也能很好地保持振幅,从而保护有效信号。

如图 2.21 所示,为 f-x 域反褶积响应与 f-x 域投影滤波响应对比图,可见,相对于常规预测误差滤波方法来说,投影滤波去噪其信号周围的陷波处理被优化,且没有信号被衰减,同时,没有噪声残余。

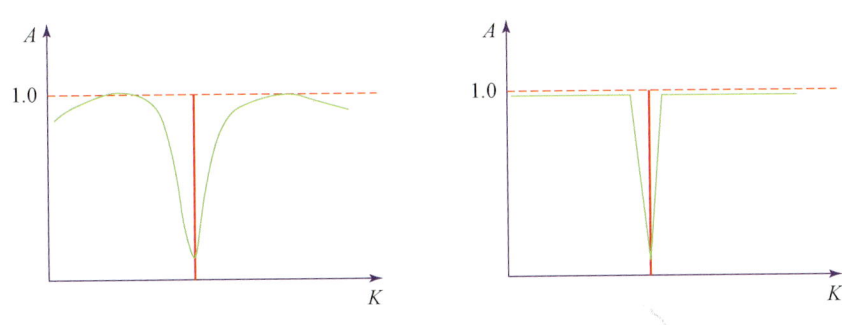

图 2.21　FX-反褶积响应(左)与 FX-投影滤波原理图(右)

5. 高精度线性拉东变换

拉东变换是由 Radon 在 1917 年提出的,一直以来,拉东变换在物理、医学等学科得到了较为广泛的应用。在此之后,李远钦(1994)对拉东变换有了更全面的定义与叙述,其又把拉东变换推广到任意变换曲线簇情况下,对于任意变换曲线情况下其反变换能唯一的恢复原函数。设函数 $y=g(x)$ 为连续可导,而且其反函数是单值的,$f(x,t)$ 满足可积原则,则定义

$$U(\tau, p) = R[f(x, t)] = \int f[x, \tau + pg(x)]dx \tag{2.4}$$

上式为拉东正变换的连续公式。

$$f(x, t) = \frac{1}{2\pi}|g'(x)|\frac{\partial}{\partial t}H^+\int U(t-pg(x), p)dp \tag{2.5}$$

上式为拉东反变换的连续公式。其中,$U(t-pg(x), p)$ 是 $f(x,t)$ 拉东正变换的结果,$H=-\frac{1}{\pi-t}$,H^+ 称为 Hilbert 算符。

根据 $g(x)$ 不同的定义,可以把拉东变换分为线性与非线性两种。若将拉东变换定义为线性变换,则 τ-p 域中的点对应于 t-x 域的直线,衰减线性噪声可以使用高精度线性拉东变换,根据不同时窗内线性噪声与有效信号的速度差异来去除线性噪声。根据用户定义的线性模型,生成 f_{min} 信号和噪声同相轴。使用 f_{min} 和 f_{max} 定义的通放带,在频率-空间域对每个频率,使用高分辨率、去假频最小平方法分别进行计算。首先将地震数据转换到 τ-p 域(拉东域),在 τ-p 域内将噪声和有效信号分离,再分别转回 t-x 域,再减去噪声成分。如图 2.22 为高精度线性拉东变换去噪原理图。

6. f-k 域噪声衰减

鉴于地震信号在向下传播时,不但有时间方向变化,在空间方向也有变化,同时考虑到二者就可以进行二维滤波。首先把地震记录从时间-空间域(t-x 域)经过二维傅里叶变换转为频率-波数域(f-k 域)。根据有效信号与相干干扰波在频波图中视速度范围的不同,切除掉相干干扰主要集中的某一扇形区域,再使用反傅里叶变换转到时间-空间域,相干噪声便得到相应的衰减。

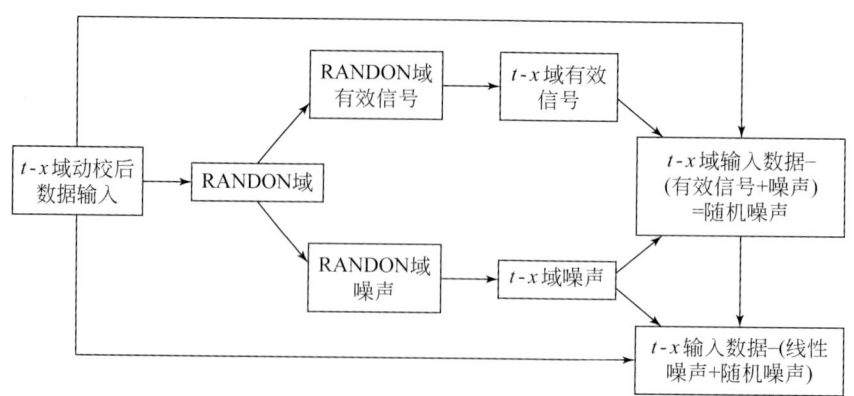

图 2.22　高精度线性拉东变换去噪原理

该方法可以在 f-k 域对输入的一组道进行二维滤波。在进行二维滤波前，可以先对数据进行均衡，滤波完成后对数据进行反均衡。在滤波前可以对输入道进行加权，并可以使用多个滤波因子对输入道进行时变二维滤波。

f-k 域线性噪声衰减技术利用的是线性噪声在 f-k 域速度低，而有效构造则较平缓，速度高的特点。采用 f-k 域速度滤波的方法可以使得线性噪声得到衰减。

7. 最小平方滤波

在炮集中使用线性正常时差模型估算预测出线性噪声，然后从输入数据中减去预测出的线性噪声。除了互相平行的线性噪声外，还可以衰减面波等噪声。输入数据应该是做过初至切除的炮集，需要提供有效波以及线性噪声的速度和频率信息。

第三节　数据规则化技术

精度高的偏移成像要求原始资料的观测方式较为规律，覆盖次数较高，方位角以及偏移距分布较为均匀。海上资料采集中，存在电缆漂移、接收道不规则等问题。另外，连片资料处理时，各区块的面元大小、覆盖次数不一致，使得采用相同面元尺度统一网格后区块内、区块间以及两区块相交处覆盖次数分布严重不均。数据规则化技术可以在连片统一处理网格后，使连片工区的覆盖次数达到基本一致，消除高、低覆盖次数差异导致的能量差异，消除空间采样不均匀导致的成像假象、成像噪声、偏移画弧等问题，进而提高成像质量。此外，偏移距分布不均匀也会导致数据的不规则，使用不规则的数据进行偏移处理会产生偏移噪声，同时振幅能量横向变化大，从而导致偏移效果较差，难以满足精细勘探的地质要求。因此，进行成像前的数据规则化研究势在必行。

现今常用的数据规则化方法可分为以下几类：

第一类是基于积分延拓算子的地震数据规则化方法，如炮检距延拓算子、炮点延拓算子、方位角延拓算子等（刘玉金、李振春，2012）。这类方法利用不同炮检距、炮点或者方位角数据之间的内在联系，将已知数据映射到待插值位置，达到数据规则化的目的，但这类方法不仅受积分孔径的限制，而且算子本身也受数据不规则性的影响。如辛可锋（2002）提出的基于方位角的倾角时差校正方法就采用 DMO 和 DMO^{-1} 算子实现数据规则化；Chemingui（1999）也曾提出并应用共炮检距反演方法消除了不规则性产生的映射噪声，但其计算成本太高。

第二类是基于拉东变换或者不规则离散傅里叶变换的方法。拉东变换插值方法通过在模型空间引入稀疏约束条件，使已知数据和缺失数据之间振幅平滑变化，可对缺失数据进行有效插值。这类方法计算效率较高，可较好地处理假频问题，应用也较广泛，但当数据信噪比较低且存在交叉同相轴时，很难进行准确插值。该方法主要有加权抛物拉东变换等。傅里叶变换方法的核心是从不规则采样地震数据中估计出重建数据的二维空间傅里叶谱，将此过程视为一个谱重建的地球物理反演问题，再对求得的空间傅里叶谱做二维空间反傅里叶变换，完成重建。方法的优点是基于傅里叶变换理论，不需要地质或地球物理假设。在空间有限带宽的前提条件下，可以对三维不规则地震数据进行规则化重建，比如反漏频傅里叶变换法，非均匀傅里叶变换与贝叶斯参数反演联合法等。

第三类是基于褶积算子的迭代最优化方法。对于局部线性同相轴，通常的做法是与预测误差滤波器（Prediction Error Filter，PEF）进行褶积，这类方法的计算效率较高，具有较好应用效果，但难以对大块缺失数据实施恢复，且无法兼顾数据的非稳态性。该方法主要有迭代加权最小二乘法等。

除了以上三类常见方法外，也有学者采用改进的插值方法实现数据的规则化处理，如借道与三角剖分联合法。下面将介绍几种常用的数据规则化方法。

一、基于方位角的倾角时差校正法

此方法主要以 DMO 三维数据规则化方法以及三维叠前地震数据方位角校正方法为基础，从方位角校正的角度入手，利用 DMO 和 DMO^{-1} 相结合的处理流程对地震数据进行规则化，得到新规则的观测系统下具有所需特定方位角的观测数据方法。

如图 2.23 所示，假设地层速度为常速 v，以炮点 S 和检波点 R 为焦点，以 $vt/2$ 和 $[(vt/2)^2-h^2]^{1/2}$ 分别为长、短半轴的椭圆绕长轴旋转，得到的椭球面上的任意一点到两焦点 S、R 的距离之和为常数。由炮点 S 激发能量经反射椭球上的任意一点到达检波器 R 的旅行时相同。

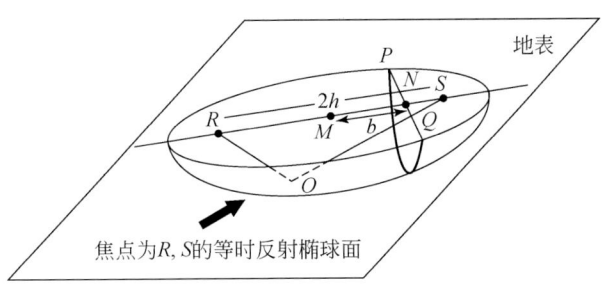

图 2.23　三维等时反射椭球面（辛可锋等，2002）

根据此原理，可以设计如图 2.24 所示的规则化流程。利用三维 DMO 将接收到的能量回归到反射点上，存在反射点的地方，由不同地震记录回归的能量叠加后加强，不存在反射点处能量叠加后会减弱。在这样所给定的规则观测系统中就可以得到 DMO 后的数据，由此将不规则的 3D 观测数据投影到既定规则的 3D 观测系统上。这时地震数据消除了观测方位角的影响因素，其炮检距不具有方向，3D DMO 后的地震数据的观测方向可以认为是垂直于共中心点平面的，此时的炮检距称为虚炮检距。对该数据按给定的测线方向做 DMO^{-1}，以消除该规则测线方向上的 DMO 效应，规则化的观测系统中就得到了给定观测方位角的地震叠前观测数据。

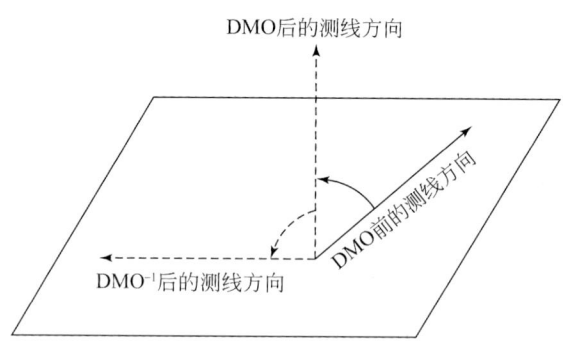

图 2.24　规则化流程示意图（辛可锋等，2002）

在假设地层水平的条件下，共反射点道集与共中心点道集是等同的，但有倾斜地层存在时，两者是有区别的。在地层速度均匀的前提下，假设地下存在某一倾斜反射层，它与图 2.23 中的等时反射椭球面相切于曲线 PQ 上的某一点。该反射点的反射信号应被记录在位于 N 点的共反射点道集上，但是按照共中心点道集抽取地震数据时，该反射点则被记录在位于 M 点的共中心点道集上。DMO 的作用就是将共中心点记录变为共反射点记录。对 DMO 后的共反射点数据做 DMO^{-1} 可恢复地震数据中由于地层倾斜所产生影响，整个流程是可逆的。图 2.25 为 DMO 原理示意图。

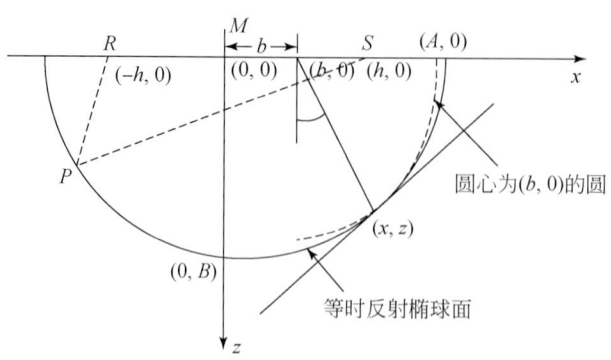

图 2.25　DMO 原理示意图（辛可锋等，2002）

令
$$k^2 = h^2 - b^2 \tag{2.6}$$

得到
$$t = t_1 \frac{h}{k} \tag{2.7}$$

式（2.7）即为 DMO 算子。式中：h 是半炮检距；b 是 DMO 后的中心点与原中心点之间的距离；t 是 DMO 前的时间；t_1 是 DMO 后的时间；DMO 算子中 k 具有特定意义，没有方向，代表动校正量的存在，被称为虚拟半炮检距，DMO 之后的速度分析及 NMO 量的计算按 k 进行。

同样，我们可以得到 DMO^{-1} 算子
$$h^2 = k^2 + b^2 \tag{2.8}$$

$$t_1 = t \frac{k}{h} \tag{2.9}$$

对式（2.7）的 DMO 算子进行积分运算得到的 DMO 结果存在假频，并且在积分中也没有考虑振幅的保持。Hale（1991）提出保持振幅的 DMO 积分算子，引入抗假频滤波器，避免了积分过程中产生的假频现象，这里用它来实现 3D DMO。其算子形式为

$$d(t_1, x; t, h) \approx g(t_1) * \int_{-\sqrt{t}}^{\sqrt{t}} \mathrm{sinc}(t_1 - t + \alpha^2) \times \mathrm{sinc}\left\{ x - \alpha \left[\frac{h^2}{t} \left(2 - \frac{\alpha^2}{t} \right) \right]^{1/2} \right\} d\alpha \tag{2.10}$$

其中，
$$g(t_1) = \frac{1}{2\pi} \int_{-\pi}^{\pi} \left| \frac{\omega}{2\pi} \right|^{1/2} e^{i\mathrm{sgn}(\omega\pi/4 - \omega_1)} d\omega$$

$$\alpha = \left\{ t \left[1 - \left(1 - \frac{x^2}{h^2} \right) \right]^{1/2} \right\}^{1/2} \tag{2.11}$$

式中，x 为 DMO 后的中心点与原中心点之间的距离；h 为半炮检距；t 为 DMO 前时间；t_1 为 DMO 后时间；$g(t_1)$ 为抗假频带通滤波器；$\mathrm{sinc}(t_1 - t + \alpha^2)$ 为时移项；$\mathrm{sinc}\left\{ x - \alpha \left[\frac{h^2}{t} \left(2 - \frac{\alpha^2}{t} \right) \right]^{1/2} \right\}$ 为振幅校正项。利用此积分公式得到的 DMO 结果是抗假频的，并且能够基本保持原数据的振幅属性。

因为原始数据的观测系统是不规则的，所以只能采用积分法实现 DMO。当做完 DMO 后，数据已经被放置到规则的网格点上，此时在 f-k 域实现 DMO^{-1} 不仅可以避免假频，并且可以提高计算效率。在 James et al.，（1993）的 f-k 域的 DMO 算子基础上给出了 DMO^{-1} 算子，其形式如式（2.12）、式（2.13）

$$P(\omega_0, k, h) = \int Q^{-3}(2Q^2 - 1)e^{i\omega_0 tQ} dt \times \int e^{-iky} P_0(t, y, h) dy \tag{2.12}$$

$$P(t_1, y, h) = \frac{1}{4\pi^2} \int e^{i\omega_0 t_1} d\omega_0 \times \int e^{iky} P(\omega_0, k, h) dk \tag{2.13}$$

其中，
$$Q = Q(t, \omega_0, h, k) \equiv \left(1 + \frac{k^2 h^2}{\omega_0^2 t^2} \right)^{1/2} \tag{2.14}$$

式中，h 为半炮检距；t 为 DMO 前时间；t_1 为 DMO 后时间；y 为中心点坐标；$P_0(t, y, h)$

为 DMO 前的地震数据；$P(t_1, y, h)$ 为 DMO 后的地震数据；Q 为 Jacobi 算子。

该叠前数据规则化方法将 DMO 与 DMO^{-1} 相结合，并分步进行，具有方位角校正能力。由于该方法在实现过程中采用了保幅抗假频的积分法 DMO，并在 f-k 域通过相移实现 DMO，因此整个流程具有抗假频与保幅的性质，且具有较高的运算效率。该方法可用于解决勘探资料中数据不规则问题，如拖缆羽角漂移问题等，将已有不规则地震观测数据映射到特定观测系统，以便于后续处理。

二、加权抛物拉东变换法

该方法基于部分动校正（NMO）后反射同相轴在共中心点道集上的抛物线走时近似的原理，给出了加权抛物拉东变换叠前地震数据重建方法（WPRT）。

双曲拉东变换可表达为：

$$m(t_0, Q) = \int_{-\infty}^{\infty} d(x, t = \sqrt{t_0^2 + Qx^2}) dx \qquad (2.15)$$

式中，t_0 为零偏移距自激自收双程走时；Q 为双曲拉东正变换域参数；x 为偏移距。

实际上得到更多应用的是拉东变换的一个近似：抛物拉东变换，即对式（2.15）中的走时 τ 应用 Taylor 展开：

$$t \approx \sqrt{t_0^2 + Q_0 x^2} + \frac{1}{2\sqrt{t_0^2 + Q_0 x^2}} (Q - Q_0) x^2 \qquad (2.16)$$

式（2.16）中的第一项可理解为基于速度 V_0（$Q_0 = 1/V_0^2$）的部分动校正（NMO）后的零偏移距走时 τ。若定义新的拉东变换参数 $q = (Q - Q_0)/(2\tau) = (1/2\tau)(1/V^2 - 1/V_0^2)$，且将式（2.16）代入式（2.15），可得抛物拉东变换为

$$m(\tau, q) = \int_{-\infty}^{\infty} d(x, t = \tau + qx^2) dx \qquad (2.17)$$

该变换同双曲拉东变换相比，在计算量上有数量级上的减少，目前在实际地震资料处理上得到广泛的应用。

由于实际地震资料是离散的，有限孔径的，直接将它应用式（2.17）并不能将同相轴聚焦为一个点。为此 Hampson 建议首先定义抛物拉东反变换，之后使用最小二乘方法求出地震资料的抛物拉东变换，以此来改善抛物拉东域上的分辨率问题。抛物拉东反变换的离散形式为

$$d(x, t) = \sum_q m(q, \tau = t - qx^2) \qquad (2.18)$$

对式（2.18）做傅里叶变换后得：

$$d(x, \omega) = \sum_q m(q, \omega) e^{-i\omega q x^2} \qquad (2.19)$$

对于单个频率成分，式（2.19）可写成矩阵形式

$$\boldsymbol{D} = \boldsymbol{LM} \qquad (2.20)$$

式中向量 $\boldsymbol{M}$ 的第 k 个元素为 $m(q_k, \omega)$（$k = 1, 2, \cdots, N_q$），向量 $\boldsymbol{D}$ 的第 j 个元素为 $d(x_j, \omega)$（$j = 1, 2, \cdots, N_x$），矩阵 $\boldsymbol{L}$ 的元素为 $L_{jk} = e^{-i\omega q_k x_j^2}$；$N_q$ 由 q 值的取值范围及采样决

定，N_x 则由道间距和最大偏移距等决定。由于算子（矩阵）L 和 L^H 不是互逆的，所以对于拉东变换，不能直接得到其正变换。现在使用的各种拉东变换都是用最小二乘方法来计算拉东正变换。

地震数据重建过程中依据的拉东变换是通过不断的正、反拉东变换，最终使得数据在变换域上得到良好的聚焦而实现的；拉东域上良好的聚焦意味着共中心点道集上的同相轴不存在缺失等问题。数值试验证明，对于初始数据（或中间数据）的抛物拉东正变换在 Radon 域上不是很分散，迭代就趋向于易收敛；但是当地震数据含有比较多的空道或数据不规则严重时，其初始的抛物拉东正变换在拉东域上较分散，其每次迭代（对同一数据做一次正、反抛物拉东变换）对聚焦程度的改善就越少。这样需要更多的迭代才能得到较理想的结果，从而增加了数据重建的计算量。

加权抛物拉东变换方法，通过在数据域加上对应的加权系数，可以控制空道等对抛物拉东正变换的影响。因此，无论原始地震数据如何，初始与每次迭代的结果在拉东域上聚焦度较好，较大地减少了实现聚焦所需的迭代次数；同时，在迭代过程中可以通过权系数调整不规则采样来改变原始数据的参与程度，也可以将抛物拉东变换方法延拓到可同时完成地震数据的规则化与空道及近偏移距道重建。

这一方法的核心是，修改求解拉东正变换的最小二乘方法所优化的目标函数为

$$J = (LM-D)^H S^T S (LM-D) + \lambda M^H M \qquad (2.21)$$

式中，S 为对角阵，其对角元素即是给定的实数权系数（根据实际数据的空道和不规则采样情况确定）；实系数 λ 是稳定因子。由 $\partial J / \partial M = 0$ 可得

$$(L^H S^T S L + \lambda I) M = L^H S^T S D \qquad (2.22)$$

式（2.22）中左端与向量 M 相乘的矩阵元素 a_{jk} 为

$$a_{jk} = \sum_{l=1}^{N_x} s_l^2 \exp[(i\omega x_l^2)(q_k - q_j)] + \lambda I_{jk} \qquad (2.23)$$

式中，N_x 为 CMP 道集中的地震道数；x_l 为各道的偏移距；s_l 为各道的权系数；I_{jk} 为单位矩阵的各元素。

同高分辨率抛物拉东变换相比，加权抛物拉东变换是通过加入稀疏约束，即随对角线位置而改变的 K 值来改善在拉东变换域上的聚焦程度；由于不断变化着的 K 值，式（2.22）的方程已不再具有 Toeplitz 结构，因而需使用共轭梯度法求解。这使得加权抛物拉东变换的计算效率高于高分辨率抛物拉东变换。加权抛物拉东变换与常规抛物拉东变换都需要相同的计算量，加权抛物拉东变换与双曲拉东变换相比计算量也有相应的减少。

加权抛物拉东变换方法与传统方法不相同。其核心是引入一个随着迭代次数而变化的权系数。这个系数是根据实际数据的空道与不规则采样而确定的。其准则是处在规则样点上的原始数据权系数都取 1；对缺失的或者拟重建的规则样点上的数据，初次计算时权系数取为 0，以后的迭代中按 0.3，0.7，1 依次进行变化，第四次以后都取 1（一般三次迭代即可取得满意的结果，对不规则样点处的原始数据，其权系数在迭代中按 $a(k)/n$ 逐次减少，而对邻近的、拟重建的规则样点上的数据权系数则取为 $1-a(k)/n$。其中，若设 x_i 为规则化后的偏移距，Δx 为规则化后的均匀道间距，n 则为落在 $(x_i-\Delta x/2, x_i+\Delta x/2)$ 范围内的原始地震道数；$a(k)$ 随迭代次数 k 变化，依次取为 1，0.7，0.3 等。

三、迭代加权最小二乘法

该方法在 Fomel（2002）方法的基础上，通过最小化数据拟合剩余量的 Cauchy 模，引入与模型相关的加权算子，采用迭代加权最小二乘反演做数据规则化处理，不仅可以去除地震数据中的异常值（振幅异常高或异常低的值），而且可以消除异常值对插值结果的影响。

（一）基本原理

给定不规则网格点上的数据 d，在保留输入数据重要特征的前提下生成规则分布的输出数据 m。传统方法可归结为在某些先验信息约束下，使得观测数据与正演插值之后数据间误差能量达到最小的最优化反演问题，其数学表达式为

$$Lm-d \approx 0 \tag{2.24}$$

$$\mu Dm = 0 \tag{2.25}$$

式（2.24）称为数据拟合剩余量，式（2.25）称为模型剩余量。式中，L 为正演插值算子；D 为正则化算子；μ 为权衡两个剩余量权重的参数。在 L_2 模意义下最小化目标函数为

$$J = \|Lm-d\|_2 + \mu \|Dm\|_2 \tag{2.26}$$

式中，$\|r\|_2$ 表示向量 r 的 L_2 模。式（2.26）可通过共轭梯度法求解 m。为了避免异常值对数据规则化产生影响，这里采用 Cauchy 模估计数据拟合剩余量的能量，将式（2.26）目标函数变为

$$J = \|Lm-d\|_{\text{Cauchy}} + \mu \|Dm\|_2 \tag{2.27}$$

式中，$\|r\|_{\text{Cauchy}}$ 表示向量 r 的 Cauchy 模，其数学表达式为

$$\|r\|_{\text{Cauchy}} = \sum_i \ln\left(1 + \frac{r_i^2}{r^2}\right) \tag{2.28}$$

最优化目标函数[式（2.27）]相当于对数据拟合剩余量引入与模型有关的加权函数，即式（2.24）变为

$$W(Lm-d) \approx 0 \tag{2.29}$$

式中，加权算子 W 可以看作对角矩阵，该矩阵对角线上各元素的值为

$$W = \text{diag}\left(\frac{1}{\sqrt{1 + \frac{r_i^2}{r^2}}}\right) \tag{2.30}$$

r 一般选择剩余量 r 的中值或者其他百分位。为了加快收敛速度，引入预条件算子 $p = D^{-1}$，并定义一个新的变量 p，满足以下关系

$$m = Pp \tag{2.31}$$

最优化问题式（2.29）和式（2.25）变为

$$W(LPp - d) \approx 0 \tag{2.32}$$

$$\mu p \approx 0 \tag{2.33}$$

同样，利用共轭梯度法求取 p，代入式（2.31）即得到规则化的数据 m。

（二）正演插值算子

数学插值理论考虑的问题是假定存在一个 Hilbert 空间下的函数 f，给定规则网格空间 N 上的函数值 $f(n)$。如何得到包含 N 的连续区间中任意点的函数值。如果只考虑线性情况，该问题的解 $f(x)$ 具有下面的形式

$$f(x) = \sum_{n \in N} W(x, n) f(n) \tag{2.34}$$

选择褶积型的基函数，则函数 $f(x)$ 可表示为

$$f(x) = \sum_{k \in K} c_k \beta(x - k) \tag{2.35}$$

那么，各个网络点 n 上的值为

$$f(n) = \sum_{k \in K} c_k \beta(n - k) \tag{2.36}$$

零阶为最邻近插值算子，一阶 B-样条为线性插值算子，n 阶 B-样条 $\beta^n(x)$ 可以通过对零阶 B-样条进行 $\beta^n(x)$ 的 $n+1$ 次褶积得到，其显示表达式为

$$\beta^n(x) = \frac{1}{n!} \sum_{k=0}^{n+1} C_k^{n+1} (-1)^k \left(x + \frac{n+1}{2} - k \right)_+^n \tag{2.37}$$

其中，C_k^{n+1} 为多项式系数，函数 x_+ 定义为

$$x_+ = \begin{cases} x & x > 0 \\ 0 & x \leq 0 \end{cases} \tag{2.38}$$

正演插值的实现流程是①根据离散点上的函数值，通过式（2.35）进行反褶积得到系数 c_k；②根据式（2.34）进行反褶积可以得到所求点的函数值 $f(x)$；③求得连续区间上的函数值 $f(x)$ 后，通过采样即可得到各个离散点上的函数值 $f(n)$。在计算成本相同的情况下，相比较于其他插值方法，B-样条插值方法可以获得更高的计算精度。

（三）三维平面波解构滤波器

因为模型和正则化算子均是未知待求的，所以该问题可归结为一个非线性反演问题。为了避免非线性问题的不稳定性，采用两步法来解决该非线性问题的不稳定性：第一步是用已知的数据来计算理想的正则化算子；第二步在得到理想的正则化算子的基础之上来恢复缺失数据。用这种方法得到的恢复数据和已知的数据会具有相同的谱，进而使获得的插

值结果更加合理。一般用 PEF 滤波器作为正则化算子。

本方法考虑地震数据的局部倾角信息，通过一种特殊的 PEF 滤波器 PWD 来估计算地震相同的局部倾角，把空间方向（通常采样不足）和时间方向（一般采样充分）这两个方向联系起来，进而约束模型数据来实现对空间假频数据插值的目的。

三维平面波解构滤波器可表述为以下的偏微分方程组：

$$\begin{cases} \left(\dfrac{\partial}{\partial x}+\sigma_x\dfrac{\partial}{\partial t}\right)P(t,x,y)=0 \\ \left(\dfrac{\partial}{\partial y}+\sigma_y\dfrac{\partial}{\partial t}\right)P(t,x,y)=0 \end{cases} \tag{2.39}$$

式中，σ_x 与 σ_y 分别是同相轴在 t-x 平面以及 t-y 平面的斜率；$P(t,x,y)$ 是三维地震数据体；上述的方程组能够离散成两个二维有限差分滤波器和地震数据的褶积：

$$\begin{bmatrix} C_x \\ C_y \end{bmatrix} m = 0 \tag{2.40}$$

式中，C_x 和 C_y 分别代表 t-x 平面与 t-y 平面对模型向量 m 的褶积算子，也就是说此两个二维平面的平面波结构滤波器，能够用非线性反演方法获得。

出于简化模型预条件化的目的，这里采用谱分解方法来获得一个相位最小的三维滤波器 C 来代替上面的 C_x 和 C_y 这两个褶积算子，进而能在螺旋坐标系下进行高效递归反褶积

$$C^T C = \begin{bmatrix} C_x^T & C_y^T \end{bmatrix} \begin{bmatrix} C_x \\ C_y \end{bmatrix} = C_x^T C_x + C_y^T C_y \tag{2.41}$$

三维数据规则化的处理流程分为三步：

（1）由已知数据来估算局部倾角场。

（2）计算正则化算子：用得到的局部倾角来构造所需的平面波解构滤波器（当做正则化算子）。

（3）使用迭代加权最小二乘预条件共轭梯度法并且结合 B-样条插值算子在各个时间切片上来进行反演插值，最后得到插值结果。

如图 2.26 和图 2.27 所示，分别给出了数据规则化前后三维 qdome 模型以及实际资料测试结果。通过对比，可以发现，经过数据规则化后，地震数据均得到了较好的恢复，同相轴连续性好，且未引入干扰噪声。

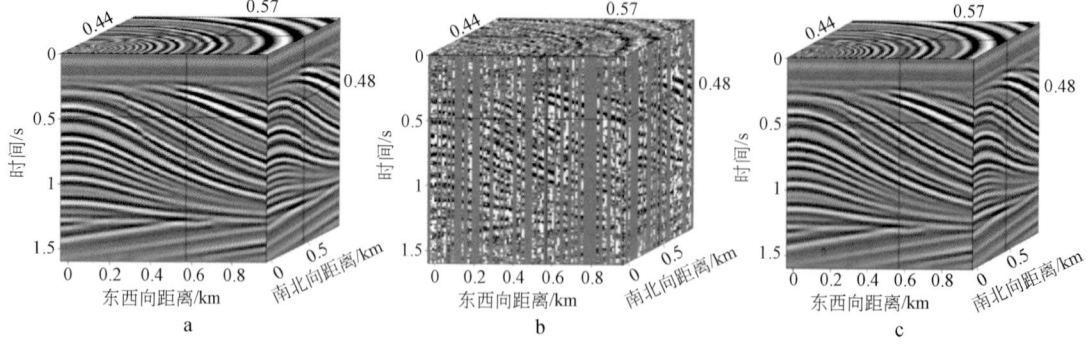

图 2.26　三维 qdome 模型规则化测试图
a. 原始模型；b. 输入数据；c. 本方法反演插值结果

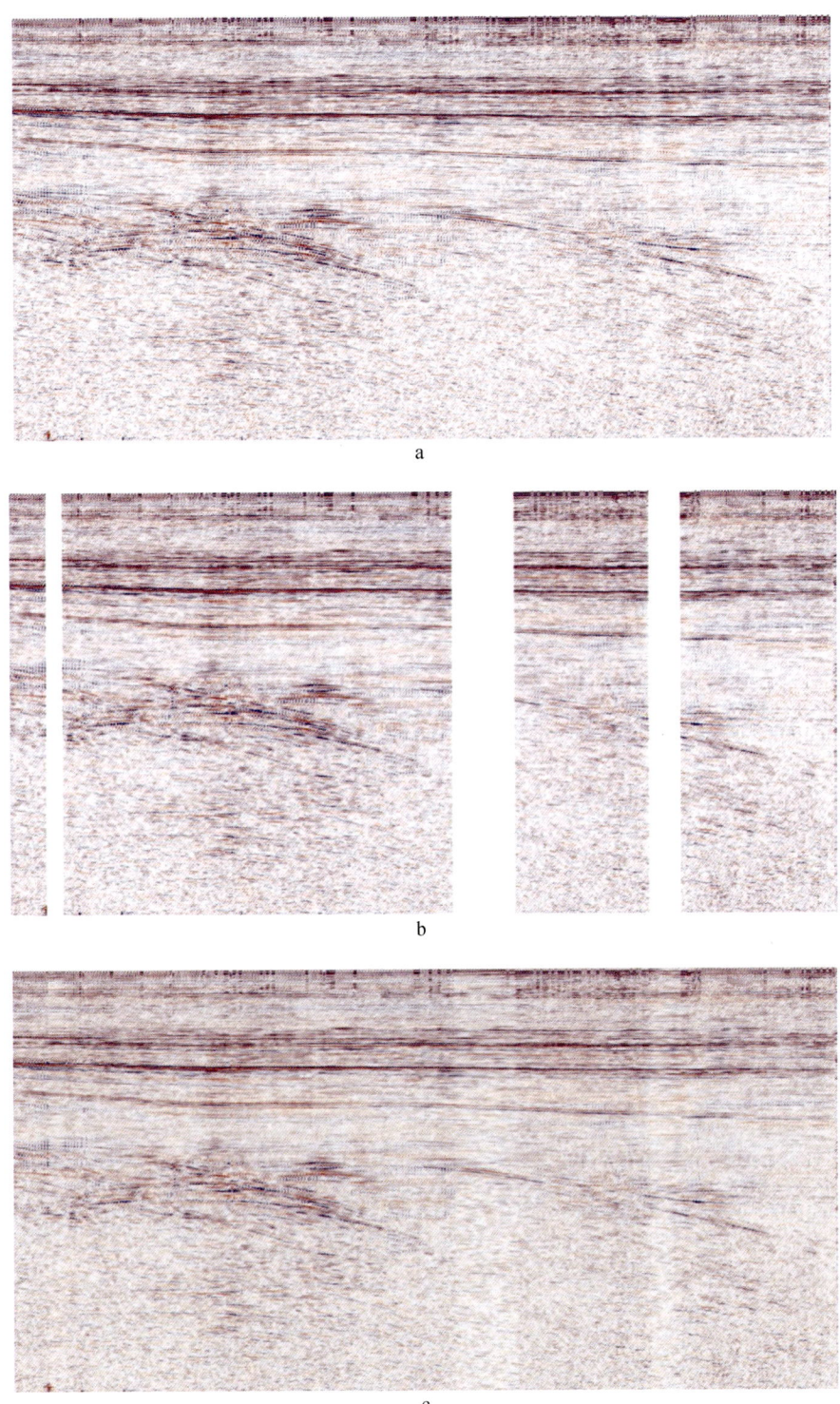

图 2.27 某地区三维共偏移距道集资料测试
a. 原始数据；b. 输入数据；c. 反演插值结果

地震数据规则化可以归结为一种最优化反演问题，在一些先验信息的约束之下使得正演插值后的数据和观测数据之间的误差能量达到最小。在常规的最小二乘反演的基础上，该方法采用Cauchy模来计算得到数据拟合剩余量的能量，同时引进局部平面波模型当做约束条件，最后利用迭代加权最小二乘反演方法进行三维数据体的数据规则化处理，因此，该方法具有以下优势：

（1）用平面波解构滤波器当做正则化算子，可在保证反演过程的稳定性的同时实现对假频数据的合理插值。

（2）用Cauchy模来估计数据拟合剩余量的能量，等同于加入和模型相关的加权函数来进行反演，这样能够避免野值对于插值造成影响，进而可以让插值之后的地震资料信噪比更高且同相轴更加自然。

（3）求解加权最小二乘反演问题时，和正则化最小二乘反演对比而言，预条件共轭梯度法展现出迭代次数少，收敛速度快等优点。

（4）由于每个时间切片反演的过程彼此独立，因此在三维数据规则化处理当中，能够分时间切片来使用计算机并行化处理，使处理效率进一步提高。

四、反漏频傅里叶变换法

（一）基本原理

由于不规则采样的影响，使得傅里叶变换中的正交基函数不正交，同时也出现地震能量逃逸到别的频率成分上的现象，使得处理数据中用傅里叶变换得到的频谱不真，导致处理结果的不准确。针对这个原因，设计了反漏频傅里叶变换法来尽量降低傅里叶系数能量泄漏，使其站在现代信号的角度上分析，重复使用采样定理来计算傅里叶系数，使用一个简单减法来达到傅里叶变换当中基函数的再正交化。

反漏频傅里叶变换使用非均匀的傅里叶变换来得到不规则数据的频谱，即

$$\hat{f}(k) = \frac{1}{\Delta X} \sum_{l=1}^{N} \Delta x_l f(x_l) e^{-2\pi i k x_l} \quad (2.42)$$

式中，k是频率域的分量；$\hat{f}(k)$为信号所对应的频谱；x_l是空间非均匀的采样点的位置；$f(x_l)$为x_l处的信号值；N为非均匀采样点的个数；ΔX表示最大空间；Δx_l为空间采样间隔。如果是频谱当中能量最大的系数成分造成的频谱泄漏，首先从频谱中分离出能量最大的那个频率成分，应用非均匀傅里叶反变换方法把求得的此最大能量的频率成分转换到时间域[式（2.43）]，然后用原始的不规则数据减掉此频率成分来更新输入的数据[式（2.44）]，最后将余下的数据当做新的输入继续筛选，直至将所有频率成分全部分离出来，其流程见图2.28。

$$f^k(x_l) = \hat{f}(k) e^{2\pi i k x_l} \quad (2.43)$$

$$f^u(x_l) = f(x_l) - f^k(x_l) \quad (2.44)$$

式中，$f^k(x_l)$和$f^u(x_l)$分别为时间域地震数据和时间域迭代减去之后的地震数据；其他

变量与前面变量含义相同。

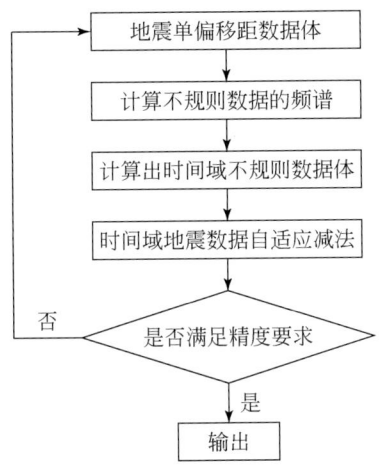

图 2.28 基于反漏频傅里叶变换的数据规则化核心算法流程图

(二) 实现步骤

基于反漏频傅里叶变换的数据规则化实现流程为
(1) 把三维数据体分割成一系列单偏移距的数据体；
(2) 对得到的单偏移距数据体做反漏频傅里叶变换，按顺序分离得到不同频率对应的不规则数据；
(3) 依据设计好的网格对单偏移距数据体做反漏频傅里叶变换之后的结果使用常规傅里叶变换进行插值，让所有空道得到插值重建，获得规则数据；
(4) 把单偏移距数据体依照后续的处理要求选择排列为三维数据体。

五、借道与三角剖分联合法

在处理实际资料时，一般都要对数据空间采样进行均一化处理，但却把空间能量的不均一性分布给忽略了。针对地震处理中保真性和叠前成像质量的要求，叠前成像数据规则化应该分为两步进行：①均一化处理空间分布不均匀的数据，提高成像质量；②归一化处理不平衡分布的能量，来增加偏移振幅保真性。

通常情况下使用动态规则化方法（主要是道插值和借道方法）对数据空间采样进行均一化处理。在地震倾角比较大且空间的地震道残缺较严重的情况之下，道插值数据规则化的方法重构得到的地震数据道和真实的地质情况是不匹配的，容易造成偏移假象。使用借道规则化方法，则不会造成人为假象，使用邻近偏移距的数据，让数据在偏移距的方向趋于规则化。此方法依据近、中、远偏移距三种偏移距数据缺失的情况，分别进行适当的偏移距分组，从而消除相似程度比较差的数据规则化到一起的问题，并且可以在缺失道的最短距离借用数据（图 2.29）。该方法可以利用三个偏移距实现分组，同时设置一个中心偏移距，再依次计算得到此三组偏移距与中心偏移距之间的距离，根据距离值的大小按顺序排序，如果只是中心偏移距缺失，就将最近的偏移距赋给中心偏移距，这样补齐了缺失的偏移距数据，从而实现了规则化处理。然而此方法在借道处理当中，没有考虑叠前成像中借用道和被借道之间的检波点以及炮点的坐标是相同的，从而造成了叠前成像过程当中旅行时的计算出现错误。所以，在借完道的同时要依据其周围相邻的道坐标重置借用道的坐标，这样在使数据达到规则化的同时能够让数据空间分布更加合理。

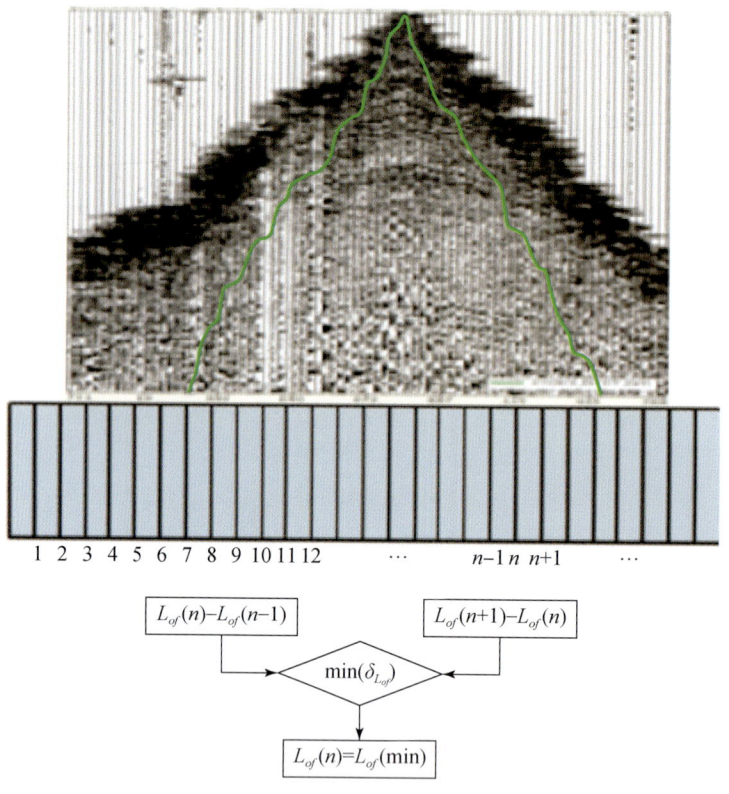

图 2.29　借道数据规则化示意图（张涛等，2014）

数据规则化后所借道的坐标计算公式如下：

$$x_s = x_m - \frac{|L_{of}|}{2}\sin\theta \tag{2.45}$$

$$y_s = y_m - \frac{|L_{of}|}{2}\cos\theta \tag{2.46}$$

$$x_d = x_m + \frac{|L_{of}|}{2}\sin\theta \tag{2.47}$$

$$y_d = y_m + \frac{|L_{of}|}{2}\cos\theta \tag{2.48}$$

在图 2.29 和式（2.45）~式（2.48）中，L_{of} 为偏移距，min 表示两组偏移距残差比较后取最小，$\delta_{L_{of}}$ 表示两组偏移距与中心偏移距距离的残差，x_s，y_s 和 x_d，y_d 分别为炮点和检波点坐标，x_m，y_m 为中心点的坐标，θ 是 y 轴的正向和炮检向间的夹角，n 是地震道数。

叠前偏移成像中覆盖次数不均匀是地震数据对叠前偏移成像质量产生影响的另一个重要的因素。由于覆盖次数的不均一性，数据的能量变化非常剧烈，使得在偏移成像中出现画弧问题及假频，从而干扰成像。应用前面提到的静态规则化的方法（即丢道法）可以纠正该问题，但是此方法有一个缺点就是其计算效率低。针对数据的空间能量不均一的问题使用三角剖分方法来实现规则化处理。如图 2.30 所示，假定 p_1 到 p_6 为空间分布的地震道，首先使用泰森网格来进行数据空间分布的网格化，其次在泰森网格中每一个边上做中垂线，从而对它实行三角剖分，获得数据间的距离关系，得到其空间能量分布，对数据相对较稠的地方分配一个较小的能量权值，对数据相对较稀疏的地方分配一个较大的能量权值。经过以上的处理不仅能很好地解决叠前成像过程中的偏移画弧现象，且在成像道集上得到非常好的 AVO 响应特征。

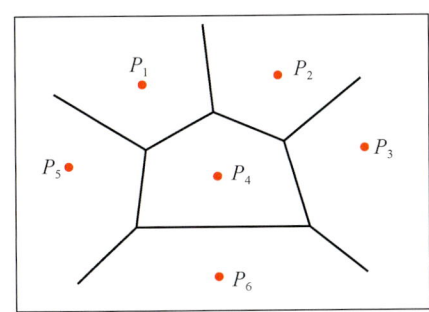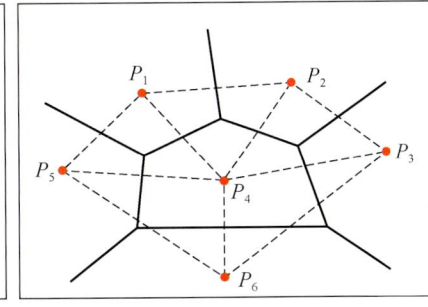

图 2.30　泰森网格与三角剖分示意图

六、非均匀傅里叶变换与贝叶斯参数反演联合法

该方法是将非均匀的傅里叶变换和贝叶斯参数反演相结合从而对不规则的地震数据进行规则化反演重建。在已经实现的二维数据重建的基础上，把重建方法应用推广到三维不规则地震数据的重建。这种方法的核心是从不规则采样地震数据中估计出重建数据的二维空间傅里叶谱，把这个过程看作是一个谱重建的地球物理反演问题，再次运用贝叶斯参数反演的方法估计傅里叶谱，并同时采用 Delaunay 三角网格剖分方法确定不规则采样点的权值。然后对获得的空间傅里叶谱做二维空间反傅里叶变换，可以得到任意待求规则样点处的数据，完成重建。该方法的最大优点是基于傅里叶变换理论，不必做地质或地球物理假设。在空间有限带宽的前提条件下，能够对三维不规则地震数据进行规则化重建。

（一）空间二维非均匀傅里叶变换原理

定义连续二维空间傅里叶正变换为

$$\hat{U}(k_x, k_y, \omega) = \int_{-\infty}^{+\infty} \int_{-\infty}^{+\infty} U(x, y, \omega) e^{j(k_x x + k_y y)} \mathrm{d}x \mathrm{d}y \tag{2.49}$$

式中，x 和 y 表示空间变量；k_x 和 k_y 表示空间频率；$U(x, y, \omega)$ 表示空间域数据；$\hat{U}(k_x, k_y, \omega)$ 表示空间频率域数据。其反变换可表示为

$$U(x, y, \omega) = \frac{1}{4\pi^2} \int_{-\infty}^{+\infty} \int_{-\infty}^{+\infty} \hat{U}(k_x, k_y, \omega) e^{-j(k_x x + k_y y)} dk_x dk_y \qquad (2.50)$$

对于沿空间 x 和 y 方向规则采样的有限带宽数据而言，式（2.50）的离散傅里叶变换为

$$\hat{U}(k_x, k_y, \omega) = \sum_{n_x} \sum_{n_y} U(n_x \Delta x, n_y \Delta y, \omega) e^{j(k_x n_x \Delta x + k_y n_y \Delta y)} \Delta S \qquad (2.51)$$

式中，$\Delta S = \Delta x \Delta y$。为了避免在空间傅里叶变换域中出现空间假频现象，要使空间采样间隔 Δx 和 Δy 应足够小。

对于不规则采样数据来说，想得到空间傅里叶变换域数据的最直接的方法就是使用黎曼求和，即把式（2.49）中的积分用实际数据采样点位置 $[(x_1, y_1), \cdots, (x_N, y_N)]$ 对应的和式来代替。式（2.49）可重新表示为

$$\hat{U}(k_x, k_y, \omega) = \sum_{n=1}^{N} U(x_n, y_n, \omega) e^{j(k_x x_n + k_y y_n)} \Delta S_n \qquad (2.52)$$

式中，ΔS_n 表示不规则采样点 (x_n, y_n) 的权值。式（2.52）被称为二维空间非均匀离散傅里叶变换。由于直接的二维空间非均匀傅里叶变换精度太低，所以需要借助参数反演来获取精确的傅里叶谱。对于在二维空间傅里叶变换域的有限带宽数据来说，任意空间样点 (x, y) 的离散反傅里叶变换表示为

$$U(x, y, \omega) = \frac{\Delta S_T}{4\pi^2} \sum_{m=1}^{N} \hat{U}(k_{xm}, k_{ym}, \omega) e^{-j(k_{xm} x + k_{ym} y)} \qquad (2.53)$$

式中，ΔS_r 表示空间傅里叶变换域点 (k_{xm}, k_{ym}) 的权值。对于 N 道坐标为 $[(x_1, y_1), \cdots, (x_N, y_N)]$ 的空间不规则采样数据，式（2.53）用矩阵形式表示为

$$\boldsymbol{d} = \boldsymbol{F}\hat{\boldsymbol{u}} \qquad (2.54)$$

式中，$d_n = U(x_n, y_n, \omega)$ 表示已知的不规则采样数据；$\hat{u}_m = \hat{U}(k_{xm}, k_{ym}, \omega)$ 表示待求的空间傅里叶系数；$F_{nm} = \frac{\Delta S_T}{4\pi^2} e^{-j(k_{xm} x_n + k_{ym} y_n)}$ 表示二维空间傅里叶反变换算子。

在对实际不规则地震数据进行重建时，有一部分空间频率成分会超出定义的带宽范围，从而导致正变换产生误差或噪声。因此，在式（2.54）中需要加入噪声项 $\boldsymbol{n}$，即

$$\boldsymbol{d} = \boldsymbol{F}\hat{\boldsymbol{u}} + \boldsymbol{n} \qquad (2.55)$$

（二）贝叶斯参数反演

式（2.55）中未知空间傅里叶谱向量 $\hat{\boldsymbol{u}}$ 可以归结为一个线性反演问题。但是，由于反演问题存在不适定性，所以需要借助一些先验信息对其进行正则化，构造一个适定解。

采用贝叶斯参数反演方法获得一个类似于最小平方估计的最大后验概率解，根据采样点坐标的加权函数使不规则地震数据在变换域的谱能量集中，从而提高傅里叶谱的估计精度。

此外，因为不规则样点之间是相对独立的，所以，由不规则采样产生的空间噪声 n 是不相关的。因此，假设噪声和模型向量分别服从高斯分布 $N(0, \sigma_n \boldsymbol{W}^{-1})$ 和 $N(0, \sigma_{\hat{u}} \boldsymbol{I})$。其中，$\sigma_n$ 表示先验噪声的方差；$\sigma_n \boldsymbol{W}^{-1}$ 表示先验噪声的协方差矩阵；$\sigma_{\hat{u}}$ 表示模型向量先验信息的方差；$\sigma_{\hat{u}} \boldsymbol{I}$ 表示模型向量先验信息的协方差矩阵，对角加权矩阵 $\boldsymbol{W}$ 的主对角元素 $W_{nm} = \Delta S_n$。

给出后验概率

$$p(\hat{\boldsymbol{u}} \mid \boldsymbol{d}) = \frac{p(\boldsymbol{d} \mid \hat{\boldsymbol{u}}) p(\hat{\boldsymbol{u}})}{p(\boldsymbol{d})} \tag{2.56}$$

并求其最大值。其中概率 $p(\hat{\boldsymbol{u}} \mid \boldsymbol{d})$ 和 $p(\boldsymbol{d})$ 分别满足：

$$p(\boldsymbol{d} \mid \hat{\boldsymbol{u}}) \propto \exp\left[-\frac{1}{2\sigma_n^2} (\boldsymbol{d} - \boldsymbol{F}\hat{\boldsymbol{u}})^{\mathrm{T}} \boldsymbol{W} (\boldsymbol{d} - \boldsymbol{F}\hat{\boldsymbol{u}})\right]$$

$$p(\hat{\boldsymbol{u}}) \propto \exp\left[-\frac{1}{2\sigma_{\hat{u}}^2} \hat{\boldsymbol{u}}^{\mathrm{T}} \hat{\boldsymbol{u}}\right] \tag{2.57}$$

$p(\boldsymbol{d})$ 表示一个与未知模型向量 $\hat{\boldsymbol{u}}$ 无关的常数因子。求取 $p(\hat{\boldsymbol{u}} \mid \boldsymbol{d})$ 的最大值可以转化为求取下面目标函数的最小值。

$$J(\hat{\boldsymbol{u}}) = \frac{1}{\sigma_n^2} \parallel \boldsymbol{W}(\boldsymbol{d} - \boldsymbol{F}\boldsymbol{u}) \parallel^2 + \frac{1}{\sigma_{\hat{u}}^2} \parallel \hat{\boldsymbol{u}} \parallel^2 \tag{2.58}$$

式 (2.58) 取最小值时的最大后验概率解为

$$\hat{\boldsymbol{u}} = (\boldsymbol{F}^{\mathrm{T}} \boldsymbol{W} \boldsymbol{F} + \lambda \boldsymbol{I})^{-1} \boldsymbol{F}^{\mathrm{T}} \boldsymbol{W} \boldsymbol{d} \tag{2.59}$$

式中，T 表示共轭转置算子；λ 为阻尼稳定因子，且 $\lambda = \dfrac{\sigma_n^2}{\sigma_{\hat{u}}^2}$。

除此之外，为了避免矩阵求逆，并且保证求的稳定解，将式 (2.59) 改写为

$$\boldsymbol{H}\hat{\boldsymbol{u}} = \boldsymbol{b} \tag{2.60}$$

式中，

$$\begin{aligned} \boldsymbol{H} &= \boldsymbol{F}^{\mathrm{T}} \boldsymbol{W} \boldsymbol{F} + \lambda \boldsymbol{I} \\ \boldsymbol{b} &= \boldsymbol{F}^{\mathrm{T}} \boldsymbol{W} \boldsymbol{d} \end{aligned} \tag{2.61}$$

对式 (2.60) 用预条件共轭梯度法迭代求解。

(三) 空间域数据重建

在对式 (2.60) 求出空间傅里叶谱向量 $\hat{\boldsymbol{u}}$ 之后，然后对其做二维空间域反傅里叶变换就能够实现对不规则数据的重建，重建表达式为

$$\boldsymbol{u}_r = \boldsymbol{F}_r \hat{\boldsymbol{u}} \tag{2.62}$$

式中，反变换算子 $F_{mn} = \dfrac{\Delta k_x \Delta k_y}{4\pi^2} e^{-j(k_{xm} x_n + k_{ym} y_n)}$。此时 x_n 和 y_n 则变为规则样点的坐标值。

(四) 不规则样点的权值计算方法

求解式 (2.59) 要先计算加权矩阵 $\boldsymbol{W}$ 的元素 W_{mn}，和一维不规则样点的权值计算方

法相比，二维不规则样点的权值 ΔS_n 计算相对复杂。在这里可以采用 Delaunay 三角网格剖分方法来获得空间每一个不规则样点的权值。确定权值的方法如图 2.31 所示。

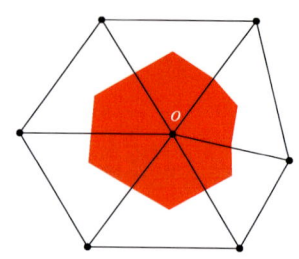

图 2.31　Delaunay 三角网格剖分示意图

首先，要对空间上所有不规则采样点进行二维 Delaunay 三角网格剖分，使得这些散乱的点能够连成最佳三角网格；其次，对于任一不规则点 O 找出以它为顶点的所有三角形，并且求出这些三角形的面积；最后，对三角形面积求和，并把求得的和的三分之一作为该点的权值 ΔS_n。

非均匀傅里叶变换以及贝叶斯参数反演联合法都需要满足一定的条件约束，那就是待重建数据满足空间有限带宽的要求。在满足此约束的情况下能够对在空间方向不规则采样的三维地震数据，包括三维 VSP 数据、三维叠后数据和三维叠前数据等进行规则化重建。因为不规则采样，使得这种方法基于二维空间非均匀傅里叶变换方法的计算效率会比二维快速傅里叶变换的效率低，而直接计算式（2.60）右端项 b 的运算量又较大，但是使用 Duijndam 和 Shonewille（1999）提出的非均匀快速傅里叶变换计算方法，就可以大大减少运算量，从而提高计算效率。对于空间采样过于稀疏并且存在严重空间假频的地震数据，这种方法在进行抗假频处理表现不佳，还需要进一步的研究完善。

本节中介绍了几种常用的数据规则化的方法，并分析了这些方法在实际资料处理中的优势以及存在的局限性。现阶段，对于渤海海上地震资料连片处理，数据规则化多使用反漏频离散傅里叶变换的方法，反漏频离散傅里叶变换规则化技术，对单偏移距数据体做反漏频傅里叶变换，对得到的结果使用常规傅里叶变换进行插值获得规则后的数据。该方法克服了不规则傅里叶变换规则化方法中存在的频谱不真，处理不准确问题。且与其他数据规则化方法比较，在大量资料的连片处理中，该方法算法较为成熟，且简单易实现。这类方法计算效率较高，可较好地处理假频问题，应用也较广泛，但当数据信噪比较低且存在交叉同相轴时，很难进行准确插值。

第四节　海上多次波干扰压制

一、多次波的产生、分类及基本特征

广义的多次波包括多次反射波、折射–反射波、反射–折射波、绕射–反射波等。本书

中涉及的多次波仅指多次反射波。

海上多次波广泛发育，多次波会使有效波同相轴被掩盖而难以识别。因此海上地震勘探由于多次波的存在而使处理和解释的难度增大。如果在处理中不能对多次波进行有效地压制，就可能造成地质构造的不正确解释，使油气层位的标定产生偏差。因此，识别并压制多次波是目前海洋地震资料处理中的重点。

（一）多次波的产生及其类型

多次波的产生条件是界面两侧介质存在波阻抗差异，其能量随着传播距离的增加而逐步衰减。波阻抗差异大的界面为强反射界面，其反射系数较大，界面产生的反射波能量较强；波阻抗差异小的界面为弱反射界面，其反射系数较小，界面产生的反射波能量较弱。当波在弱反射界面上反射数次之后，多次波的能量会越来越小以至于可以忽略不计。只有在强反射界面上产生的多次波，能量才会比较强，会对有效波产生较大影响，例如海底、石膏层、石灰岩层等，均是多次波容易发育的地方。

根据多次波形成的特点，分类如下（张志军和王修田，2006）：

（1）全程多次波：又称简单多次波，即在某一深度界面反射到海平面后再次向下反射，到达同一个界面上时再发生反射，来回多次反射形成的多次波。全程多次波是在同一个界面反射多次而形成，因此其在地震记录上具有独立的同相轴，容易识别（图 2.32）。

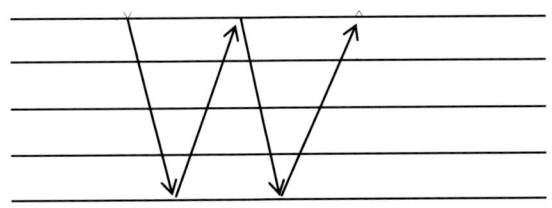

图 2.32　全程多次波示意图

（2）短程多次波：是指从一个深部界面反射回来的地震波经海平面反射后又在另一个较浅的界面上反射回来形成的多次波，又称为局部多次波（图 2.33）。

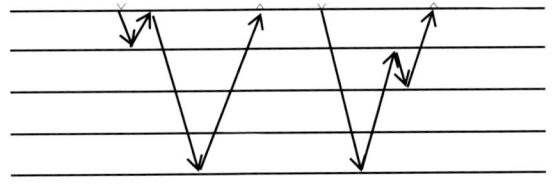

图 2.33　短程多次波示意图

（3）微屈多次波：是指地震波在地下几个界面或在薄层内随机来回反射形成的多次波，在定义上与短程多次波无严格的区分（图 2.34）。

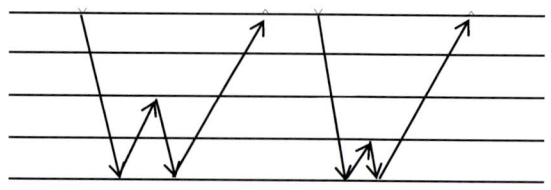

图 2.34　微屈多次波示意图

虚反射：海上地震勘探，由于震源激发和电缆检波器接收均在海水面以下，往往容易产生虚反射。概括起来，可产生三种虚反射，它们分别为震源激发产生的虚反射、电缆检波器接收产生的虚反射，以及以上两种虚反射同时共同产生的虚反射。这三种虚反射产生的物理过程可用图 2.35 来表示。

在海面下 O 点激发，海面下 S 点接收。除了分别接收到路径为 OAS 的一次反射之外，由于海面是一个很强的反射界面，还可能分别接收到路径为 OBCS（图 2.35a）、OBCS（图 2.35b）和 OBACS（图 2.35c）的多次反射。这种多次反射便称为虚反射又称鬼波。

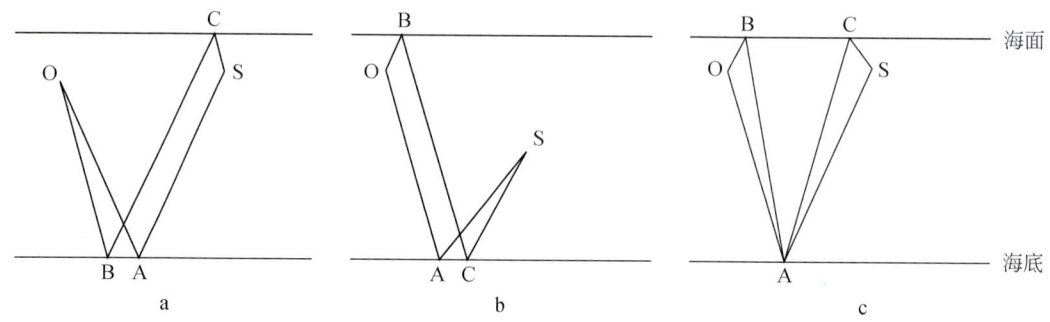

图 2.35　三种虚反射产生的物理过程
a. 激发虚反射；b. 接收虚反射；c. 激发和接收虚反射

根据产生界面不同，多次波又分为两种，自由表面多次波和层间多次波。

自由表面多次波是指由地下界面反射回来的地震波，传播到海平面后再次向下反射，经过一定的传播路径，最后被检波器接收所形成的多次波。它主要包括地震勘探中常见的全程多次波和短程多次波。图 2.36 展示了海上观测系统自由表面多次波的类型。

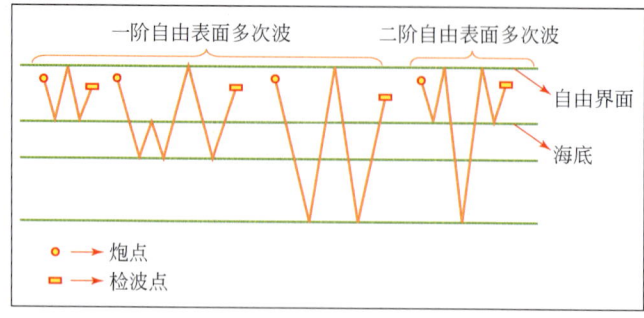

图 2.36　自由表面多次波类型（海上观测系统）（Watts and Ikelle，2005）

层间多次波是指由地震波在除自由表面之外的地层界面之间多次反射形成的,最后被检波器接收到的多次波。图 2.37 显示了海上观测系统层间多次波的几种类型。

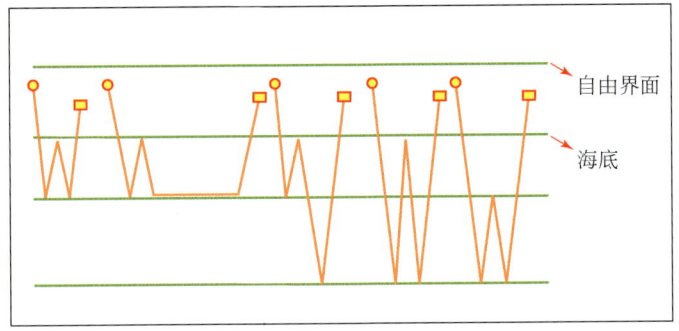

图 2.37 层间多次波类型(海上观测系统)(Watts and Ikelle,2005)

地震波 t-x 曲线描述了旅行时 t 与炮检距 x 之间的关系,利用其可以描述各种类型地震波的不同传播特点(图 2.38)。

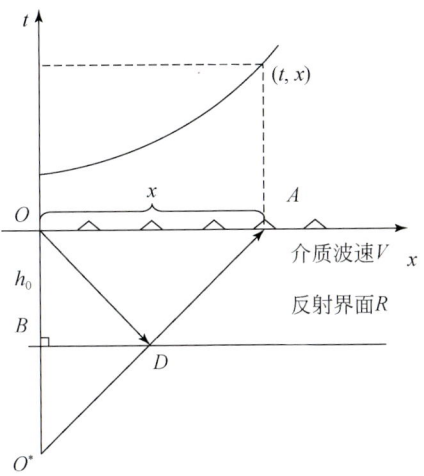

图 2.38 水平界面一次反射波时距曲线

1. 水平界面下的 t-x 曲线

1)一次波 t-x 曲线

如图 2.39 所示,设激发点为 O,观测点为 A,根据反射定律,作激发点关于反射界面的对称点,即虚震源 O^*,从 O 点到达 D 点再传播到 A 点所走的距离与 O^* 到 A 的距离相等,该原理我们称之为虚震源定理。由此我们得到反射波 t-x 曲线方程:

$$t \approx \frac{O^*A}{v} = \frac{\sqrt{(2h_0)^2 + x^2}}{v} = \frac{1}{v}\sqrt{4h^2 + x^2} \tag{2.63}$$

当上层介质均匀覆盖,界面水平时,此方程还可以表示为如下两种形式:

$$t = \sqrt{\left(\frac{x}{v}\right)^2 + t_0^2} \tag{2.64}$$

$$t^2 = t_0^2 + \frac{x^2}{v^2} \tag{2.65}$$

式中，$t_0 = \dfrac{2h_0}{v}$ 为自激自收的旅行时，即零炮检距时间。

2）二次波 t-x 曲线

由上述原理可得二次波的 t-x 曲线方程（2.65）；具体表现形式如图 2.39，震源点 O，反射界面 R，接收点 B。

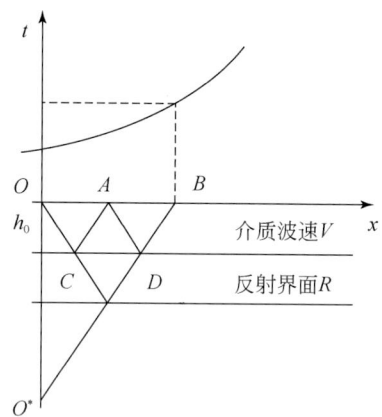

图 2.39　水平界面二次反射波时距曲线

$$t \approx \frac{O^*B}{v} = \frac{\sqrt{(4h_0)^2 + x^2}}{v} = \frac{1}{v}\sqrt{16h_0^2 + x^2} \tag{2.66}$$

2. 倾斜界面下的 t-x 曲线

1）一次波 t-x 曲线

如图 2.40 所示，O^* 点为虚震源点，设 O 激发经过界面 E 的反射波到达接收点 B 的时间为 t，O 点和 B 点的水平距离为 x，根据虚震源原理可以得到一次反射波的时距曲线方程：

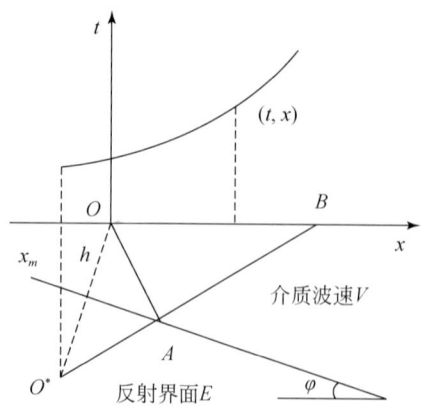

图 2.40　倾斜界面一次波 t-x 曲线

$$t \approx \frac{O^*R}{v} = \frac{\sqrt{(x_m+x)^2+(2h\cos\varphi)^2}}{v} \tag{2.67}$$

将 $x_m = -2h\cos\varphi$ 代入式（2.67）变换得到式（2.68），即 t 与 x 和地下介质因素 V，h，φ 之间的关系式：

$$t = \frac{\sqrt{x^2+4h^2+4xh\sin\varphi}}{v} \tag{2.68}$$

当反射界面上倾方向与 x 轴的正方向一致时，上式可以表达为

$$t = \frac{\sqrt{x^2+4h^2-4xh\sin\varphi}}{v} \tag{2.69}$$

2）二次反射波 t-x 曲线

如图 2.41 示，界面的法向深度 h 与倾角 φ 满足如下关系式：

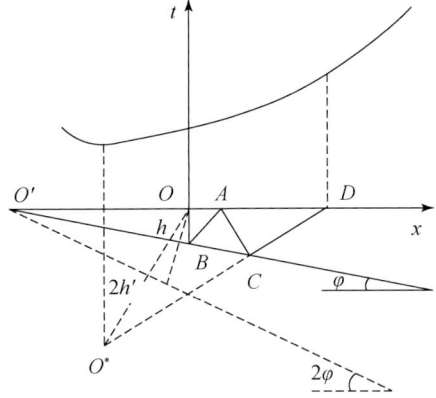

图 2.41 倾斜界面二次反射波时距曲线

$$h = OO'\sin\varphi \tag{2.70}$$

$$h' = \frac{\sin 2\varphi}{\sin\varphi}h \tag{2.71}$$

D 点接收到二次波的时间 t' 与地下介质参数的关系可以根据等效界面的概念表示为

$$t = \frac{\sqrt{x^2+4\dfrac{\sin^2 2\varphi}{\sin^2\varphi}h^2+4xh\dfrac{\sin^2 2\varphi}{\sin^2\varphi}}}{v} \tag{2.72}$$

当反射界面上倾方向与 x 轴的正方向一致时，t-x 曲线表达式为

$$t = \frac{\sqrt{x^2+4\dfrac{\sin^2 2\varphi}{\sin^2\varphi}h^2-4xh\dfrac{\sin^2 2\varphi}{\sin^2\varphi}}}{v} \tag{2.73}$$

然后利用上述方程进行归纳推广得到 m 次反射波的时距曲线方程为

$$t = \frac{\sqrt{x^2+4\dfrac{\sin^2 m\varphi}{\sin^2\varphi}h^2 \pm 4xh\dfrac{\sin^2 m\varphi}{\sin^2\varphi}}}{v} \tag{2.74}$$

综上分析可以得出下面的结论：

（1）在 $x=0$ 位置处，有 $t'_{0m} \approx mt_{01}$，也就是说同一界面一次反射波旅行时的 m 倍即为 m 次反射波的旅行时。可以利用这个规律将多次波识别出来。

（2）倾角满足 $\varphi' = m\varphi$，也就是说一次反射界面倾角的 m 倍即为 m 次反射波的等效界面倾角，这就是我们常说的倾角标志。

（3）多次波 t-x 曲线比一次波的 t-x 曲线曲率更大，动校正时差更大，这是由 m 次反射波的传播速度不大、穿透深度也不大导致的，当用同一个 NMO 时差来进行校正时，由于动校正量不足，会导致多次波的 t-x 曲线出现同相轴弯曲的现象。利用这种现象也可以进行多次波的识别。

二、多次波干扰的识别方法

地球物理人员在辨认地震资料中包含的多次波类型，了解它们性质的这一过程称为多次波的识别。在地震资料处理中，要对多次波进行压制，首先要识别它们。在海上地震资料采集中，检波器既会接收到地震波在地下传播经过反射所产生的一次波，也会接收多次波。这两种波都满足斯奈尔定律以及地震波传播的运动学及动力学原理，两者有一定的共同点；另外，一次波和多次波也存在不同点，如一次波与多次波在介质中传播路径不同，具体表现为在旅行时上有时间差，同时一次波和多次波在能量及速度谱上也存在差异，图 2.54 便是消除多次波前后的剖面对比。

根据两者之间的差异，我们可以按照以下方法对多次波进行识别：

（1）在地层倾角较小时，倾角标志和反射波的 t_0 标志可以大致用来识别多次波，在地层倾角较大时，要综合应用其他标志。单一使用一种方法可能会误将一次波识别为多次波，对多次波压制产生不利作用。

（2）利用包含多次波的合成地震记录也是多次波识别的有效手段。

（3）利用速度谱识别多次波。在实际地震资料中，一般情况下随着深度的增大，地震波的传播速度也会增加。在假设相同旅行时的前提下，多次波相比一次波在较浅的地层传播，因此速度较小，据此可识别多次波。

（4）通过地球物理资料综合使用来识别多次波。研究区域进行正确解释的常用方法就是测井、钻井及地震资料的综合应用。通过多种资料的联合研究也是识别多次波的有效手段。

三、多次波压制技术

目前常用的多次波压制方法主要分为两类，一类是基于信号理论的多次波压制方法；另一类是基于波动理论的多次波压制方法。

（一）基于信号理论的多次波压制

一次反射波和多次波的周期性存在不同，一次波不具周期性而多次波具有周期性；其次，二者的速度也不同，利用这些不同可以"滤除"多次波。常用的基于信号理论压制多次波的方法及其对比如表 2.1 所示。

表 2.1　信号域的几种多次波压制方法对比

域	差异特性	实现算法
t	周期性	预测反褶积
τ-p	周期性	拉东变换预测反褶积
t-x	可分离性	叠加
主成分	可分离性	特征谱+切除
2D f-k	可分离性	傅里叶变换切除
τ-p	可分离性	拉东变换切除
3D f-k	可分离性	傅里叶变换切除
f-x	可分离性	聚束滤波

1. 基于多次波的可预测性（周期性）压制方法

反褶积方法是根据多次波具有的周期性特点来进行压制。该方法可以提高时间分辨率，体现地下反射层的反射系数，进而获得较为准确的时间分辨率剖面，也正是由于这些优点，使得该方法在地震资料处理中得到了广泛的应用，其原理主要是通过压缩原始地震子波，压制交混回响和短周期多次波（宫悦，2011）。

预测反褶积方法由 Peacock 和 Treitel（1969）提出，已经在地震资料处理中得到了广泛的应用。该方法通过设计一个预测因子 $c(t)$，将预测因子的求解归结为一个维纳滤波过程，如式（2.75）所示。

$$\begin{bmatrix} (1+\lambda)r_{xx}(0) & r_{xx}(1) & \cdots & r_{xx}(m) \\ r_{xx}(1) & (1+\lambda)r_{xx}(0) & \cdots & r_{xx}(m-1) \\ \vdots & \vdots & & \vdots \\ r_{xx}(0) & r_{xx}(m-1) & \cdots & (1+\lambda)r_{xx}(0) \end{bmatrix} \begin{bmatrix} C(0) \\ C(1) \\ \vdots \\ C(m) \end{bmatrix} = \begin{bmatrix} r_{xx}(l) \\ r_{xx}(l+1) \\ \vdots \\ r_{xx}(l+m) \end{bmatrix} \quad (2.75)$$

该方法将得到的预测因子与地震记录进行褶积得到多次波预测值，并从地震记录中减去多次波的预测值，来得到一次波。通常，短周期多次波的压制（来自相对平的浅层水底具有明显的反射）可以用预测反褶积方法来实现。利用多次波的周期性设计一个算子实现子波可预测部分（多次波）的识别和消除，只剩下不可预测的部分（有效信号，即一次波）。该方法假设真实的反射是来自地下随机的反射系数序列，因而是不可预测的（Yilmaz 等，1987）。而对于其他短周期的多次波，利用这种简单一维的流程，不能够得到理想的效果。

预测反褶积方法对鸣震现象有很好的压制效果，包括时间域和 τ-p 域预测反褶积。预白噪、算子长度以及预测步长都是预测反褶积方法实现时需要计算的重要参数。另外，介质为水平层状介质，已知零偏移距的数据，同时不存在转换纵横波，子波满足最小相位，这些都是反褶积方法需要满足的假设条件。这些假设条件缺一不可，否则得不到理想的压制效果。

预测反褶积方法的优势是：①计算速度快；②需要较少的人工参与，容易实现。其缺点是：①反射系数序列会存在相关性；②由于其理论依据是一维情况下多次波具有周期性，因此只能对水平层状介质下的零偏移距道集有效；③在以上假设条件无法满足的情况下，使用该方法容易损害有效波，多次波也无法全部压制，无法得到理想的压制效果。

图 2.42～图 2.44 为预测反褶积前后的叠加剖面及频谱对比，可见在一定程度上多次波得到很好的压制。

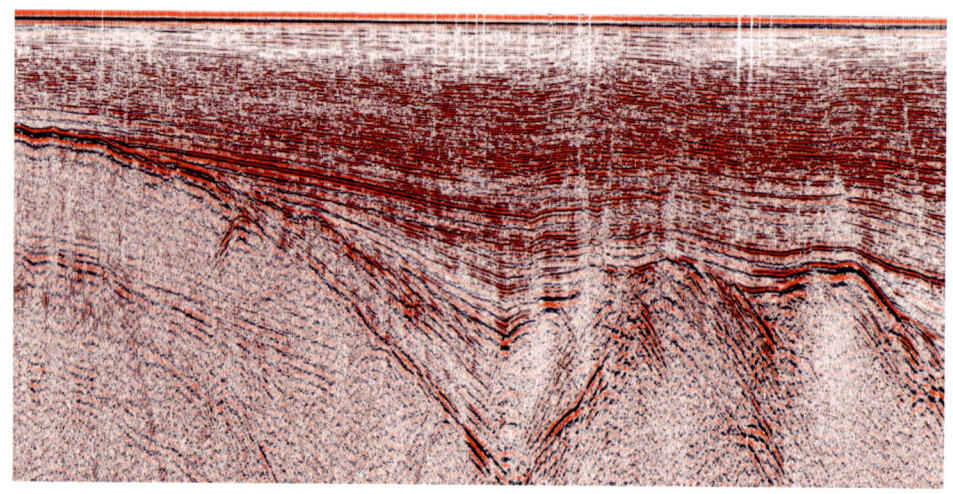

图 2.42 预测反褶积前叠加剖面

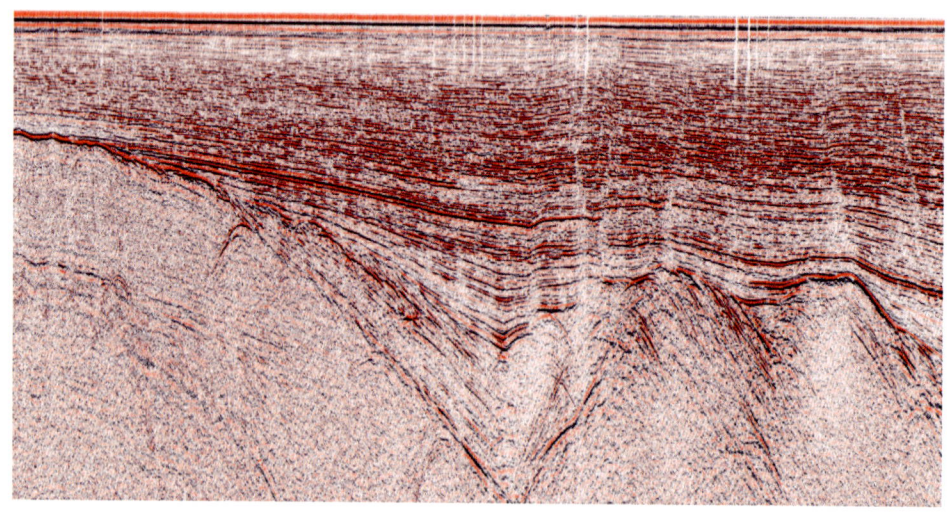

图 2.43 预测反褶积后叠加剖面

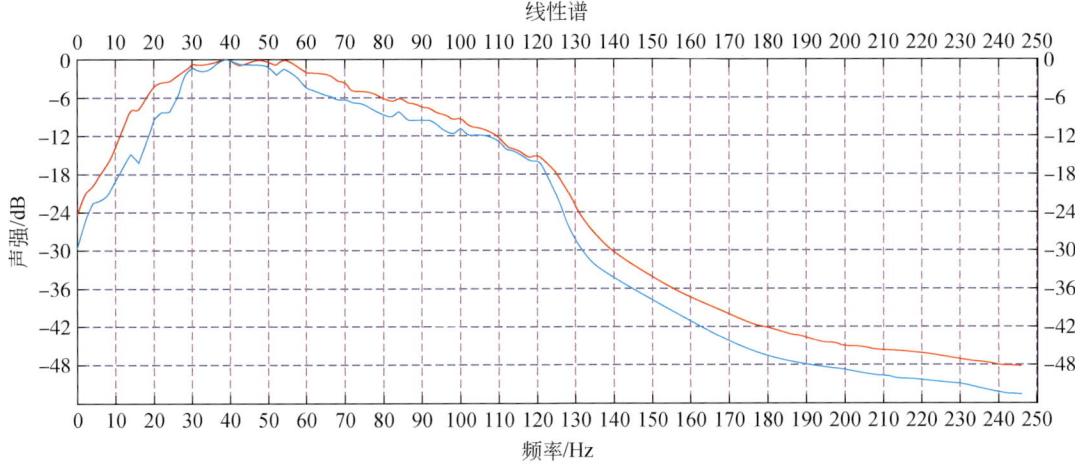

图 2.44 预测反褶积前后频谱对比图

2. 基于一次波与多次波的速度差（可分离性）压制方法

1）CMP 叠加

一次反射波到达的时间要早，对一次反射波的共中心点道集进行正常时差校正（NMO）对多次波来说是欠校正的。所以，可以通过一次反射波的速度作 CMP 叠加来压制多次波。但是，在近偏移距的时候，CMP 叠加没有办法压制多次波，因为在近偏移距范围内一次反射波和多次波的时差差异非常小。

2）$f\text{-}k$ 滤波

在时-空域中，同相轴可以在频率-波数域中进行分离，变为具有不同倾角的轴，利用这个特点，可以在 $f\text{-}k$ 域对多次波进行切除。这个方法主要是对一次反射波的共中心点道集进行正常时差校正（NMO），如图 2.45 所示，利用的多次波与一次波之间的速度的不同，其中多次波是欠校正的，与此相反，得到的一次波是过校正的，此刻可将 CMP 道集变换到 $f\text{-}k$ 域，使一次波多次波分到不同象限内，将有多次波象限的值全部置零，再进行反变换得到一次波。

3）拉东变换法

拉东变换法是沿着特定路径对介质的某个特征进行积分计算。用一次波速度对叠前 CMP 道集进行动校正后，多次波会变成下弯的近似抛物线的形状，主要原因是动校正不足。这种情况下对 CMP 道集进行拉东变换，切除多次波能量后再进行反变换，可达到压制多次波的效果，如图 2.46 所示。

图 2.47 所示为多次波衰减理论实现模型，门槛值（DTCUT）可根据多次波抛物线的弯曲度来定义，当 DTCUT 小于同相轴的弯曲度时，认为是多次波，当同相轴的弯曲度小于 DTCUT 时，认为是一次波。

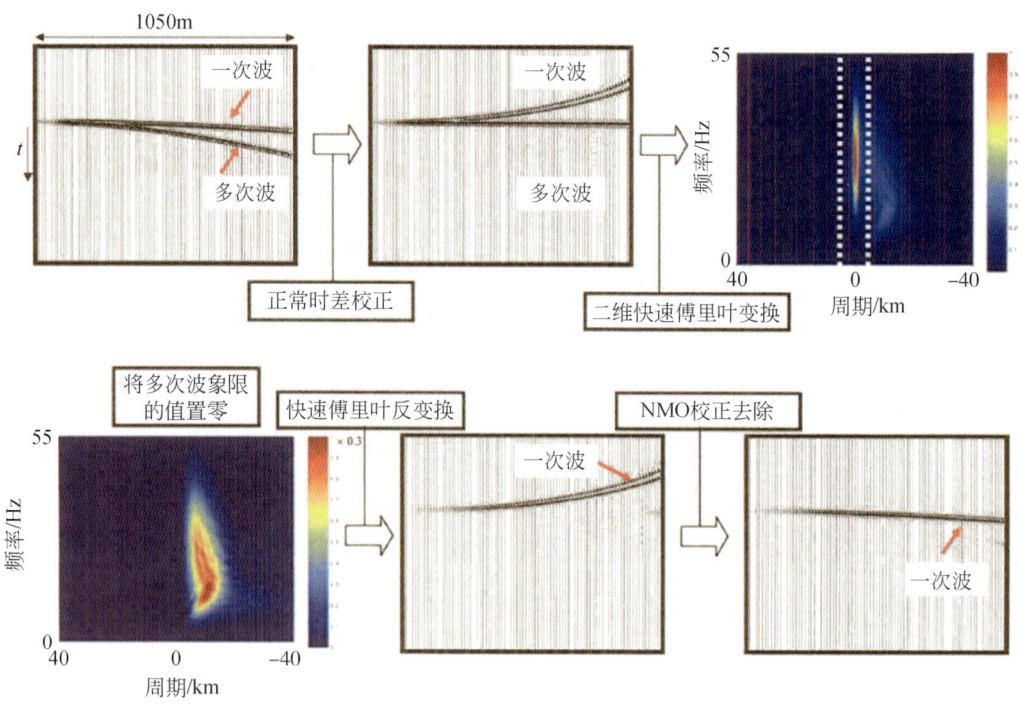

图 2.45 f-k 滤波对多次波的压制图

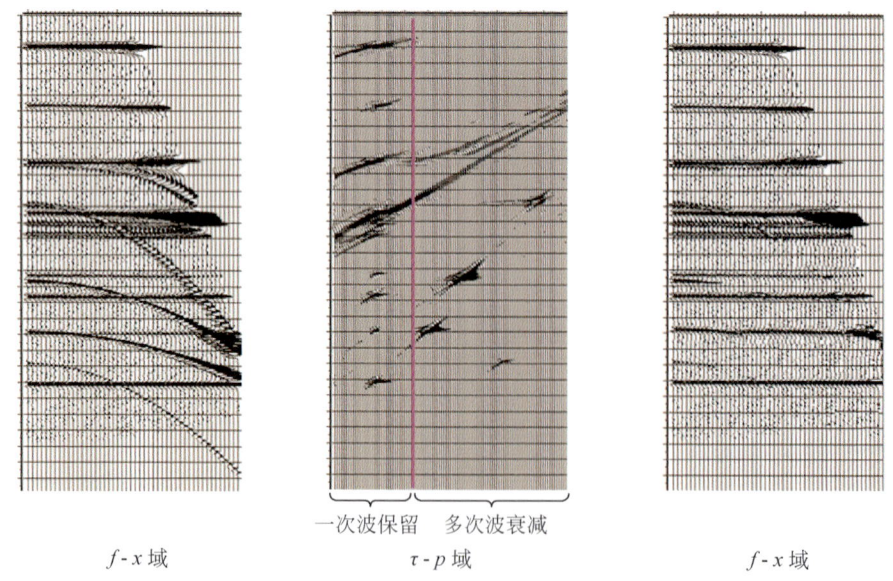

图 2.46 拉东变换压制多次波原理图

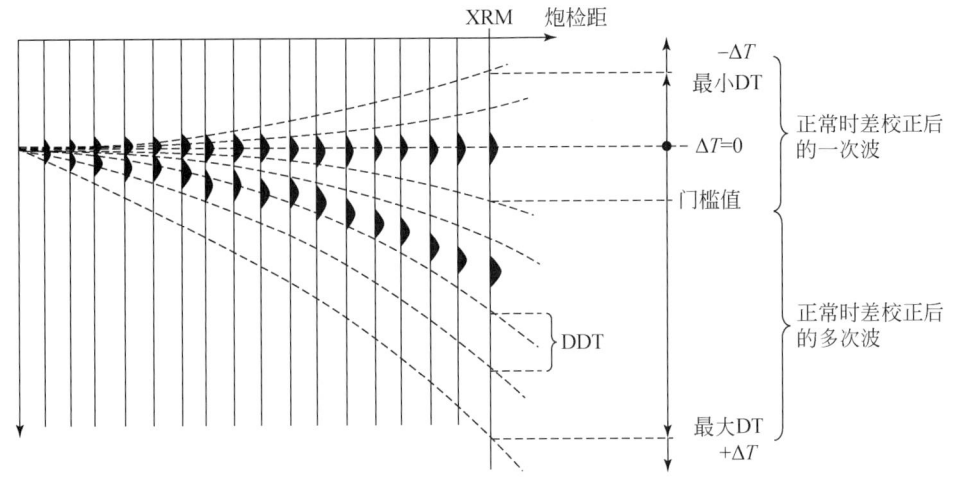

图 2.47 拉东变换多次波衰减理论实现模型

拉东变换是将数据从 (x, t) 域变换到 (τ, p) 域,分为下面三种拉东变换。

$$u(p, \tau) = \int dx u(x, \tau + px) \quad (2.76)$$

线性拉东变换中:$t = px + \tau$ (2.77)

抛物拉东变换中:$t = px^2 + \tau$ (2.78)

双曲拉东变换中:$t = \sqrt{px^2 + \tau^2}$ (2.79)

式中,p 为慢度;τ 为截距时间;t 为偏移距 x 的时间。

对于高精度拉东变换去多次波,其原理与拉东变换法基本相同,但是由于其算法采用了高分辨率、抗假频最小平方法,因此,压制多次波效果更好,且具有更好的保持振幅功能。

图 2.48、图 2.49 所示为高精度拉东变换多次波衰减前后的道集及叠加剖面对比,可见,高精度拉东变换法对多次波有很好的压制作用。

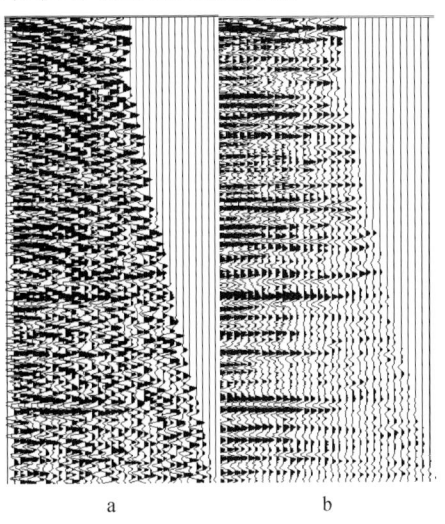

图 2.48 拉东变换多次波衰减前道集(a)与拉东变换多次波衰减后道集(b)

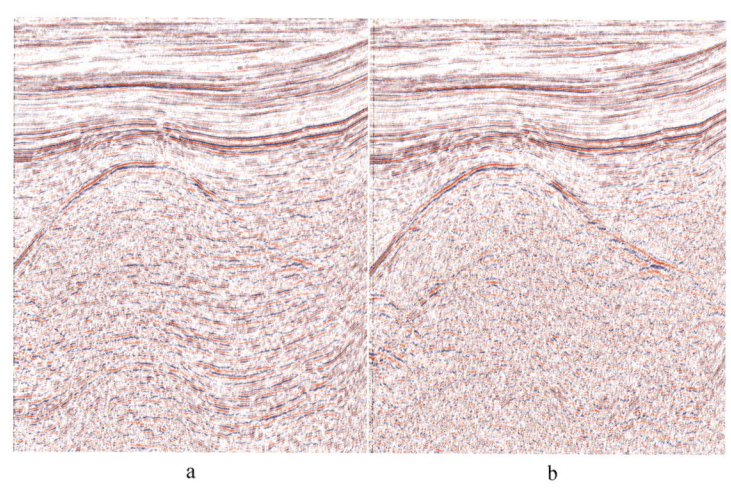

图 2.49　拉东变换多次波衰减前叠加剖面（a）与拉东变换多次波衰减后叠加剖面（b）

4）剔除拟合法去多次波

由于常规多次波压制法在压制多次波的同时，会在一定程度上不符合 AVO 规律，李庆忠设计了一种先剔除再拟合的方法。这一方法要求先对共深度点道集资料作动校正，然后将其作为初始资料进行输入，进行多次剔除和拟合循环操作后，就可以得到可靠性更高的资料。

其思路为：先对 CDP 道集用一次波速度作动校正，以拉平一次波同相轴。选取某一 t_0 时刻，横轴为道号，纵轴为振幅值作图。这时，一次波的振幅随偏移距是渐变的，其形状表现为一个抛物线，如图 2.50 所示

$$A = Rx^2 + P \tag{2.80}$$

式中，P 是一次波振幅；x 是炮点到检波点的距离；R 是曲率。

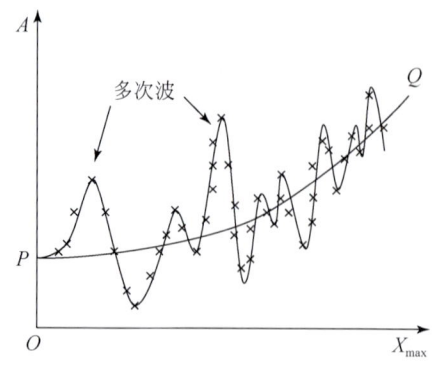

图 2.50　振幅随偏移距变化曲线（万欢，2005）

对 CDP 道集作动校正后，多次波在上图中表现得很不协调。所以，对这些不协调的点进行去除，再进行拟合，就可得到更可靠的数据。先利用最小二乘思想得到首条抛物线，然后计算不协调点的影响，然后剔除距离最大的一些点。剔除一些点后，重复以上过

程，获得新的 P、R 值。剔除道是不固定的，根据误差大小，当剔除了 15% 到 20% 时结束。

（二）基于波动理论的多次波压制方法

这类方法关键在于求得准确的多次波模型，然后将多次波从原始地震数据中自适应减去，从而达到压制多次波的目的，该类方法几乎不需要先验信息就可以对多次波进行很好的压制。

1. SRME 方法

该方法（刘建辉，2010）利用的是 Berkhout 提出的波场矩阵理论和隐式表达式。其中的 $P(z_0)$ 表示在采集面 $z=z_0$ 处记录的信号，它定义了振幅和相位的傅里叶变化量。同时矢量 $S^+(z_0)$ 表示在采集面 $z=z_0$ 处的下行传播震源波场的傅里叶分量。

$$S^+(z_m) = W^+(z_m, z_0) S^+(z_0) \tag{2.81}$$

$S^+(z_m)$ 表示在深度 z_m 处的向下传播的单频震源波场。$W^+(z_m, z_0)$ 表示向下传播的，从 z_m 到 z_0 的传播算子。W^+ 表示一个复数矩阵，每一列代表在深度 z_m 处地震响应的傅里叶算子。如图 2.51 所示。

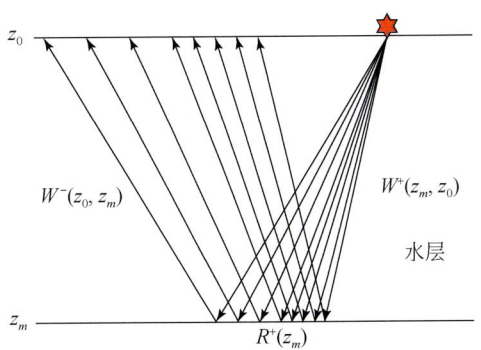

图 2.51 地震波场传播示意图

在深度 z_m 处，记录的向上传播的波场可以表示为

$$P_m^-(z_m) = R^+(z_m) S^+(z_m) \tag{2.82}$$

在深度 z_m 处，记录的向下传播的波场可以表示为

$$P^+(z_m, z_0) = W^+(z_m, z_0) [P^+(z_{m-1}, z_0) + R^-(z_{m-1}) P^-(z_{m-1}, z_0)] \tag{2.83}$$

则在表面 z_0 处记录的上行波场表示为

$$P_m^-(z_0) = W^-(z_0, z_m) P^-(z_m) \tag{2.84}$$

表面 z_0 处记录的下行波场表示为

$$P^+(z_0) = S^+(z_0) + R^-(z_0) P^-(z_0) \tag{2.85}$$

由式 (2.81)、式 (2.82) 和式 (2.84)，可以得出多个反射界面情况下，在自由表面 z_0 处接收的上行波场记录：

$$P^-(z_0) = \sum_{m=1}^{\infty} P_m^-(z_0)$$

$$= \sum_{m=1}^{\infty} W^-(z_0, z_m) P_m^-(z_m)$$

$$= \sum_{m=1}^{\infty} W^-(z_0, z_m) R^+(z_m) S^+(z_m)$$

$$= \left(\sum_{m=1}^{\infty} W^-(z_0, z_m) R^+(z_m) W^+(z_m, z_0)\right) S^+(z_0) \tag{2.86}$$

当忽略除海面外各反射层之间产生的层间多次波时，即 $R^-(z_m) = 0 (m \neq 0)$。利用式 (2.84) 和式 (2.83)，可以得到如下的表达式：

$$P^-(z_0) = \sum_{m=1}^{\infty} W^-(z_0, z_m) R^+(z_m) W^+(z_m, z_0) P^+(z_0) \tag{2.87}$$

当所有的多次波都被忽略时，$R^-(z_0)$ 也为 0，此时将 (2.85) 式代入式 (2.87)，得到只含有一次反射波的波场：

$$P^-(z_0) = \sum_{m=1}^{\infty} W^-(z_0, z_m) R^+(z_m) W^+(z_m, z_0) S^+(z_0) \tag{2.88}$$

设检波器接收到的地震波场为 $P(z_0)$，考虑到检波器虚反射、响应特性等因素，引入检波器算子 $D^-(z_0)$，得到

$$P(z_0) = D^-(z_0) P^-(z_0) \tag{2.89}$$

为了简化推导过程，令

$$X(z_0, z_0) = \sum_{m=1}^{\infty} W^-(z_0, z_m) R(z_m) W^+(z_m, z_0)$$

综合式 (2.85)、式 (2.87) ~ 式 (2.89) 可以得到如下表达式：

$$P(z_0) = D^-(z_0)_0 X^-(z_0, z_0) [S^+(z_0) + R^-(z_0) P^-(z_0)] \tag{2.90}$$

从上式可以看出，表面 z_0 处接受的波场 $P(z_0)$ 由一次波场 $P_0(z_0)$ 和多次波波场 $M(z_0)$ 两部分构成：

$$\begin{cases} P(z_0) = P_0(z_0) + M(z_0) \\ P_0(z_0) = D^-(z_0) P_0^-(z_0) = D^-(z_0) X_0(z_0, z_0) S^+(z_0) \\ M(z_0) = D^-(z_0) X_0(z_0, z_0) [R^-(z_0) P_0^-(z_0)] \end{cases} \tag{2.91}$$

引入表面算子 $A(z_0)$：

$$A(z_0) = [S^+(z_0)] R^-(z_0) [D^-(z_0)]^{-1} \tag{2.92}$$

将式 (2.92) 代入式 (2.91) 得到：

$$P(z_0) = P_0(z_0) + P_0(z_0) A(z_0) P(z_0) \tag{2.93}$$

整理得到

$$P(z_0) = [I - P_0(z_0) A(z_0)]^{-1} P_0(z_0) \tag{2.94}$$

由式（2.93）可以得如下表达式：

$$P_0(z_0) = P(z_0) - \sum_{n=1}^{\infty} (-1)^{n-1} [P(z_0)A(z_0)]^n P(z_0) \quad (2.95)$$

考虑到实际情况，在去除多次波时，往往只需要去除 N 阶多次波，也就是只需去除上式的前 N 项即可，即

$$P_0^{(N)}(z_0) = P(z_0) - \sum_{n=1}^{\infty} (-1)^{n-1} [P(z_0)A(z_0)]^n P(z_0) \quad (2.96)$$

式中，$P(z_0)$ 为记录的原始地震波场；$P_0^{(N)}(z_0)$ 为多地波压制后的波场，仅需估算出表面算子 $A(z_0)$ 即可。通常采用最小能量法，即使得多次波压制后的波场 $P_0^{(N)}(z_0)$ 能量最小，从而求解出 $A(z_0)$。对上式进行近似表达，表达式如下：

$$\begin{cases} P_0^{(N)}(z_0) = P(z_0) - A^{(N)}(z_0)M^{(N)}(z_0) \\ M^{(N)}(z_0) = P_0^{(N-1)}(z_0)P(z_0) \\ P_0^{(0)}(z_0) = P(z_0) \end{cases} \quad (2.97)$$

通常情况下，SRME 方法主要由两部分组成，多次波模型的预测和自适应减。将多次波的预测简化如下：

$$M = P_0 w^{-1} P \quad (2.98)$$

式中，M 为多次波；P_0 为有效反射波；P 为地震记录的数据。ω 表示地震子波。通常情况下，有效波记录是不可知的，预测过程通过迭代法实现。每迭代一次，就得出某一阶次的多次波。

对于自适应减，可以将公式（2.97）中的第一个表达式简化如下：

$$P_0^{(N)}(z_0) = P(z_0) - A \cdot M^{(N)}(z_0) \quad (2.99)$$

上式中，使有效波数据 P_0 的能量最小以求取滤波因子 A。这一过程由最小平方滤波（维纳滤波）来实现。该方法理论有 Wiener 和 Levinson 提出。并由 Norbert Wiener 对此方法做了详细的阐述。如图 2.52 为 SRME 方法压制多次波前后叠加剖面对比，可见该方法对多次波有很好的衰减作用（刘建辉，2010）。

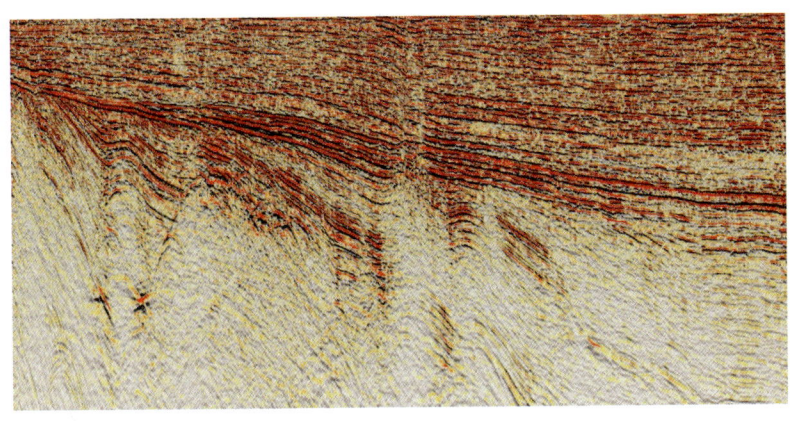

a

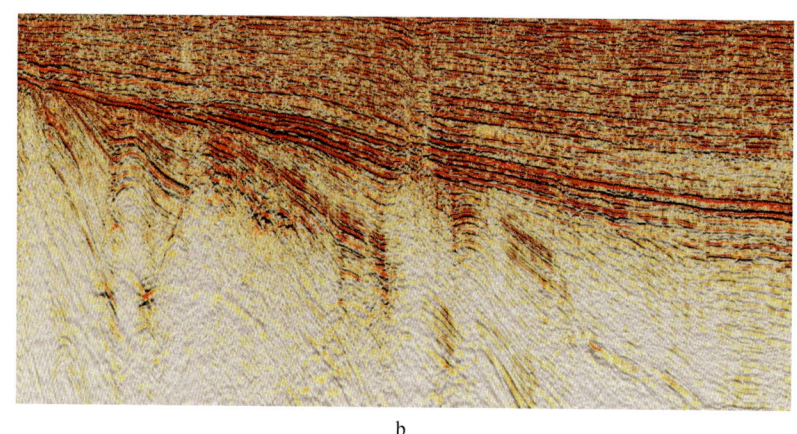

图 2.52　原始叠加剖面（a）与 SRME 后叠加剖面（b）

在浅水环境下，由于采集得到的地震数据中缺失近偏移距数据，因此接收的地下反射信息中缺失预测多次波的有效反射。同时许多高阶的多次波也广为发育。因此，在浅水环境下，对这些多次波的模拟，仅仅通过简单的迭代是不能实现的。

下面介绍 SRME 方法压制多次波的关键技术。

1）近偏移距波场外推技术

如图 2.53，波动方程压制多次波时，可以完全没有地下信息，然而严格要求所有的子反射是已知的。如果存在子反射未知或误差存在，将不能准确预测多次波，尤其近偏移距缺失时，效果很差。一般情况下，震源和排列中的首个检波器的距离往往是不一致的，这样的话，近偏移距处进行外推显得尤为必要。

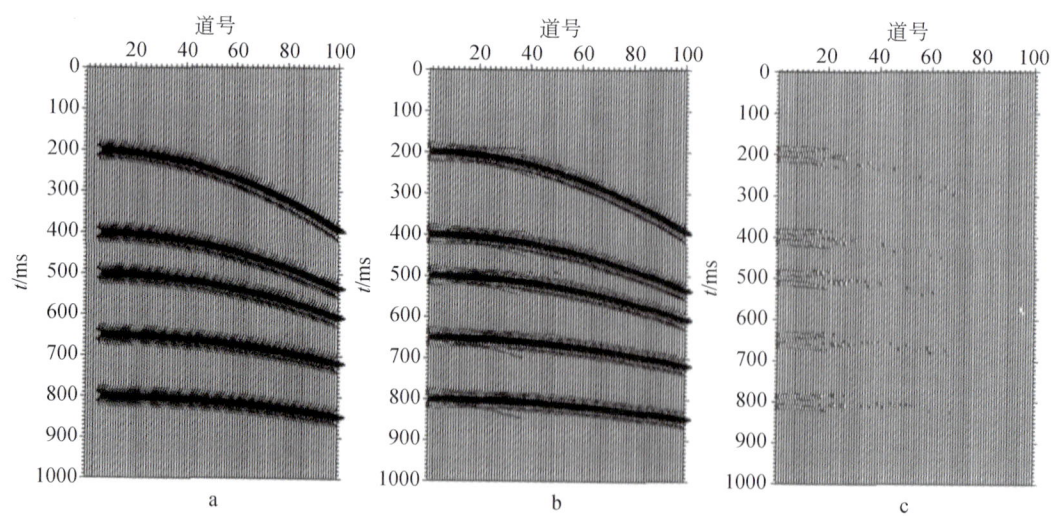

图 2.53　抛物线拉东变换的近偏移距数据外推结果分析（张军华等，2010）

a. 理论模型（近偏移距缺失）；b. 结果；c. 误差

这些年，数据外推方法发展很大，种类繁多，比如预测误差滤波法、趋势样条插值法、反假频方法和非均匀傅里叶变换法等（黄新武等，2003）。然而这些方法也存在很多不足之处，要想很好的外推近偏移距波场，可以选择利用频域抛物线拉东变换（Zhan et al.，2008）进行外推。

2) 提取震源子波

去除多次波前，需要先将震源子波的影响去掉。因为无论选用何种方法，震源子波和多次波是同时存在的，然而实际上我们记录得到的多次波却只是含有一个震源子波，所以必须先彻底去除震源子波的影响。远场子波处理子波是理想状态下的，主要去除仪器响应、虚反射和气泡等海水层的影响。有远场子波资料时，可直接用来消除震源子波影响。但远场子波在浅海处不易获得，这时就需要从原始记录中提取子波。

目前用得比较多的远场子波提取方法是自相关法和谱模拟法。谱模拟法提取子波主要参考 Rosa 计算公式（Rosa and Ulrych，1991）

$$|W(f)|=|f|^k e^{H(f)}, k \geqslant 0 \tag{2.100}$$

式中，$H(f)$ 可用一个多项式来逼近。

3) 均衡伪多道算法

海底反射系数、相位和时间不同会使得求得的多次波波场和实际记录波场中的多次波波场振幅有所不同，这可能是由于海底界面变化多样造成的，尤其是在薄互层界面复杂时。Monk 提出的约束均衡法（Monk，1993）可以改善这三种误差。

多次波模型为

$$m(t)\int_0^\infty A(\omega)\cos[\omega t+\theta\omega]\mathrm{d}w \tag{2.101}$$

则其希尔伯特变换道为

$$m^H(t)\int_0^\infty A(\omega)\sin[\omega t+\theta\omega]\mathrm{d}w \tag{2.102}$$

数据道 $y(t)$，经推导后表示为

$$y(t)=\omega_1 m(t)+\omega_2 m'(t)+\omega_3 m^H(t)+\omega_4 m'^H(t) \tag{2.103}$$

式中，$m'(t)$ 为 $m(t)$ 的导数。

$$\begin{aligned}\omega_1&=\alpha(\omega)\cos[\phi(\omega)]/A(\omega) & \omega_2&=\alpha(\omega)\tau(\mathrm{t})\cos[\phi(\omega)]/A(\omega)\\ \omega_3&=\alpha(\omega)\sin[\phi(\omega)]/A(\omega) & \omega_4&=\alpha(\omega)\tau(\mathrm{t})\sin[\phi(\omega)]/A(\omega)\end{aligned} \tag{2.104}$$

上面的四个导数值是和时移、振幅及相位差异相关的四个分量的权系数，通过改变它们的值，便可以达到改善多次波在振幅、相位和时移的差异，图 2.54 便是消除多次波前后的剖面对比。

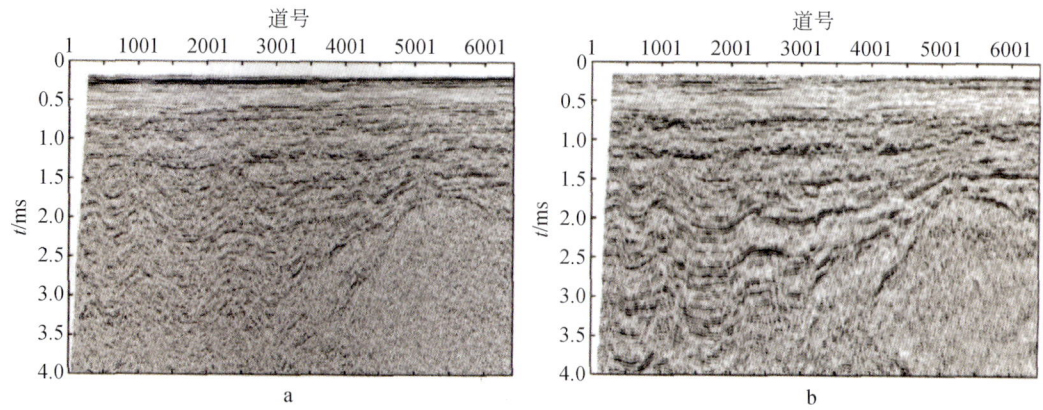

图 2.54 处理效果比较（张军华等，2010）
a. 原始叠加剖面；b. 消除多次波后的剖面

2. SWD 方法

浅水去多次波（SWD）技术首先在海底附近一次反射波信息的基础上利用多道预测算子和 SRME 褶积方式来推算浅水多次波模型，然后利用自适应消去法使多次波衰减。

若浅海所记录的一次反射波为 P_0，P_0 所在时窗小于海底反射时间的二倍。因第一阶多次波到达时间为两倍海底反射时间，所以可以认为在这个时窗内没有多次波。例如，海底反射时间 100ms，P_0 应选取小于 200ms 的海底附近记录数据。

首先，多次波模型的建立是基于 SRME 褶积原理，如果地震记录是 D，S^{-1} 表示反震源子波。则如图 2.55a 所示，电缆一端的海底相关多次波（部分海底浅层相关多次波也含于其中）模型为 M_r 为

$$M_r = -S^{-1} \otimes D \otimes P_0 \tag{2.105}$$

如图 2.55b 所示，震源一端的海底相关多次波模型 M_s 为

$$M_s = -S^{-1} \otimes P_0 \otimes (D - P_0) \tag{2.106}$$

如图 2.55c 所示，同时含有震源一端与电缆一端海底的相关多次波模型 M_{sr} 预测多进行了一次，为

$$M_{sr} = -S^{-2} \otimes P_0 \otimes D \otimes P_0 \tag{2.107}$$

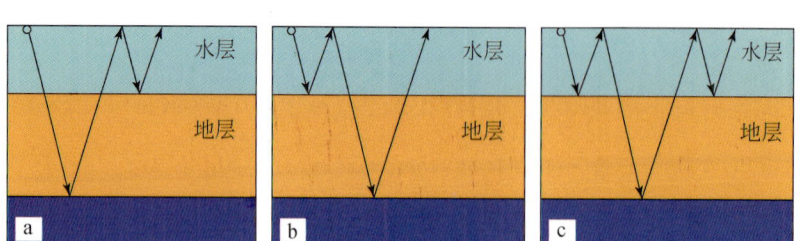

图 2.55 海底反射多次波示意图

减去多余的一次 M_{sr} 后，这样，由式（2.105）~式（2.107），海底相关多次波模型就

变成

$$M = M_s + M_r - M_{sr}$$
$$= -S^{-1} \otimes P_0 \otimes (D-P_0) - S^{-1} \otimes D \otimes P_0 - S^{-2} \otimes P_0 \otimes D \otimes P_0 \quad (2.108)$$

与 SRME 法相似，这一表达式包含反震源子波 S^{-1}，由于应用 SRME 法，反震源子波 S^{-1} 是估算获得的，所以会产生一定程度的不准确性。

若使用 SWD 法，可估算预测算子 F，而不是估算反震源子波 S^{-1}。即令 $F = S^{-1} \otimes P_0$，则式（2.108）可以表示为

$$M = -F \otimes (D-P_0) - F \otimes D - F \otimes D \otimes F \quad (2.109)$$

则有效波 P 可以表示为

$$P = D - M = D + F \otimes (D-P_0) - F \otimes D - F \otimes D \otimes F \quad (2.110)$$

利用式（2.110），最小化有效波 P 的能量便可得到估算预测算子 F。然后，根据式（2.109）得到多次波模型 M，最后，在偏移距域或 CDP 域内，采用自适应法消去多次波，类似于 SRME 法，如下式：

$$P = D - f \otimes M \quad (2.111)$$

一般情况下，预测算子由多道法求得。将式（2.109）代入到式（2.111）中，可得到：

$$P_i = D_i - f\left(-F_j \otimes \left(\sum_j D_{i,j} - \sum_j P_{0i,j}\right) - F_j \otimes \sum_j D_{i,j} - F_j \otimes \sum_j D_{i,j} \otimes F_j\right) \quad (2.112)$$

此即为在多道预测算子与海底浅层信息的基础上使用浅水多次波衰减的方法原理，其优点包括无需重新构造海底反射层，无需估算反震源子波 S^{-1} 并且水深、速度等信息也可以没有，完全受数据驱动。所以上述方法能够更加准确地预测浅水条件下的多次波模型。

如图 2.56 为 SWD 方法压制多次波前后叠加剖面对比，可见该方法对多次波有很好的衰减作用。

a

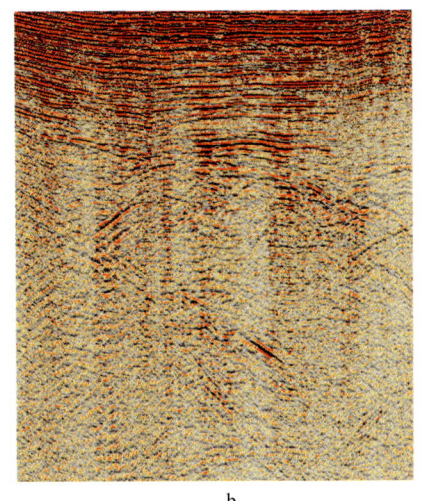
b

图 2.56　原始叠加剖面（a）与 SWD 后叠加剖面（b）

3. MWD 方法

MWD（模型浅水去多次波）算法源于对 SRME 算法的改进，通过构建水底的有效反射，从而恢复与水层相关的多次波，最后实现多次波的压制。在构建水底的有效反射时，是根据已知的水层情况，包括水深，水层中的传播速度等参数，建立一个水层模型，通过模拟水底有效反射的格林函数，从而实现有效反射的构建。构建好水底格林函数之后，与原始记录的地震数据褶积，就能得到预测出的多次波数据。

采用常规 SRME 时，多次波 M 可由下式来预测。

$$\begin{cases} M_{i+1} = D \otimes P_i \\ P_{i+1} = D \Xi M_{i+1} \end{cases} \quad (2.113)$$

式中，$\otimes$ 表示褶积；Ξ 则表示自适应相减。而 MWD 算法就对上式中多次波预测公式做以修改，用格林函数 G 代替预测公式右侧的有效反射数据 P_i。具体的格林函数公式可以通过波动方程推导出来。格林函数的构建如图 2.57 所示。

$$G_0(s, r; \omega) = \int_{\tau(x)} G(s, r; \omega) R(s, r; \omega) G(s, r; \omega) \mathrm{d}k \quad (2.114)$$

式中，$\tau(x)$ 为海底反射界面；R 为界面反射系数。

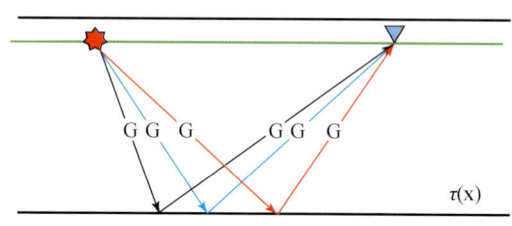

图 2.57　格林函数构建示意图

构建好格林函数之后，用格林函数与原始数据褶积，就能预测出多次波。由于此格林函数只是表示水底有效反射的传播路径，故褶积之后所得到的多次波是与水层相关的多次波。经过自适应相减，能消除掉的也仅仅是和水层相关的多次波。

在海上地震采集中，由于近偏移距数据的缺失，加上接收到的有效反射被折射波及其他干扰波的干扰，使得 SRME 方法不能用来消除数据中的多次波。而 MWD 方法可以通过构建水底的有效反射之后实现与水层相关多次波的消除压制。

$$M(x_r, x_s, \omega) = \sum_{x_k} G_0(x_r, x_k; \omega) D(x_k, x_s; \omega) \quad (2.115)$$

式中，G_0 为所构建的水底格林函数；D 为记录的原始地震数据；M 为预测的多次波数据。对于海上数据，可以通过构建零偏移距到最小偏移距之间的格林函数 G_0 来实现其他偏移距数据中多次波 M 的准确预测。预测的示意图 2.58 如下。

其中蓝色线表示记录的原始地震数据，红色表示构建的水层格林函数。地震波场传播路径如蓝色箭头所示，格林函数传播路径如红色箭头所示。可见，MWD 法可准确预测出和水层相关的多次波。然后，通过做差便可得到去掉多次波的有效反射。如图 2.59 为 MWD 方法压制多次波前后叠加剖面对比，可见该方法对多次波有很好的衰减作用。

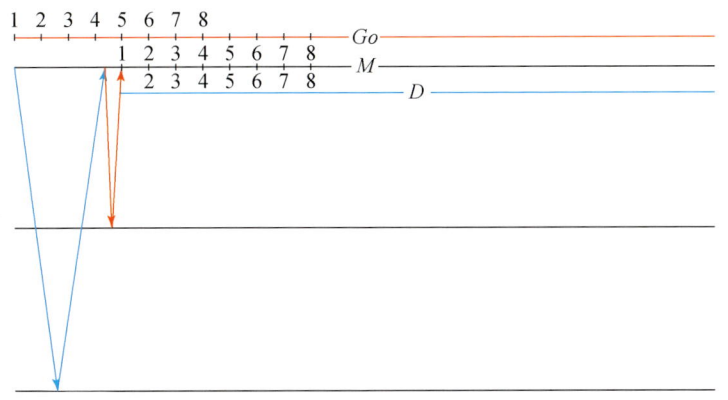

图 2.58 多次波预测示意图

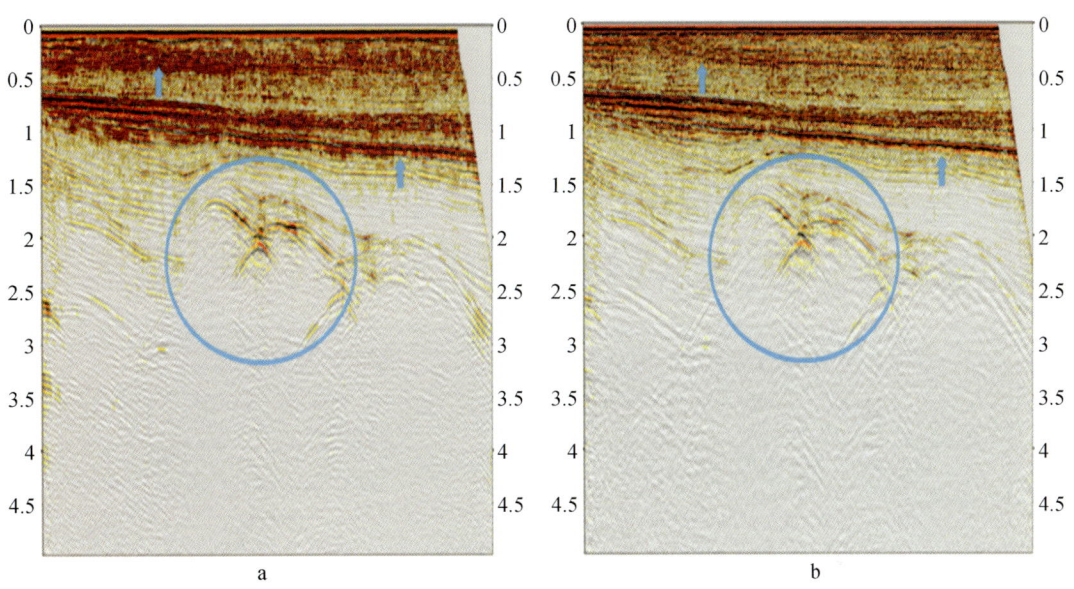

图 2.59 原始叠加剖面（a）与 MWD 后叠加剖面（b）

4. 逆散射级数法多次波压制

逆散射级数法预测多次波是通过寻找特定子级数序列来实现的。可通过单频微分方程获得实际介质的波场脉冲响应和参考介质的波场脉冲响应：

$$LG = -\delta(r-r_s) \tag{2.116}$$

$$L_0 G_0 = -\delta(r-r_s) \tag{2.117}$$

实际介质和参考介质的微分算子分别由 L 和 L_0 表示，实际介质和参考介质的格林函数分别由 G 和 G_0 表示，G 和 G_0 分别是矩阵 G 和 G_0 的一个频率切片，由震源位置 r_s、波场位置 r 和频率 ω 决定。G 和 G_0 分别满足：

$$LG = -I \tag{2.118}$$

$$L_0 G_0 = -I \tag{2.119}$$

式中，I 为单位向量算子，则可定义扰动算子 V 和散射场 G_s 为

$$V = L - L_0 \tag{2.120}$$

$$G_z = G - G_0 \tag{2.121}$$

与 G 不同，G_0 本身并不是格林算子。实际介质的散射场 G_s 和 V 之间的关系为

$$G_z = G - G_0 = G_0 V G \tag{2.122}$$

该式对任意 r 和 r_s 均成立。

Lippmann-Schwinger 方程可由线性二维声波方程推出，为

$$G(r, r_s; \omega) = G_0(r, r_s; \omega) + \int_{-\infty}^{+\infty} G_0(r, r'; \omega) k_0^2 a(r') G(r', r_s; \omega) \mathrm{d}r' \tag{2.123}$$

G_0 和 V 表示的散射场 G_s 由 Lippmann-Schwinge 方程及其迭代式给出。若测量位置在扰动区外，那么 G_s 与测量数据 D 对应。由测量数据 D 来确定 V 及其所对应的物性特征则是反问题要解决的。通过不同阶次的 D 组合得到 V 的级数解就是逆散射级数。V 的级数解可以表示为

$$V = V_1 + V_2 + V_3 + L = \sum_{n-1} V_n \tag{2.124}$$

这里为 V_n 关于 D 的 n 次方项。获得整个 V 的技术基于"同阶相等"原理。得到 V 的级数与参考介质后，实际介质的物性参数也就获得了，这样逆散射级数的反演也就实现了。

就海洋地震勘探的观测系统而言，图 2.60 中，参考介质是具有声学性质的半空间水体，$z=0$ 处是空气和水的界面。二维介质已知，(x_s, ε_s) 和 (x_g, ε_g) 分别表示震源和检波器位置。震源和检波器在水下的深度分别是 ε_s 和 ε_g。观测系统中的格林函数 G_0 可以分为 G_0^d 和 G_0^{fs} 两个部分。震源的格林函数是 G_0^{fs}，其随自由表面的存在而出现。在散射级数的正演过程中，产生鬼波和自由表面多次波的源项是 G_0^{fs}，所以，在反演时可用 G_0^{fs} 去除鬼波和自由表面多次波。$D = \Lambda_s G_0 V_1 G_0 \Lambda_g$ 中，若用 G_0^d 替代 G_0，其中的鬼波将被去除，由于 G_0^{fs} 项消失了。在 k_g-k_s-ω 域中，通过除以 G_0 再乘以 G_0^d 来完成这个替代过程。去除鬼波后的数据 D' 可以表示为

$$\Lambda_s G_0 V' G_0 \Lambda_g = \sum_{n-1}^{\infty} \Lambda_s G_0^d V_n' G_0^d \Lambda_g = \sum D_n' = D' \tag{2.125}$$

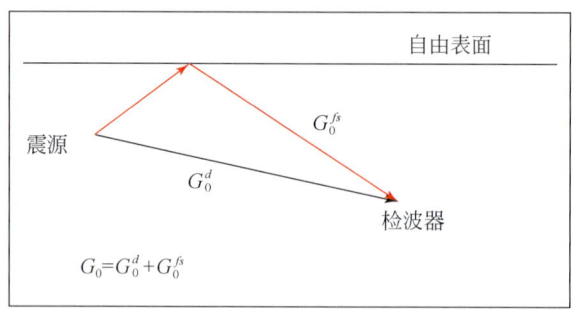

图 2.60　海上观测系统模型及其参考介质格林函数的构成

然后可用 G_0^{fs} 来重新构造一个 V 的子级数 V'，其以 V_1 为起始项，此子级数可去除自由表面多次波。则自由表面相关多次波衰减算法就变成了

$$D'_n(k_g, k_s; \omega) = \frac{1}{i\pi\rho_r s(\omega)} \int_{-\infty}^{+\infty} dk q e^{iq(\varepsilon_g+\varepsilon_s)} D'_1(k_g, k_s; \omega) D'^*_{n-1}(k_g, k_s; \omega), \quad n = 2, 3, \cdots$$
(2.126a)

$$D'(k_g, k_s; \omega) = \sum_{n=1}^{\infty} D'_n(k_g, k_s; \omega) \tag{2.126b}$$

式中,$s(\omega)$ 为震源特征;ρ_r 为参考介质密度;*表示共轭,其他参考意义和前面相同。逆散射级数自由表面多次波 D'_{multiple} 的预测公式如下。

$$D'_{\text{multiple}}(k_g, k_s; \omega) = \sum_{n=2}^{\infty} D'_n(k_g, k_s; \omega) \tag{2.127}$$

此时,ISS 多次波预测方法利用的是全波场数据,并且是在频率-波数域进行的,计算时,重新排列数据的空间分布,去除多次波前的剖面和预测结果如图 2.61 和图 2.62。

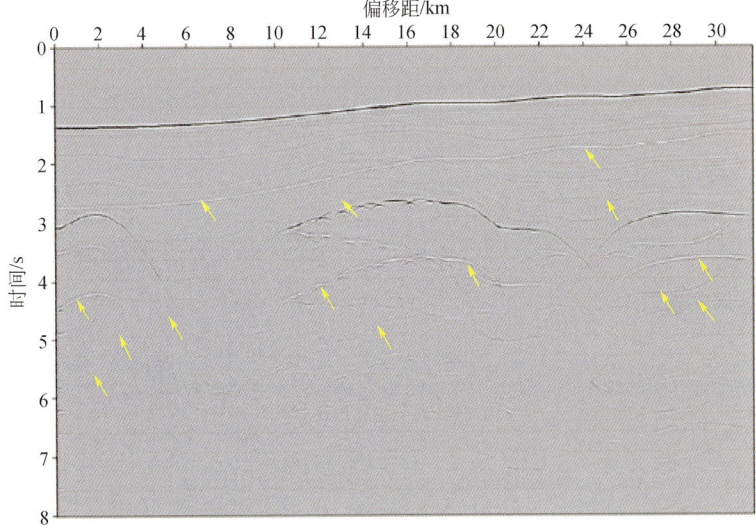

图 2.61 自由表面多次波去除前的零偏移距道集剖面(陈小宏、刘华锋,2012)

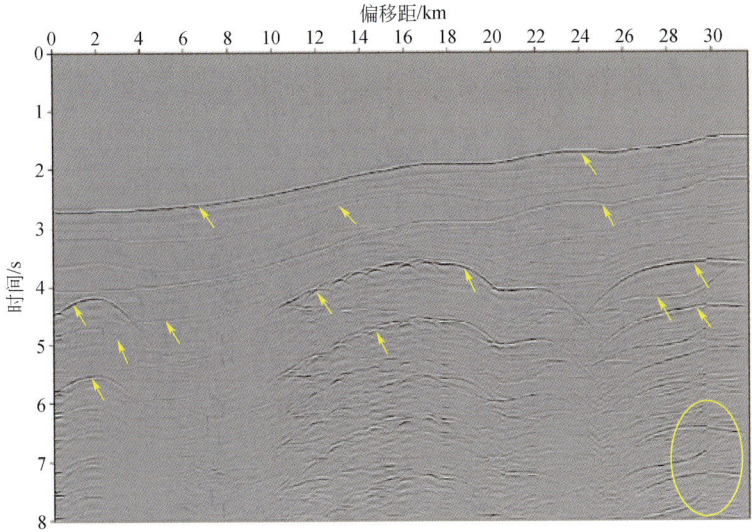

图 2.62 2D 逆散射级数法预测出的多次波记录零偏移距道集剖面(陈小宏、刘华锋,2012)

5. 波场外推压制多次波

通过波场外推,可预测多次波并将其去除。若不考虑海底反射系数变化及地形复杂性,海底深度已知时,使用该法,与海底有关的多次波可较好地进行预测。

下行延拓方程:

$$P^+(x,y,z_m,\omega) = W^+(x,y,\Delta z_m,\omega) \cdot P^+(x,y,\Delta z_{m-1},\omega) \quad (2.128)$$

上行延拓方程:

$$P^-(x,y,z_{m-1},\omega) = W^-(x,y,\Delta z_m,\omega) \cdot P^-(x,y,\Delta z_m,\omega) \quad (2.129)$$

式中,P^+、P^-为下行和上行波场。我们可以把W^+、W^-定义为下行和上行空间脉冲响应或称为空间子波。

利用自适应法使多次波衰减时,用最小二乘估算而不是反射系数恢复更为稳健。将各频率成分合并,把要预测的多次波反变换到时间域:

$$M(x,y,z_m) = FT^{-1}F_m \quad (2.130)$$

利用最小二乘思想来估算出滤波算子,为了使去掉多次波后的数据能量达到最小:

$$E = \sum_{x,y,z_m} \left[P_0(x,y,z_m) - a_m \cdot M(x,y,z_m) \right]^2 \to \min \quad (2.131)$$

式中,P_0为输入数据;a_m为滤波算子。

从上面讨论可知,海洋地震资料处理的难点就是多次波的处理问题,特别是浅水及深浅水过渡带等环境,海上地震记录多次波压制前后及差值如图2.63所示。多次波压制效果的好坏,会直接影响偏移速度分析的准确程度,复杂地质构造和小断层的成像效果,波组特征刻画的精确度等。压制多次波的方法有很多,不同方法适用于不同特征的多次波,在实际处理过程中需要根据工区内多次波的特点选择不同的方法,除此之外,还可以联合多种多次波压制方法对多次波进行压制。

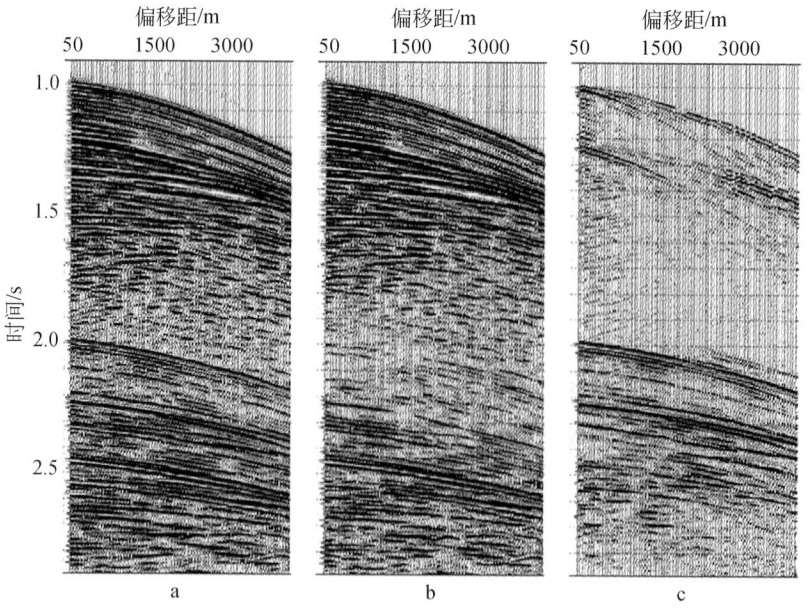

图2.63 海上地震记录多次波压制前后及差值(李丽君,2011)

a. 多次波压制前;b. 多次波压制后;c. 差值

预测反褶积方法主要是针对短周期多次波设计，所以在浅水区，特别是复杂地层结构，预测反褶积能很好地压制鸣震；而拉东变换法不能处理短周期多次波，特别是在近炮检距时，但却能很好地压制全程多次波，这些多次波与反射波时差较大；SRME 法要求非常近的炮检距数据，但是这些数据除了外推法很难获得。水深太浅时，海底反射的临界角随炮检距变化很快，这里主要记录的是折射波而不是反射波，可以用来预测多次波模型的实际近道数据很少。所以一般情况下，SRME 法用于压制长周期多次波，对于短周期多次波的压制，不能实现很好的压制效果。利用模型衰减浅水多次波首先需要计算地震数据自相关来获得浅水模型，然后对多次波模型进行预测，最后进行自适应衰减，以压制多次波。此法可解决部分短周期多次波的压制问题，该方法的缺点在于，对除去海底深度、速度等其他信息依赖较大，所以压制效果不尽如人意；在浅水压制多次波的方法，先利用多道预测算子与 SRME 褶积方式来计算得到浅水海底相关多次波模型，然后用自适应法做差以达到多次波衰减的目的，此法不受速度、水深等信息影响，完全由数据决定。在短周期多次波的压制上，效果比预测反褶积好，特别是海底相关多次波，且能很好处理不同海域和不同复杂构造等的地震资料。

四、OBC 双检合并技术

OBC 采集是将电缆铺设到海底的地震作业方式，它既适应滩浅海作业环境，又不受海上障碍物（如钻井平台等）的影响，但是，由于海面（海水和空气的界面）反射系数接近 -1，电缆铺设在海底产生的检波点鬼波造成地震资料频谱存在严重陷波现象，影响地震资料的分辨率，为此，OBC 采集通常采用水、陆双检的作业方式，衰减陷波对地震资料的影响。

对于 OBC 水、陆双检作业方式，其中的水检检波器为压力检波器，记录的信号仅与检波器受到的压力相关，与方向无关，对于两个能量相同、方向相反的信号，水检检波器记录的信息完全相同；陆检检波器为速度检波器，具有方向性，对于两个能量相同、方向相反信号，陆检检波器记录的信息能量相同、方向相反。地层反射的上行波，被水、陆检检波器直接接收的信号，称为有效波；继续向上传播，经海平面反射后，再次被水、陆检检波器接收的信号，称为检波点鬼波（图 2.64）。由于海平面反射系数接近 -1，有效波经海平面反射后，极性反转，同时，由上行波转变为下行波，因此，对于水检检波器来说，其记录的有效波和检波点鬼波能量相同、方向相反（图 2.65）；对于陆检检波器来说，其记录的有效波和检波点鬼波能量相同，方向也相同（图 2.65）。同时，水、陆检检波点鬼波的周期与检波点水深相关，均为 $t=(2z)/v$，其中，t 为检波点鬼波周期，v 为水速，z 为检波点水深。OBC 资料处理正是利用水、陆检资料所记录的检波点鬼波周期相同、方向相反的特性衰减检波点鬼波的影响。但在实际生产中，由于水检与周围的水体耦合性好，检测压力场；陆检需要垂直放置，耦合性不好，检测速度场。二者记录不同的物理属性，耦合特性不同，具有不同的敏感性，导致二者记录的数据具有不同的相位和振幅特性。因此，简单的水、陆检资料求和并不能衰减检波点鬼波，必须对水、陆检资料进行特殊处理，交叉鬼波法求取刻度算子流程如图 2.66 所示。

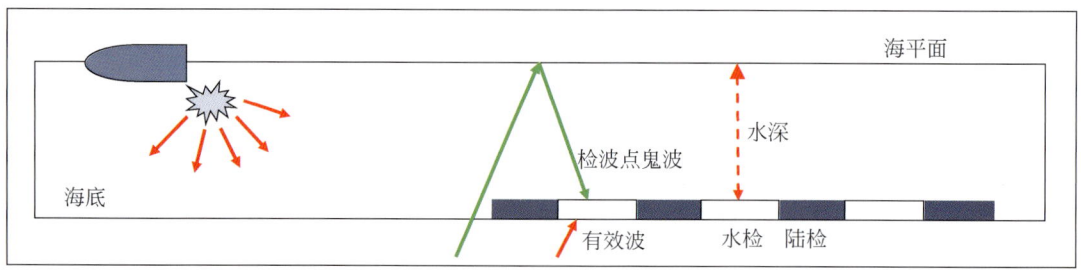

图 2.64　OBC 水、陆检检波器接收波场示意图

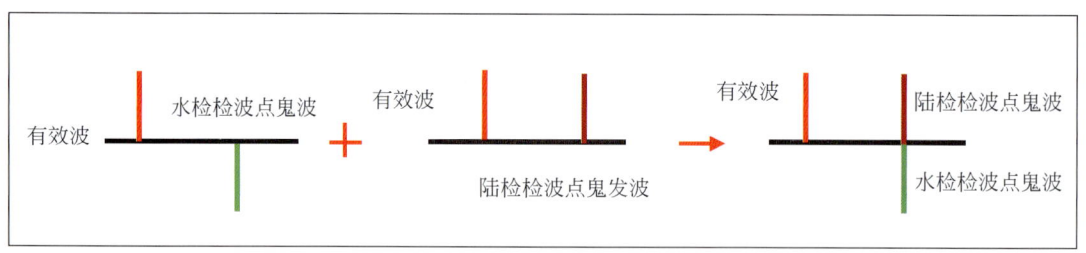

图 2.65　水、陆检合并衰减鬼波处理原理示意图

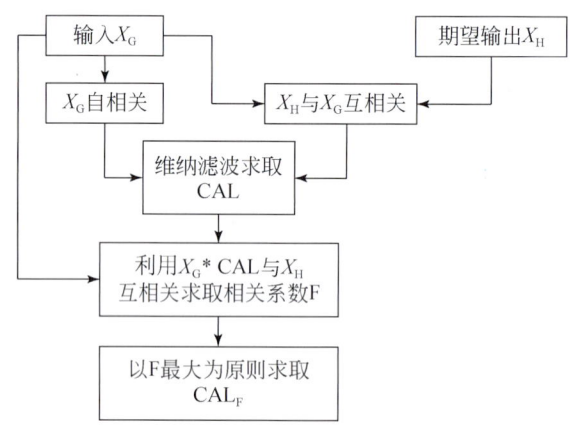

图 2.66　交叉鬼波法求取刻度算子流程图

随着 OBC 作业方式的推广，OBC 双检资料处理技术也得到了快速的发展其中，Soubaras 和黄中玉（1992）提出的 OBC 交叉鬼波化双检合并技术在渤海多个浅水 OBC 区块双检资料处理中取得了较好的效果。交叉鬼波化双检合并技术是在水检资料和陆检资料中分别加入陆检鬼波和水检鬼波，消除两者记录波场差异，然后通过水陆检标定、上下波场分离和自适应叠加衰减鬼波的一种技术，其中，水陆检标定是关键。

海底电缆双检接收波场如图 2.64 所示，陆检测量速度场变化，水检测量压力场变化，水、陆检接收信号可表示为

$$H = w(t)_H P, G = w(t)_G V \tag{2.132}$$

式中，H、G分别表示水、陆检接收信号；P、V分别表示海底压力场和速度场；$w(t)_H$表示陆检脉冲响应和耦合因素；$w(t)_G$表示水检脉冲响应。在海底附近有

$$P=U+D,\ V=U-D,\ D\approx -ZU \tag{2.133}$$

式中，U表示上行波场；D表示下行波场；Z表示水层的双程传播算子。因此，可得到

$$P=(1-Z)U, V=(1+Z)U \tag{2.134}$$

将式（2.134）带入式（2.132）可得到

$$H=w(t)_H(1-z)U, G=w(t)_G(1+Z)U \tag{2.135}$$

由于水深是已知的，可分别计算得到水检和陆检的鬼波响应，将水检资料与陆检鬼波褶积，陆检资料与水检鬼波褶积，得到

$$H=w(t)_G(1+z)U\cdot(1-Z), X_H=w(t)_H(1-Z)U\cdot(1+Z) \tag{2.136}$$

式中，X_G表示水检资料与陆检鬼波褶积结果；X_H表示陆检资料与水检鬼波褶积结果；$(1-Z)$表示水检鬼波响应；$(1+Z)$表示陆检鬼波响应。

由式（2.136）可以知道，双检交叉鬼波化处理后，水检资料和陆检资料记录波场相同。

通常水检资料信噪比要高于陆检资料，因此，在利用维纳滤波方法求取刻度算子的过程中，以X_G为输入，X_H为期望输出。利用刻度算子对陆检资料进行匹配，消除水、陆检资料间仪器响应和耦合情况的差异。

$$R_{X_GX_G}\text{CAL}=R_{X_HX_G} \tag{2.137}$$

式中，$R_{X_GX_G}$表示X_H的自相关；$R_{X_HX_G}$表示X_H与X_G的互相关；CAL表示刻度算子。

由于计算水、陆检鬼波响应所用的水层双程传播因子Z存在误差，因此，对一定误差范围内的Z值进行扫描，得到相应的刻度算子，并求取相关系数F：

$$F=R_{(X_G\cdot \text{CAL})X_H} \tag{2.138}$$

式中，F表示利用标定后的陆检资料$X_G\cdot$CAL与水检资料X_H互相关得到的系数。

以相关系数F最大为原则，求取最终的刻度算子CAL_F，其流程如图2.66所示。利用CAL_F对陆检资料进行标定，并与水检资料求和，最终求得消除检波点鬼波影响后的上行波场：

$$U=\frac{G+\text{CAL}_F}{2}+\frac{H}{2} \tag{2.139}$$

1）数据选择

刻度算子求取所需数据是置完定位数据的水、陆检数据，已进行适度噪声衰减处理，未做振幅补偿。同时为保证求取刻度算子的准确性，最好选取近偏移距、浅层频带较宽的数据。

2）叠加处理

对1）中的数据进行共检波点叠加。图2.67a和图2.67b分别为求取的水检和陆检资料的共检波点叠加剖面及其对应频谱。

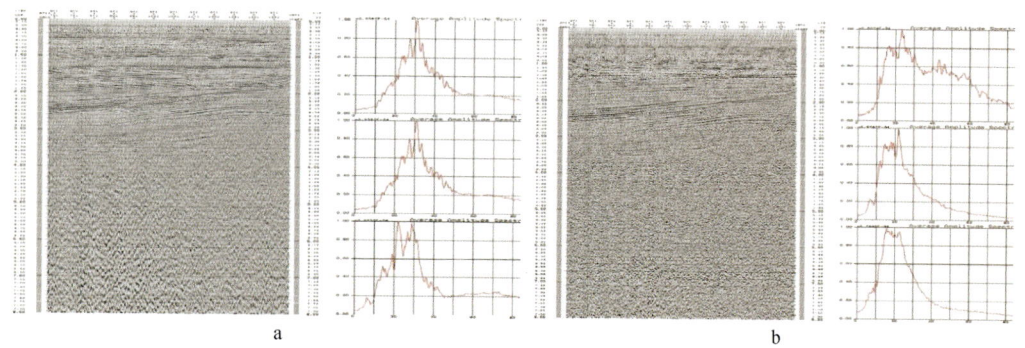

图 2.67　水、陆检资料共检波点叠加及其频谱
a. 水检；b. 陆检

3）计算水深

根据水陆检共检波点叠加数据计算水深。图 2.68 为水深质控显示。

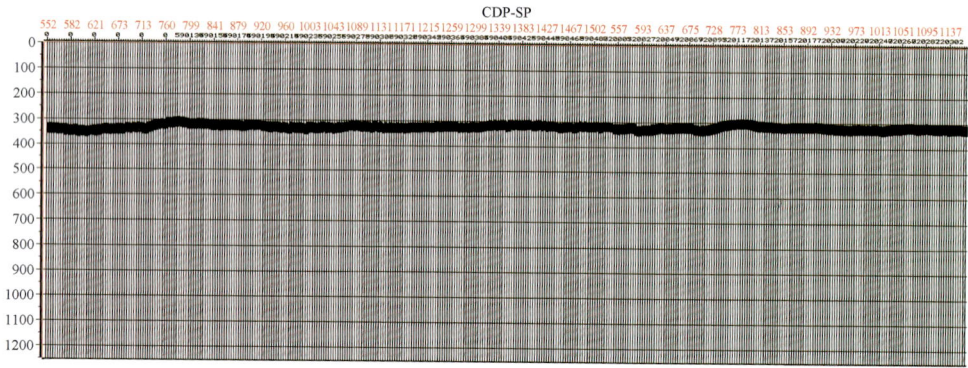

图 2.68　水深曲线

4）刻度算子求取

计算得到的刻度算子及其对应的相关系数，如图 2.69 所示。若相关系数值在 500 以上，则刻度算子合格，相关系数达到 1000 时，则为最佳数据。

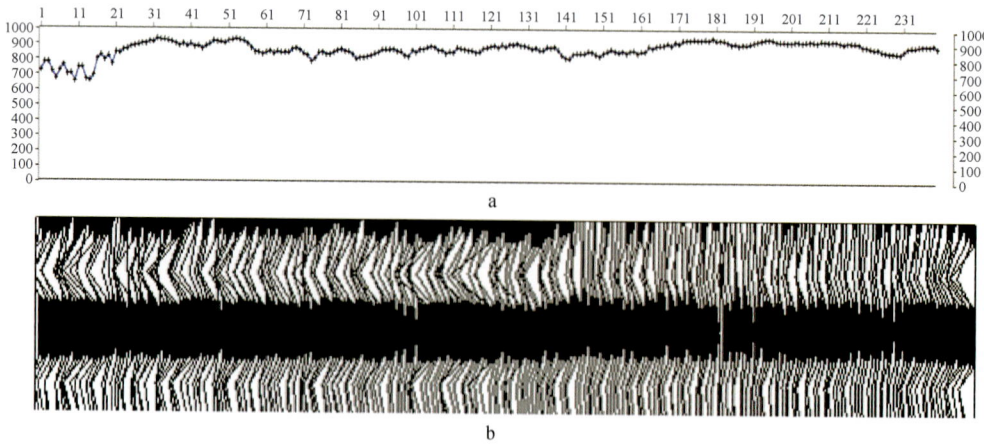

图 2.69　刻度算子及其对应的相关系数
a. 相关系数；b. 刻度算子

5）刻度算子应用

刻度算子的应用是指将求得的刻度算子应用到陆检数据中，以使其物理属性与水检资料相匹配，图 2.70 显示了刻度前后的陆检资料叠加剖面。

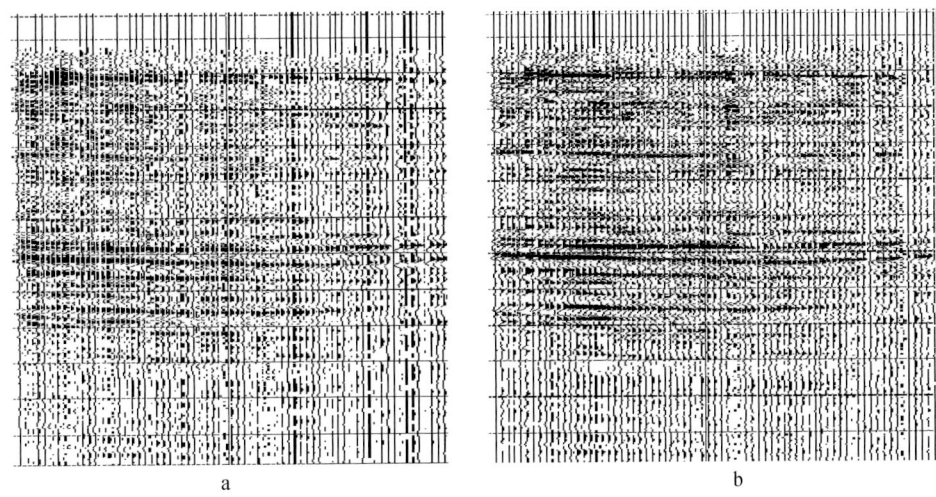

图 2.70　刻度算子应用前后陆检资料叠加剖面对比
a. 陆检资料原始叠加；b. 刻度后陆检资料叠加

6）合并

将刻度后的陆检资料与水检资料合并，可有效压制检波点鬼波。图 2.71、图 2.72 分别显示了水、陆检资料合并前后的叠加剖面和其对应的频谱，可明显看到双检合并后，地震资料的波组和分辨率得到改善，由鬼波造成的频谱陷波现象减弱。

接下来，对于 OBC 资料，双检合并后还需要进行振幅补偿处理、反褶积处理、静校正处理、偏移处理等。反褶积处理的目的是压制鸣震，图 2.73 显示了反褶积前后的叠加剖面。

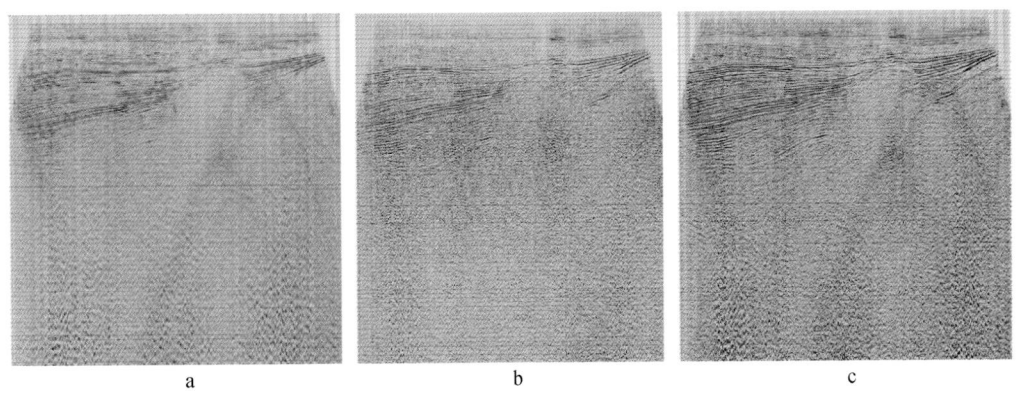

图 2.71　水、陆检合并叠加剖面
a. 水检叠加；b. 陆检叠加；c. 水陆合并叠加

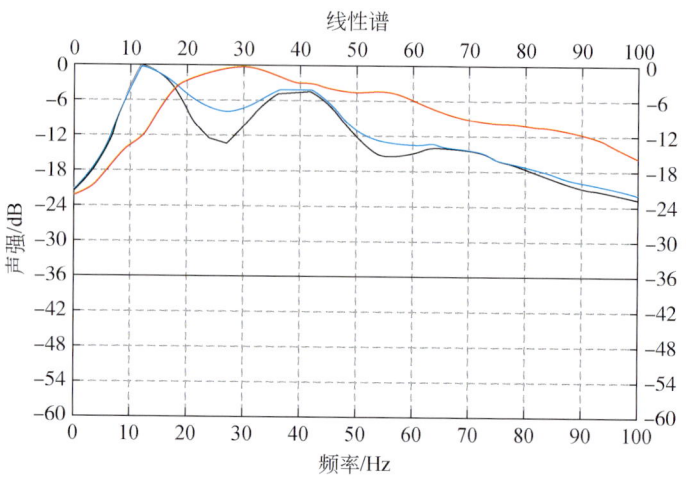

图 2.72 水、陆检资料合并前后的频谱对比

黑线为水检;红线为陆检;蓝线为双检

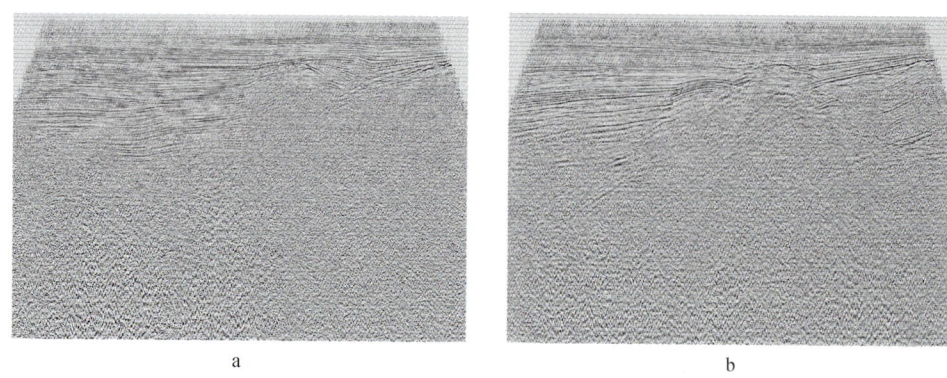

图 2.73 水、陆检合并后反褶积对比

a. 反褶积前;b. 反褶积后

剩余静校正处理弥补了海底电缆资料定位处的精度不足的限制,图 2.74 显示了剩余静校正前后的叠加剖面。

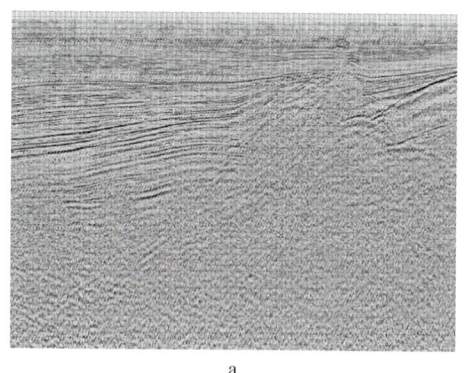 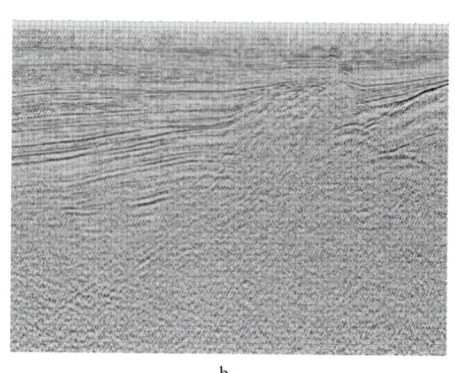

图 2.74 剩余静校正对比

a. 剩余静校正处理前;b. 剩余静校正处理后

图 2.75 显示了双检资料处理偏移剖面和单独应用水检资料处理偏移剖面。可明显看到双检资料处理偏移剖面波组特征更加清晰，分辨率更高，层间反射和断点成像也有明显提高。

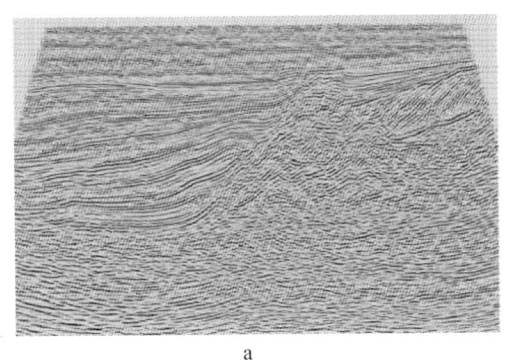 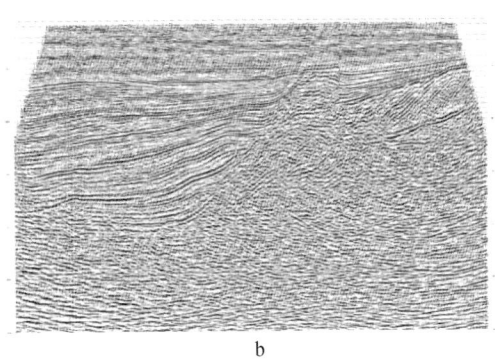

图 2.75 水检偏移剖面和双检偏移剖面对比
a. 水检 PSTM； b. 双检 PSTM

海底电缆水陆检地震资料合并处理压制鬼波技术已经比较成熟，其在鬼波压制上，亦取得了较为明显的效果。但陆检资料的品质直接影响其应用效果的好坏，也就是说，较高品质的陆检资料采集尤为重要。如果陆检的耦合性较差（其受放置条件的影响较大），所得到的资料不仅信噪比低，而且频率和振幅变化会很大，资料品质往往不能满足合并处理的要求，合并后反而会使得资料处理的效果更差。

第五节　一致性处理技术

不同的三维区块，由于采集参数、采集仪器、采集方式、采集年度和海况等各不相同，因此各个区块的地震数据在品质上存在差异。为了提高解释的准确性与有效性，有必要对这些因素造成的差异做一致性处理。因此，对于不同区块的地震资料进行一致性处理成为地震资料连片处理中一个具有决定性意义的环节。

一、面元网格和方位角一致性处理

在对所有区块进行拼接之前，首先需要对所有区块的施工方向与面元大小进行统计分析，以便确定统一的面元和方位角。

覆盖次数与分辨率约束着面元大小的选取，一般情况下，选取的面元越大，其信噪比越高，但是需要同时考虑分辨率的问题。对于分辨率的要求，需要满足横向分辨率和相关地质体识别精度，避免产生空间假频现象。勘探目标的走向决定了方位角的选择，由于各区块勘探目标的走向不同，可能存在拼接区块与原区块的方位角不一致的现象。

连片处理过程中，要保证面元网格及方位角的一致性，采取如下措施：对施工方向一致的区块进行拼接，首先确定参考点，然后按照野外施工方向将炮点、接收点、面元等参数对应到人工设置的网格模型中；对于施工方向不一致的情况，需要定义多个子网格，把不同方向的区块放在与其对应的子网格中。

对于单个区块观测系统的设计，原则是主测线垂直于构造走向，INLINE 线距、CROSSLINE 线距（即 CDP 间距）等采集参数的选取，依据勘探目标以及实际施工情况决定。由于各区块的观测系统一般不同，所以必须重新设计统一的 INLINE-CROSSLINE 网格，原则如下：

（1）规则的网格大小，保持网格大小一致。

（2）综合考虑到各个老区块的网格走向，确定连片区块的走向，着重考虑目标构造走向。

（3）覆盖次数、偏移距与方位角选择尽量一致。

二、子波零相位化处理

海上勘探使用的地震子波是使用空气枪激发的，属于最小相位子波。因此，为了保证解释的准确性，需要对接收到的地震资料进行子波零相位化处理，过程如下所述。

（一）海洋地震资料子波的获取

为了获取气枪震源激发的地震子波，需要获取远场子波。对于远场子波的获取方法，需要满足一定的条件，如需要海平面较为平静且检波器到达海底的距离足够大。然而在勘探现场对远场子波获取的方法成本较大且难度很大。地震子波也可以通过实测的近场子波进行计算得到，如图 2.76 所示，由计算得到的远场子波和模拟子波形态相近，生产上一般采用软件模拟子波。

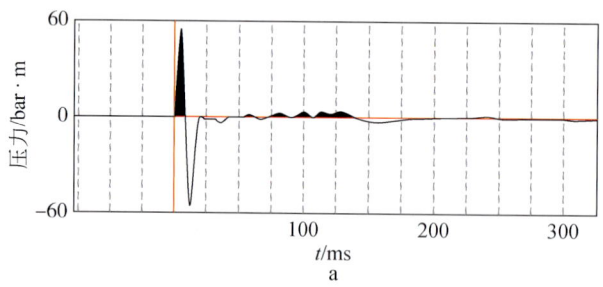

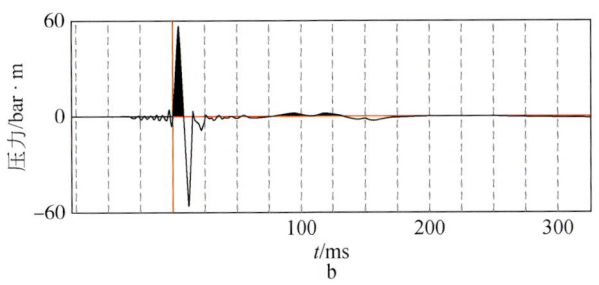

图 2.76 由近场子波计算的远场子波（a）与震源子波软件模拟的远场子波（b）

（二）零相位化算子的求取

根据上述方法获取子波后，通过计算可以求取出零相位化算子，进而将其应用到地震资料中。图 2.77 显示了通过气枪震源子波提取零相位化算子的处理过程和结果。

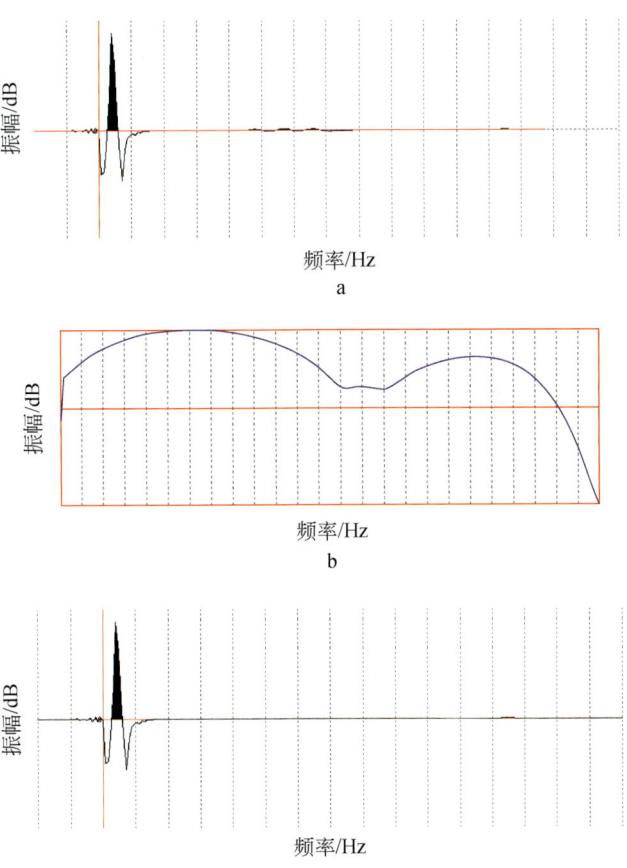

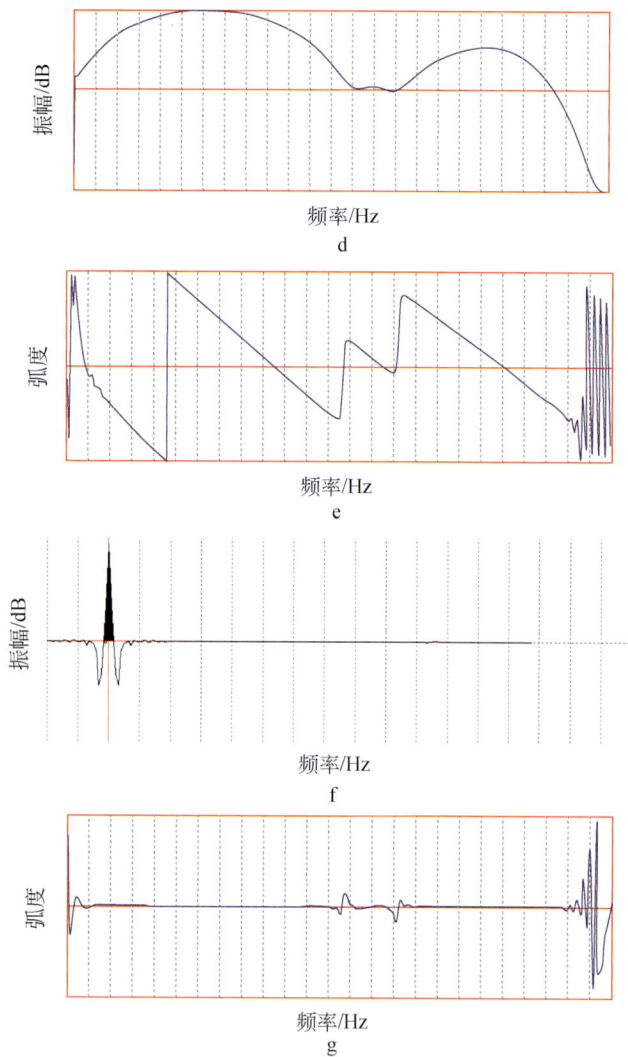

图 2.77 由气枪震源子波提取零相位化算子的处理结果示意图

a. 带电缆鬼波的震源模拟子波；b. 模拟子波频谱；c. 去气泡后的子波；d. 去气泡后的频谱；e. 去气泡后子波的相位谱；f. 零相位子波；g. 零相位子波的相位谱

气枪阵列通过不同的组合方式，可以得到各种频带特征的子波。对于模拟子波中的气泡效应，可以使用预测反褶积方法来压制。

$$\begin{bmatrix} r_{xx}(0) & r_{xx}(1) & \cdots & r_{xx}(m) \\ r_{xx}(1) & r_{xx}(0) & \cdots & r_{xx}(m-1) \\ \vdots & \vdots & & \vdots \\ r_{xx}(m) & r_{xx}(m-1) & \cdots & r_{xx}(0) \end{bmatrix} \times \begin{bmatrix} a(0) \\ a(1) \\ \vdots \\ a(m) \end{bmatrix} = \begin{bmatrix} r_{xx}(n) \\ r_{xx}(n+1) \\ \vdots \\ r_{xx}(n+m) \end{bmatrix} \qquad (2.140)$$

式中，r_{xx} 为输入子波数据序列的自相关函数；m 为自相关函数长度；a 为需求的预测反褶积因子；n 为预测步长。

图 2.77a 和图 2.77b 分别为带有气泡效应的子波及其频谱特征，图 2.77c 和 2.77d 为使用预测反褶积方法去除气泡效应后得到的子波及其频谱特征，进而可以用该子波经过计算提取零相位化算子。

在实际生产中通过利用维纳滤波原理来计算零相位化算子。由反褶积的相位性质可知，输入子波的相位谱与零相位化算子的相位谱是相反的，它们的和接近零相位。这个条件可以用来判断零相位化过程的准确性，也可以使用零相位化算子获得的期望零相位信号来判断其准确性（图 2.77f 和图 2.77g）。应用该零相位算子即可以实现地震资料的零相位化处理。

三、时差一致性处理

由于不同区块的采集方式、采集参数以及采集仪器等不同，导致它们之间出现时差上的不吻合，进而导致区块间的叠加结果不准确，会出现不成像或者出现多个反射轴的情况。当振幅衰减一半时，叠加结果还会出现波形畸变。

连片工区通常涉及多个区块，一些区块间存在比较大的时差。在处理过程中对各个区块间的时差进行统计，以其中一块为主区块，将其时间作为基准进行对比分析，进而消除时差带来的影响，实现无缝拼接。

对于一个道集来说，在满足子波振幅与相位相同的前提下，可以采用叠加的方法使得成像结果信噪比更高，但是通常在连片实际资料处理中，不能很好地满足该前提条件，主要原因可以概括为以下两点：①在一个道集内的各子波不完全相同，它们之间存在时差；②各个子波的振幅谱和相位谱都存在很大的差异。

由噪声引起的叠加剖面分辨率低的问题，有许多合理并且效果较好的处理方法，然而由子波形态，特别是由于相位差引起的叠加剖面分辨率低的问题则不能得到很好的解决。一个道集内各个子波之间的相位不同，在互相关极大的条件下进行时差校正处理会引起误差，并且相位差异越大产生的误差越大，在对分辨率有较高要求的情况下这种误差是不容忽视的。

时差校正一般采用的方法是以模型道为标准，比较共中心点道集的各道与模型道之间的差异并进行校正。S_i 表示共中心点道集单道，S'_i 表示模型单道，且 S_i 和 S'_i 仅存在常相位差 θ 与时差 Δt，此时就能确定常相位差与叠前道时差，对 S_i 做常相位 α 校正后与 S'_i 做互相关，互相关函数为

$$S(\alpha,\tau) = \cos\alpha R(\tau) - \sin\alpha r(\tau) \tag{2.141}$$

式中，$r(\tau)$，$R(\tau)$ 分别为 S'_i 和 S_i 的虚部道和实部道的互相关；$S(\alpha,\tau)$ 为关于相位角 α 与时差 τ 为自变量的二元函数，因此 $(\theta,\Delta t)$ 为 $S(\alpha,\tau)$ 的一个极值点。则由 $S(\alpha,\tau)$，可得

$$\frac{1}{2} \times \frac{\partial\left[R^2(\tau) + r^2(\tau)\right]}{\partial \tau} = 0 \tag{2.142}$$

这样对 $S(\alpha,\tau)$ 的双参数 Δt，θ 的极值问题可进一步化为 $R^2(\tau)$ 和 $r^2(\tau)$ 的极值问题，由于 $R(\tau)$ 和 $r(\tau)$ 可由 S_i 和 S'_i 求得，因此可由 $R^2(\tau) + r^2(\tau)$ 极大值确定出 Δt 与 θ，

确定出来的时差 Δt 与相位差 θ 无关。图 2.78 为时差校正前后的叠加剖面对比。

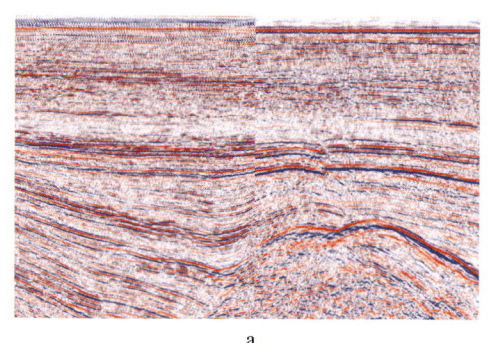
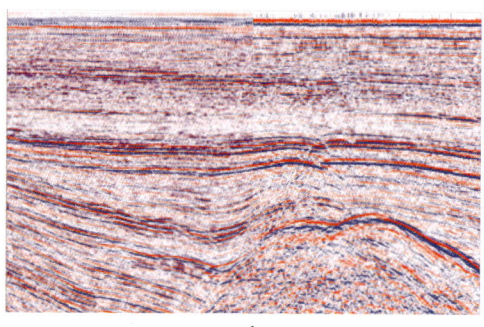

图 2.78　原始叠加剖面（a）与经过时差校正后的叠加剖面（b）

四、能量/振幅一致性处理

　　地表条件差异比较大时，地震记录的特性（如振幅、频率等）会因为激发和接收条件的差异，而表现得明显不同。这不仅对叠加结果的信噪比有影响，也会直接改变结果的分辨率。地震波传播时，地震波振幅可以反映地下岩性特征的变化，消除影响其波前扩散与吸收的因素能有效提高成像质量。如果要做球面扩散补偿，需要以地震波能量的变化为依据，确立合适的补偿因子，这种方法可以使纵向上能量不均衡的问题得到有效改善。对于每个炮点、每个检波点、不同偏移距点的地震记录，首先采用统计方法分别计算其统计能量，其次再进行补偿（补偿需要先求出每一道的振幅补偿因子）。具体步骤如下：①对于每一道，在时窗给定条件下求其相关函数；②计算得出非零时移相关平均振幅；③对于检波点、炮点、共偏移距点，依次计算其振幅统计能量；④求取得到每一道的振幅补偿因子。在这一过程完成之后，通过统计平均方法，可以计算得到共炮点、共检波点和共炮检距点上信号的统计能量。海上地震采集时，由于激发和接收条件的不同，会出现诸多问题，比如炮与炮以及道与道（同一炮内）之间的振幅能量不一致，通过上述统计平均的方法可以有效解决这一问题。此外，横向上能量不均衡的问题可以利用地表一致性振幅补偿解决。

　　上述是振幅补偿的常规处理方法，然而当震源不同并且采用混合激发时，所采用的处理方法需要调整。对于连片处理，通常是在能量校正之后，再进行振幅补偿，这两者的先后顺序十分重要。由于区块不同，震源也有差异，在叠加剖面上可以发现，能量明显不同，甚至有的能量级别相差甚远。所以，在上述补偿过程完成之后，通过分析同一个位置两个不同震源的单炮之间产生的能量差，来确定是否需要使强能量的震源能量产生常数衰减，而对于弱能量的震源，确定是否需要对其能量进行常数补偿。为了有效消除能量差异，地表一致性振幅补偿需要满足两者能量为同一数量级这一条件。求取振幅匹配因子是该技术的关键，原理及过程概括如下。

　　如将区块 a（参照）与区块 b（目标）进行匹配，首先选取二者之间的重叠地震数据，计算各自的剩余振幅分析补偿值 A_{ca} 和 A_{cb}，然后再做剩余振幅补偿，可使两区块数据的振幅基本相同（如2000），即 $A_a \times A_{ca} = 2000$，$A_b \times A_{cb} = 2000$，则有 $A_a \times A_{ca} = A_b \times A_{cb}$，则 $A_b = A_a \times (A_{ca}/A_{cb})$，其中 A_{ca}/A_{cb} 则为振幅匹配因子。通过上述处理，可以使不同区块数据的振幅保持一致。

在重合区域内选择满覆盖的所有线，按偏移距面分组计算振幅匹配系数，然后应用到偏移距组中间的偏移距面上。对于其他偏移距面匹配系数，使用内插和外推法进行计算。如图2.79所示为原始叠加剖面与能量匹配后叠加剖面对比。

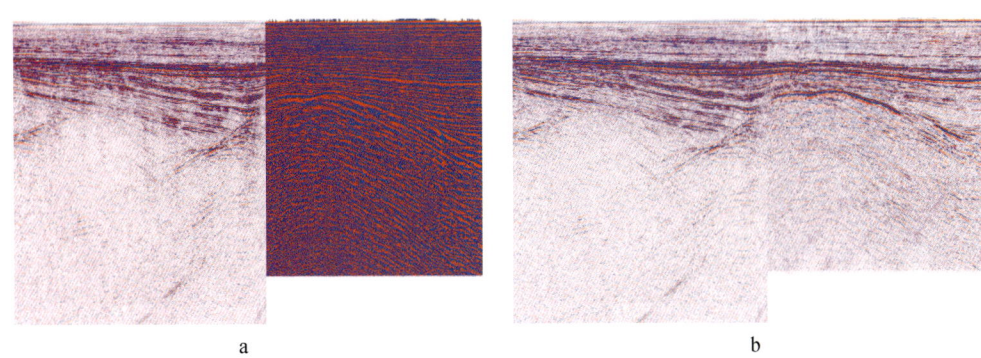

图2.79 原始叠加剖面（a）与经过能量匹配后的叠加剖面（b）

五、相位一致性处理

在时差和能量一致性处理完成后，还需要进行相位的一致性处理。连片处理过程中通常使用匹配滤波的方法，计算得到匹配滤波算子。

在匹配滤波算子的求取过程中，采用来自于不同区块拼接处重叠的叠加剖面，可以保证所求的匹配滤波算子稳定，进而直接应用到叠前地震数据中。经过这些处理过程之后的叠前地震数据，不仅可以保证这些区块拼接处的频率、振幅和相位达到基本匹配，而且能实现来自深层和浅层反射波的数据的无缝拼接。对于上述的叠加剖面，所选数据段的叠加道满足CMP号相同并且具有高信噪比，即

$$x_i(t) (i=1,2,\cdots,N) \\ z_i(t) (i=1,2,\cdots,N) \tag{2.143}$$

式中，N 为叠加段道数；$x_i(t)$、$z_i(t)$ 分别为两个区块的第 i 个叠加道。对于叠加道 $x_i(t)$，假设一匹配滤波算子为 $m_i(t)$，使 $x_i(t)$ 经过匹配滤波处理之后同叠加道 $z_i(t)$ 逼近。$x_i(t) m_i(t)$ 为匹配滤波器的实际输出，$z_i(t)$ 为期望输出，假设两者误差为 $e_i(t)$，则有

$$e_i(t) = x_i(t) m_i(t) - z_i(t) \tag{2.144}$$

误差总能量为

$$E = \sum_i e_i^2(t) \tag{2.145}$$

应用最小二乘法原理，令误差总能量 E 对 $m_i(t)$ 的偏导数等于零，即

$$\frac{\partial E}{\partial m_i} = \frac{\partial}{\partial m_i} \sum_i e_i^2(t) = 0 \qquad (2.146)$$

可得如下所示的托布里兹矩阵方程

$$R_{xx} \cdot M = R_{xz} \qquad (2.147)$$

式中，R_{xx} 为叠加道 $x_i(t)$ 的自相关函数矩阵；M 为匹配滤波算子向量；$z_i(t)$ 为期望输出道，$x_i(t)$ 为输入道，两者互相关函数向量用 R_{xz} 表示。式（2.147）的矩阵形式如下所示

$$\begin{bmatrix} R_{xx}(0) & R_{xx}(1) & \cdots & R_{xx}(N) \\ R_{xx}(1) & R_{xx}(0) & \cdots & R_{xx}(N-1) \\ \vdots & \vdots & & \vdots \\ R_{xx}(N) & R_{xx}(N-1) & \cdots & R_{xx}(0) \end{bmatrix} \times \begin{bmatrix} M(0) \\ M(1) \\ \vdots \\ M(N) \end{bmatrix} = \begin{bmatrix} R_{xx}(0) \\ R_{xx}(1) \\ \vdots \\ R_{xx}(N) \end{bmatrix} \qquad (2.148)$$

叠加道第 i 道的匹配滤波算子 $m_i(t)$，可以从式（2.148）的解中得到。如果要得到需要的匹配滤波算子，选择的地震道需要相关性强、信噪比也较高，计算得到 N 个算子后，再对这些算子进行平均，得到结果如下。

$$m(t) = \frac{1}{N} \sum_{i=1}^{N} m_i(t) \qquad (2.149)$$

匹配滤波处理最后还需要再将所求得的算子应用到相应的地震数据中，实现区块的匹配。

当相位相差较大时，可在重叠区域内分别选择近中远单个偏移距面求取相位匹配算子，并将匹配算子应用到相应的偏移距面上。对于其他偏移距面匹配系数，使用内插和外推法获得。图 2.80 为原始叠加剖面与相位匹配后的叠加剖面对比图。

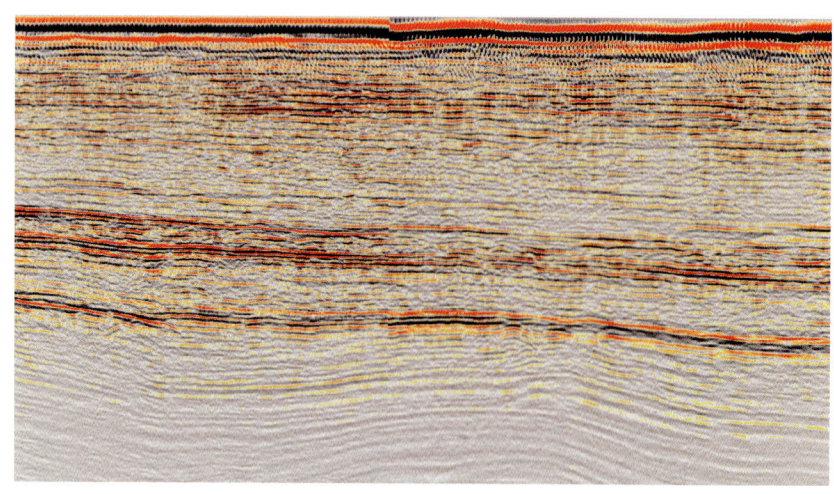

a

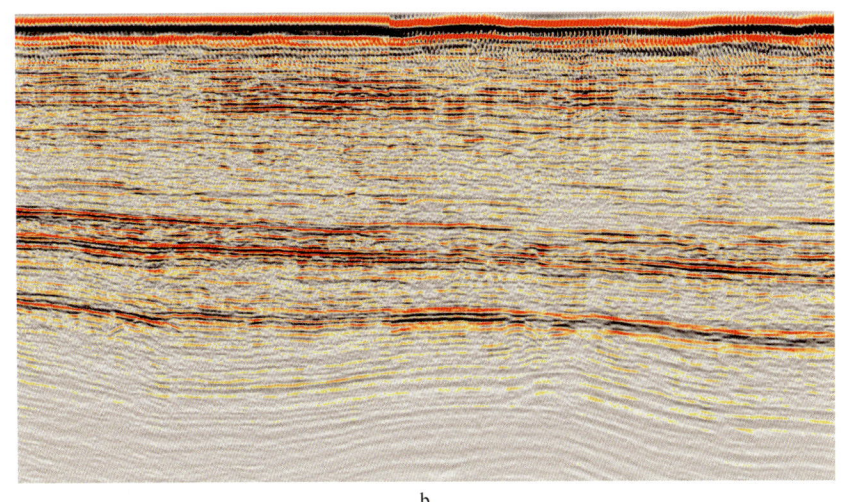

图 2.80　原始叠加剖面（a）与经过相位匹配后的叠加剖面（b）

六、频率一致性处理

由于不同年度施工、采集技术水平的不同，使得资料间存在频率差异。频率差异的消除方法有多种，第一种是最为简单的频率带宽校正一般可通过带通滤波来实现；第二种是可以利用反褶积和滤波统一所有数据频带宽度和主频，首先通过频率扫描调查出各种数据的有效信号频带范围和主频，而后选主频较低的数据测试反褶积，最终选择合适的反褶积和滤波参数，使得各数据间的频谱有效信号带宽，主频相近；第三种是调整反褶积参数法，就是通过合理选择不同的反褶积参数来改善待匹配的地震数据的一致性，这种方法可以较好地改善不同区块数据之间的频率差异，同时还能够提高地震资料的信噪比，但也存在实际应用中很难准确地选择反褶积参数的缺点；第四种方法是目前应用较多的匹配滤波法，根据其具体实现方法的不同，又可以分为四种类型：子波处理法（也称为子波匹配或者子波整形）、基于小波变换的地震子波处理方法、直接匹配滤波法和基于小波变换的匹配滤波法；子波整形与基于小波变换的子波处理方法都容易受到原始资料的信噪比、子波提取方法、子波的稳定性和代表性等多方面因素的影响；而基于小波变换的匹配滤波法是利用小波分析中的 Mallat 算法和最小平方算法求取不同尺度空间的多个最佳匹配滤波算子进行相位和振幅的双重匹配，此方法实现起来繁琐，而且很难进行频率一致性的匹配；直接匹配滤波法就是直接利用重复地震道设计匹配滤波器，然后对基础道进行匹配滤波使其最大限度地接近目标道，它的优点是方法实现起来简单，且能在很大程度上改善地震资料在振幅、频率和相位上的一致性，由于这种方法可以通过求取匹配算子同时解决资料间的不匹配问题，因此目前较为常用。

利用匹配滤波法进行频率差异消除过程中，当频率相差较大时，可在重叠区域内分别选择近中远单个偏移距面求取频率匹配算子，将匹配算子应用到相应的偏移距面上，使用内插和外推法获得其他偏移距面匹配系数,从而进行频率匹配。图 2.81 为原始叠加剖面与频率匹配后的叠加剖面图,图 2.82a 为频率匹配前后的频谱对比图,图 2.82b 为时窗频谱分析结果。

七、速度场一致性处理

连片处理项目涉及区块多,面积大,构造变化复杂,建立速度场时,应结合构造特征,相邻区块间平稳过渡,避免出现速度畸变。通常情况下,速度分析的网格尺度采取由大到小的渐变模式,同时,对构造特别复杂区域进行适度的加密。为了确保达到最佳成像效果,要从多方向全面监控速度场变化的趋势,这其中包括纵向、横向以及速度时间水平切片的方向。此外还可以采用超道集、速度谱以及小叠加段,来实现速度的精确拾取,提高成像质量。图 2.83 为区域最终全三维速度体。

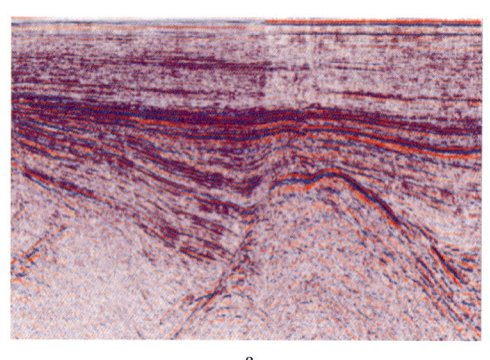
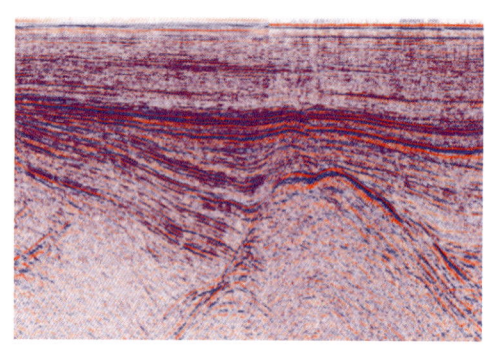

图 2.81 (a) 原始叠加剖面与 (b) 经过频率匹配后的叠加剖面

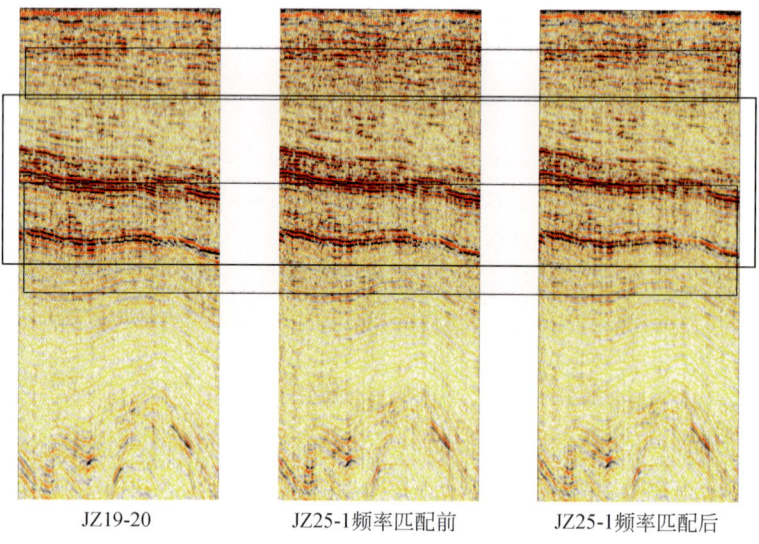

JZ19-20　　　JZ25-1频率匹配前　　　JZ25-1频率匹配后

a

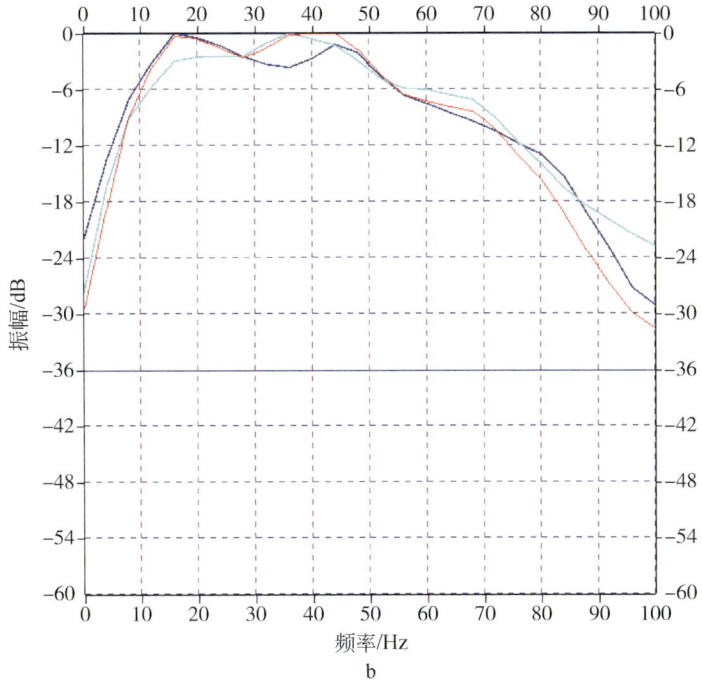

图 2.82 原始叠加剖面及频率匹配前后叠加剖面（a）与时窗频谱分析结果：310~880ms（b）

b 中深蓝线为目标剖面频谱；浅蓝线为待匹配剖面频率匹配前；红线为待匹配剖面频率匹配后

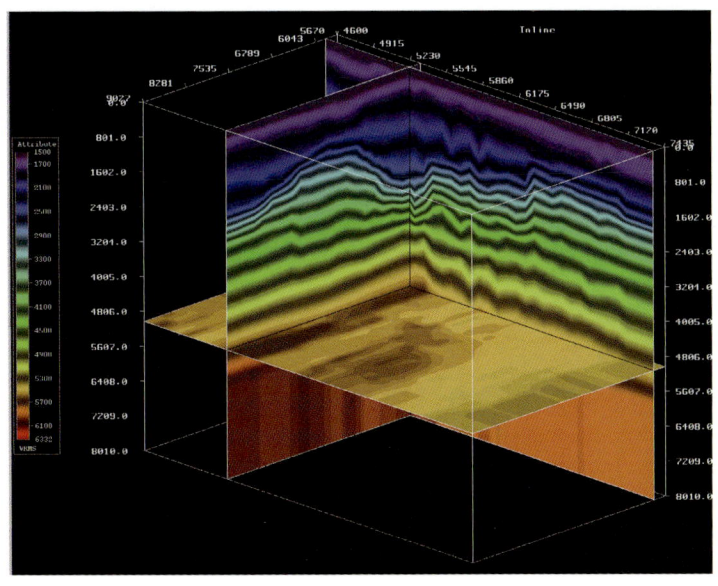

图 2.83 全三维速度体

第六节 偏移成像

一、叠前时间偏移处理

叠前时间偏移方法可以分为两类：积分型和波动方程型。现在，生产中常用积分型叠前时间偏移，其最大优点是能较好地适应各种观测系统，另外该方法计算效率比较高，便于实际资料处理。波动方程叠前时间偏移的优势是可以很好地保持振幅关系，对后续研究更加方便，如 AVO 分析、岩性识别等，但是计算效率比较低。

除了方法自身的缺点，相关软硬件水平也会限制其发展，但是随着计算机水平和软件水平的发展，叠前时间偏移成像技术将会更好地为勘探做出贡献。

（一）积分型叠前时间偏移

积分型叠前时间偏移首先计算地下某绕射点，然后对所有点进行叠加，即可获得这一绕射点的偏移结果。几何关系如图 2.84 所示，从激发到接收总的旅行时为

$$t = t_s + t_r \tag{2.150}$$

根据图中所示几何关系，当速度 v 为常数时，双程走时 t 可以用双平方根（DSR）方程描述。

$$t = \left[\frac{z_0^2 + (x+h)^2}{v^2}\right]^{1/2} + \left[\frac{z_0^2 + (x-h)^2}{v^2}\right]^{1/2} \tag{2.151}$$

式中，z_0 为散射点深度；x 为炮检中点 M_P 相对于散射点 S_P 的横向位置；h 为半炮检距。

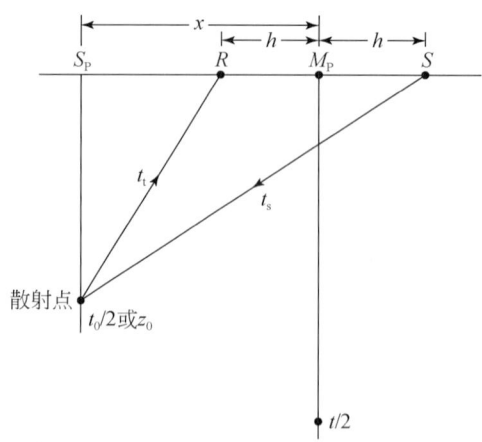

图 2.84 Kirchhoff 叠前时间偏移几何关系示意图（李振春等，2011）

大量实践探索形成的典型叠前时间偏移处理流程中包含的关键技术如下。

1. 偏移孔径

偏移孔径是 Kirchhoff 叠前时间偏移中的重要参数，其数值大小会影响对成像点有贡献的地震道范围。理论上来说，最佳偏移孔径为稳相点的第一和第二 Fresnel 区之和。但是在实际的成像计算中，最佳偏移孔径是不可能得到的，只能根据实际的情况选取合适的偏移孔径。

偏移孔径过大或者过小都不利于偏移剖面成像质量的提高。选取较小的偏移孔径可保障简单构造（低、缓构造）的反射成像质量，但大倾角、陡构造的反射同相轴则难以正确成像。若选取较大的偏移孔径，复杂构造的成像质量有所提高，但剖面的信噪比和连续性有所降低，而且耗时更多。因此，最佳偏移孔径的选择对于偏移成像处理至关重要。

2. 保幅权函数

积分类偏移的研究重点就是如何更好地应用保幅权函数，同时，保幅权函数也是保幅偏移的关键。研究表明，保幅权函数的准确求取可以通过以下几个步骤进行。首先，这一函数可用振幅对偏移场进行标定，使函数与目标反射面的反射系数成正比；然后，去除在偏移孔径边缘产生的偏移噪声；最后，保幅权函数可以分离出所需的稳相点的贡献。与不加权的方法相比，此方法可以去除偏移假象，以达到改善成像效果的目的。

Bleistein 等（2001）推导出了三维保幅偏移的基本公式：

$$R(x, y, z) = \frac{1}{8\pi^3} \iiint i\omega e^{-i\omega(\tau_s + \tau_r)} W_m U(\xi, \eta, \omega) \mathrm{d}\xi \mathrm{d}\eta \mathrm{d}\omega \tag{2.152}$$

式中，

$$W(x, \xi) = \frac{|h(x, \xi)|}{A(x_r, x_s) A(x_r, x) |\nabla(\tau_s + \tau_r)|^2} \tag{2.153}$$

式（2.153）为偏移的加权函数，炮点是 x_s，检波点所在位置是 x_r，对应的格林函数振幅是 $A(x_r, x_s)$，炮点与成像点之间的旅行时用 τ_s 表示，检波点与成像点之间的旅行时用 τ_r 表示，$x_s(\xi)$ 代表炮点、$x_r(\xi)$ 代表检波点，$\xi = (\xi_1, \xi_2)$ 是与炮点和检波点相关的参数，地下成像到地表对应点的转换矩阵用 $h(x, \xi)$ 表示。

3. 反假频处理

Kirchhoff 偏移的主要思想是对空间和时间上离散的输入数据求和。通常情况下，输入数据在时间上采样充足，但在空间上往往采样不足。为了能对较长的同相轴进行成像，采取输入小道间距数据的做法，但该处理仍无法弥补偏移算子空间采样不足的缺陷。其原因在于对于给定的输入道距和频率成分来说，沿偏移求和轨迹的算子倾角过陡，从而造成假频的出现。

对于假频的消除，需要满足这一原则：

$$f_{\max} \leqslant \frac{1}{2\Delta t} = \frac{1}{2(\partial t/\partial x)\Delta x} = \frac{1}{2P\Delta x} \tag{2.154}$$

式中，Δt 为沿偏移算子轨道的曲线上相邻两道的时间差；Δx 为道间距；P 为慢度。偏移成像前，先滤去高于 $f_{\max}$ 的频率成分。

图 2.85 给出了锦州某工区 Kirchhoff 叠前时间偏移成像的结果。由图可知，Kirchhoff 叠前时间偏移可以对地下复杂构造有效成像。

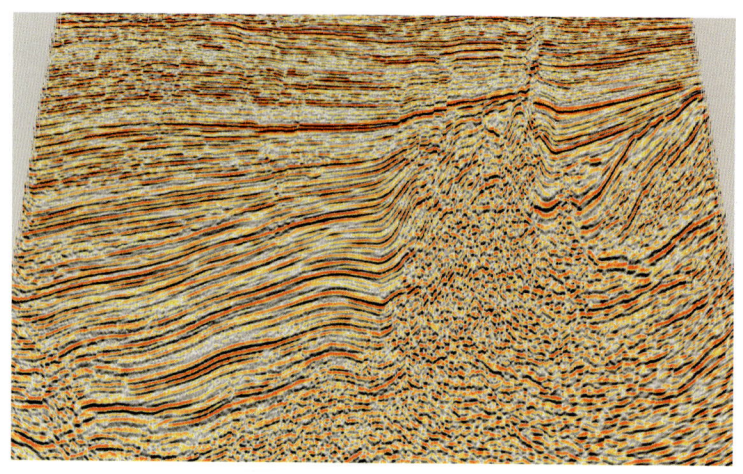

图 2.85 锦州某工区 Kirchhoff 叠前时间偏移成像结果

(二) 等价偏移距叠前时间偏移

1998 年 Bancroft 等人提出了等价偏移距方法,该方法是在 Kirchhoff 叠前时间偏移理论的基础上提出的,利用新定义的偏移距替代原偏移距,把原始道集投影到共散射点(CSP)道集,然后把来自于地下同一散射点的能量加权叠加起来作为该散射点的像。等价偏移距偏移方法仍属于积分型的偏移,但具备的更突出的优点是计算效率高,尤其是可以产生覆盖次数更高且偏移距范围更大的 CSP 道集,从而改善速度谱的聚焦效果,提高速度估算的精度。

具体做法如图 2.86 所示,在等价偏移距点 E 处定义新的炮检组合,h_e 为选取的等价偏移距,使其旅行时 t_e 满足的关系为

$$t = 2t_g = t_s + t_r \tag{2.155}$$

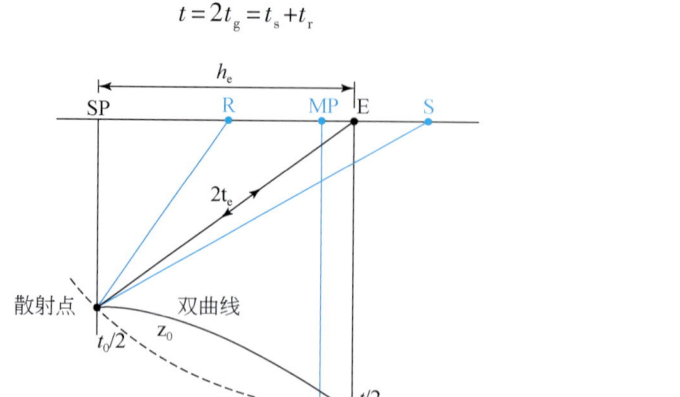

图 2.86 等价偏移距叠前时间偏移几何关系示意图(李振春等,2011)

其旅行时满足如下公式

$$t = t_s + t_r = \sqrt{\left(\frac{\tau}{2}\right)^2 + \frac{(x+h)^2}{v_{\text{mig}}^2}} + \sqrt{\left(\frac{\tau}{2}\right)^2 + \frac{(x-h)^2}{v_{\text{mig}}^2}} \tag{2.156}$$

由此可求解出等价偏移距的表达式：

$$h_g^2 = x^2 + h^2 - (2xh/tv_{\text{mig}})^2 \tag{2.157}$$

这个结果的重要意义在于使得双平方根方程（2.157）完全地结合成为一个单平方根，同时保持相同的旅行时不变。

由式（2.157）可知，共散射点道集也是双曲型，其同相轴基本和同一个散射点对应，没有发散问题，正常时差校正和叠加处理后，便可对该点进行成像。

基于共散射点（CSP）的叠前时间偏移方法主要分为三个步骤来实现：

（1）基于前文讨论的等效偏移距 h_e 的定义式，将原始的输入道集映射成共散射点（CSP）道集。

（2）对映射得到的共散射点（CSP）道集进行双曲时差校正。

（3）最后，将双曲时差校正后的道集进行叠加。

（三）波动方程法叠前时间偏移

Kirchhoff 积分法叠前时间偏移，虽然具有计算效率较高，能够适应不同的观测系统的优点，但由于射线法固有的理论缺陷，存在假频、深层分辨率降低、振幅关系保持不好等缺点。其中保幅性差是其最大缺点，尽管可以通过几何地震学推导出来的加权函数来弥补这一点，但没有从根本上解决问题，而波动方程叠前时间偏移中的振幅补偿是用逆传播算子推导出来的，更加符合地震波的传播规律。由于波动方程法普遍存在计算量很大的问题，目前仅有频率波数域共偏移距道集（相移法）叠前时间偏移和平面波叠前时间偏移这两种波动方程法比较具有实用意义。

（四）叠前时间偏移速度场建立及优化

建立准确合理的偏移速度场，是叠前时间偏移的关键环节。偏移速度的精度会影响偏移算子的准确度，进而影响成像精度。因此，求取高精度偏移速度场显得尤为重要。偏移速度场建立及优化可以通过以下四种方法进行分析。

1. Deregowski 循环法

首先用均方根速度进行叠前时间偏移处理，便可得到 CRP 道集，然后在此基础上进行反正常时差校正，再进行均方根速度分析，得到偏移速度场，最后再进行叠前时间偏移。重复这个过程，来优化偏移速度场，最后得到更为可靠的偏移速度场。此法实现方便，但不适合横向速度差异较大的情况。

2. 剩余速度分析

主要对现有的速度模型进行优化。以叠前时间偏移后得到的 CRP 道集的剩余量为输入，然后沿层分析，进而微调，来优化偏移速度模型。微调的依据是：同相轴是否平直，速度变化是否符合实际，或成像结果是否合理。此法操作简单且方便，计算效率高，但当信噪比低或速度横向差异大时，效果较差。

3. 速度扫描法

速度扫描法和传统扫描法类似，最大优点在于可以处理低信噪比的资料，但这种方法计算量大且运算速度慢。可将其看做一种后补方法，特别是在处理低信噪比资料或复杂地区资料时，抑或是速度精细分析时。

4. 模型法

首先进行沿层速度分析，便可得到一个速度模型，然后在叠加步骤前进行时间偏移；最后求取偏移速度模型。其能在整体上突出速度变化，可较好处理局部速度，但是，模型复杂时，误差会逐次增加，影响整体效果。

以上的这四种方法特点各异，需要根据不同情况进行选择。若横向速度较稳定且信噪比较高时，应优先选择前两种方法；假如横向速度差异很大，则优先选用模型法；若信噪比较差，则首推扫描法。当然，这些只是理论分析，若想更好的将其用于实际处理过程中，需要将多种方法相联合，求得最准确的速度模型。

通常情况下，可以利用叠加速度分析的方法或者常规叠前时间偏移速度分析法来获取初始速度场，但是对于速度有强横向变化的复杂地质构造，以上四种方法的结果均不理想，可以利用基于共散射点（CSP）道集的叠前时间偏移速度分析方法，该方法具有以下五大优势：

（1）该方法将 Kirchhoff 积分的偏移过程放到共散射点（CSP）道集形成之后，这样可减少处理需要花费的时间，提高了计算的效率。

（2）充分利用地震波接收道的有效信息，来形成 CSP 道集，这使得偏移距的范围更大，基本包含了偏移孔径内所有炮检距的地震信息，且具有较高的覆盖次数和信噪比。

（3）共散射点（CSP）道集是部分偏移后得到的道集，对应的散射双曲时距曲线，将速度场与地面位置很好地对应起来，使其不会受到地层倾角变化的影响，从而解决了常规叠加速度场与复杂地层倾角的相关性问题。

（4）基于 CSP 道集的速度分析处理，速度精度得到大大提高，速度谱的能量聚焦性也变得更好，有利于提取速度有强横向变化的复杂区域的叠加速度。

（5）基于 CSP 道集的叠前时间偏移处理方法得到的偏移成像剖面，精度明显高于普通叠后偏移方法。

基于以上五种优点，可以优先考虑基于共散射点（CSP）的叠前时间偏移及速度分析方法。

基于共散射点（CSP）道集速度分析的过程可以概括为以下几个步骤：

（1）首先利用初始的输入速度，通过等效偏移距的原理，将输入道集转化并生成若干个散射点的 CSP 道集（一般是按照 CMP 均匀地分布）。

（2）然后对这些 CSP 道集进行常规的速度分析处理，并通过叠加速度谱对速度资料进行迭代更新。

（3）利用上个步骤中更新的速度再次生成 CSP 道集，进行速度谱分析，重复上述（1）、（2）中的处理过程。其中，最为关键的步骤是将输入的叠加前的原始资料数据转换为共散射点（CSP）道集。

一般情况下，只需要重复一、两次该迭代过程，就能够获得比较满意的效果。对共散射点（CSP）道集的速度分析处理流程如图 2.87 所示。速度谱分析方法遵循由粗到细，同时兼顾速度精度和处理效率的原则。通过对共散射点（CSP）的道集进行速度分析处理后，获得均方根（RMS）速度场。这个新的速度场一方面可以改善共散射点（CSP）道集的成像精度，另一方面还能为叠前深度偏移处理提供比较可靠的初始速度模型。

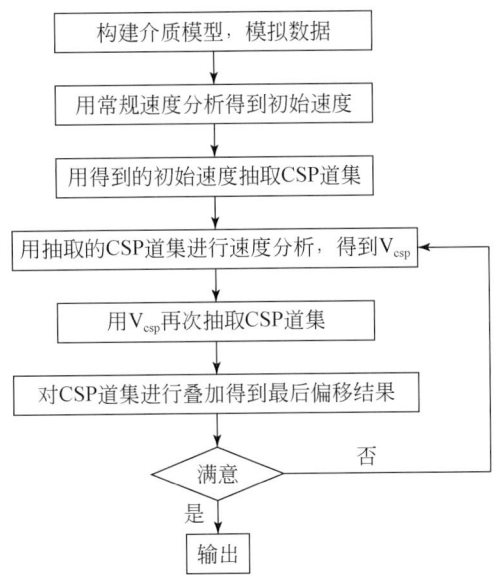

图 2.87　共散射点（CSP）道集的速度分析处理流程图

二、叠前深度偏移处理

叠前深度偏移主要是针对地层构造横向变化剧烈，且存在高陡倾角的情况。当计算机资源达到一定标准时，可以对连片处理实现叠前深度偏移，来达到更好的成像效果。

常用的叠前深度偏移方法包括射线法和波动方程法。

射线类偏移成像方法由于其具有很高的计算效率以及其灵活性，在工业界得到广泛应用。最常见的射线类偏移成像方法是 Kirchhoff 积分偏移，由于其往往基于常规的射线方法来计算单次的旅行时以及振幅信息，因而其仅能对单次波至进行成像，对复杂构造的成像精度不够理想，但该方法对观测系统具有良好的适应性，并且在计算效率方面具有明显的优势。而另一种射线类成像方法——高斯束偏移，则解决了上述的缺点，其利用可以相互重叠的高斯波束来进行波场的延拓与成像，不但可以对矢量波进行成像，还兼具射线类偏移的计算效率和单程波偏移的成像精度。

波动方程叠前深度偏移方法，包括有限差分法和傅里叶变换法，具体又分为在单域实现的频率-空间域有限差分法和在双域实现的分步傅里叶法、傅里叶有限差分法和广义屏法（包括相屏法、扩展的局部 born 近似法和扩展的局部 rytov 近似法等）。频率域算法的波场延拓既可在波数域实现，也可在波空域交替实现。波动方程法三维叠前深度偏移是为了适应野外三维数据采集的特点，在共方位角道集中或共炮检距道集进行三维叠前深度偏移计算，这时需要对偏移算子做出相应的调整。

传统偏移方法是在假设地球为均匀各向同性介质的前提下，经过一定的近似得到的，其应用具有一定的局限性。因为经过大量的研究已经证实地壳和上地幔是各向异性介质，不考虑介质各向异性效应的偏移算子必然带来一些在反射点归位和反射振幅保真等方面的不可估计的错误，并且这种各向异性介质大部分可以近似地描述成具有垂直对称轴的横向各向同性介质或近似具有水平对称轴的横向各向同性介质，因此可以通过考虑各向异性效应来进行更加准确的保幅叠前深度偏移成像。如今对各向异性的研究已经进入到正交各向异性和双相各向异性的领域，因此考虑各向异性效应的保幅叠前深度偏移成像将会有很好的发展前景。

下面我们介绍几种目前较为前沿且流行的叠前深度偏移方法。

（一）Kirchhoff 深度偏移

Kirchhoff 深度偏移因其高效实用性，在当前工业界得到了广泛的应用。积分法具有高偏移角度、无频散、占用资源少和实现效率高的特点，并且积分法能够适应变化的观测系统和起伏地表，通过射线追踪和改进的有限差分法能够在速度场变化的情况下快速准确地计算绕射波和反射波旅行时，从而使积分法能够适应复杂的构造成像。

Schneider（1978）提出了一种可以把地面上的地震记录波场直接延拓到地下成像点的偏移成像算法，即 Kirchhoff 积分法叠前深度偏移。首先从波动方程出发，求解波动方程的积分解，通过计算格林函数，建立地下各处波场与地表地震记录的关系，应用相应的成像条件来使得反射波数据正确偏移成像归位。Schneider（1978）、John 和 Berryhill（1979）使用递归的方法，考虑格林函数在均匀介质下的情况，实现了基于速度为常量的拟层状介质的 Kirchhoff 积分偏移成像方法。Keho 和 Beydoun（1988）首次提出，上面所说的偏移成像方法并不能较好地满足于叠前偏移的要求，提出了一种基于傍轴射线追踪技术的非递归 Kirchhoff 叠前偏移方法。目前所有基于 Kirchhoff 积分的叠前偏移都是以此算法原型作为理论基础，此算法的推导过程如下。

从 Helmholtz 方程出发：

$$\nabla^2 P + k^2 P = 0 \quad (2.158)$$

式中，$k = \dfrac{\omega}{c(x, y, z)}$ 为波数，$c(x, y, z)$ 为声波速度，ω 为圆频率；$P = P(x, y, z)$ 是声压场，首先假定炮点在研究区域之外。

对于（2.158）式的格林函数 $G(r, r', \omega)$ 可以表示为如下方程。

$$\nabla^2 G + k^2 G = -\delta(r - r') \quad (2.159)$$

式中，$r' = (x', y', z')$ 为研究区域内部的任意点的位置。

如果格林函数 $G(r, r', \omega)$ 是式（2.158）的一个解时，相应的对于它的共轭 $G^*(r, r', \omega)$ 也是方程（2.159）的解。$G(r, r', \omega)$ 认为是正向传播的格林函数，它的物理意义是波场由震源向远处传播；$G^*(r, r', \omega)$ 认为是反向传播的格林函数，它的物

理意义是波场从远处向震源传播。反向传播的格林函数 $G^*(r, r', \omega)$ 满足
$$\nabla^2 G^* + k^2 G^* = -\delta(r, r') \tag{2.160}$$

由式（2.159）·G-式（2.160）·P 可以得到
$$G\nabla^2 P - P\nabla^2 G = P\delta(r, r') \tag{2.161}$$

同时可以得到
$$G^*\nabla^2 P - P\nabla^2 G^* = P\delta(r, r') \tag{2.162}$$

任意取一个体积，使其包含点，对于式子（2.161）和（2.162）计算体积分，根据 δ 函数的性质能够得到

$$\iiint_V (G\nabla^2 P - P\nabla^2 G)\mathrm{d}V = \iiint_V P\delta(r, r')\mathrm{d}V = P(r') \tag{2.163}$$

$$\iiint_V (G^*\nabla^2 P - P\nabla^2 G^*)\mathrm{d}V = \iiint_V P\delta(r, r')\mathrm{d}V = P(r') \tag{2.164}$$

根据高斯定理，将体积分转换为面积分，可得

$$\iiint_V (G\nabla^2 P - P\nabla^2 G)\mathrm{d}V = \oint_S (G\nabla P - P\nabla G)n\mathrm{d}s = P(r') \tag{2.165}$$

$$\iiint_V (G^*\nabla^2 P - P\nabla^2 G^*)\mathrm{d}V = \oint_S (G^*\nabla P - P\nabla G^*)n\mathrm{d}s = P(r') \tag{2.166}$$

式（2.165）是模拟波场传播效应，表示波场正方向延拓；式（2.166）是用来消除波场传播效应的，表示波场反方向延拓。其中 n 为表示体积 V 的表面外法线方向向量。

如果地表平缓，可以将式（2.165）与式（2.166）做近似，可以推导出表述波场正方向延拓和反方向延拓过程的瑞利积分表达式：

$$P(r') = 2\iint_\Sigma \frac{\partial G(r, r', w)}{\partial n} P(r, w)\mathrm{d}x\mathrm{d}y \tag{2.167}$$

$$P(r') = 2\iint_\Sigma \frac{\partial G^*(\vec{r}, r', w)}{\partial n} P(\vec{r}, w)\mathrm{d}x\mathrm{d}y \tag{2.168}$$

式（2.168）描述了 Kirchhoff 积分法偏移成像的基本理论基础，由 Claerbout 的成像条件为基础，可以写成描述地质构造特征的反射系数表达式：

$$R(r, w) = \frac{P(r, w)}{P_{\mathrm{src}}(r, w)} \tag{2.169}$$

式中，$P_{\mathrm{src}}(r, w)$ 为入射波波场，它表示为
$$P_{\mathrm{src}}(r, w) = S(w)G(r, r_s, w) \tag{2.170}$$

式中，$S(w)$ 为激发震源函数；r_s 为炮点位置。

在式（2.168）和式（2.170）中，对高频近似条件下的格林函数可以表示为
$$G(r_g, r, \omega) = A(r_g, r)e^{-i\omega T(r_g, r)} \tag{2.171}$$
$$G(r, r_s, \omega) = A(r_g, r)e^{-i\omega T(r, r_g)} \tag{2.172}$$

其中，振幅部分和走时部分满足传播方程与程函方程。

把式（2.171）和式（2.172）代入式（2.168）得
$$\frac{\partial G(r_g, r, \omega)}{\partial n} = -\frac{\partial G(r_g, r, \omega)}{\partial z} = -\left[\frac{\partial A(r_g, r)}{\partial z} - (i\omega) A(r_g, r) \frac{\partial T(r_g, r)}{\partial z} e^{-iT(r_g, r)}\right]$$
$$\tag{2.173}$$

对于远场的情况下，可以忽略掉以上公式最右端一项，如下。

$$\frac{\partial G(r_\mathrm{g},\ r,\ \omega)}{\partial n} = (i\omega)A(r_\mathrm{g},\ r)\ \frac{\partial T(r_\mathrm{g},\ r)}{\partial z}e^{-iT(r_\mathrm{g},r)} \tag{2.174}$$

转化为

$$R(r) = \int \frac{A(r_\mathrm{g},\ r)}{A(r,\ r_\mathrm{s})}\frac{\partial t(r,\ r_\mathrm{g})}{\partial z}\frac{\partial P(r_\mathrm{g},\ t(r,\ r_\mathrm{g})+t(r,\ r_\mathrm{g}))}{\partial t}\mathrm{d}x\mathrm{d}y$$

$$= \int \frac{A(r_\mathrm{g},\ r)}{A(r,\ r_\mathrm{s})}\frac{\cos\theta_\mathrm{g}}{v_\mathrm{g}}\frac{\partial P(r_\mathrm{g},\ t(r,\ r_\mathrm{g})+t(r,\ r_\mathrm{g}))}{\partial t}\mathrm{d}x\mathrm{d}y \tag{2.175}$$

这是基本的 Kirchhoff 叠前深度偏移原理，图 2.85 给出了 Kirchhoff 叠前深度偏移成像的结果，由图可知，Kirchhoff 叠前深度偏移可以对地下复杂构造准确成像。

（二）高斯束偏移方法

高斯束偏移方法是一种叠前 Kirchhoff 偏移方法和波动方程偏移方法的折中方法，该方法克服了传统射线方法的缺陷和不足，使用动力学射线追踪，使波场不存在奇异性区域；另外高斯束在一定宽度内是有效的，所以在进行选择时要选择的高斯束必须对计算点有贡献，可以节省计算用时。因此，高斯束偏移是一种兼顾效率和精度的成像方法。

在三维标量各向同性介质中，假设 $\boldsymbol{x}_\mathrm{s}=(x_\mathrm{s},\ y_\mathrm{s})$ 为震源，接收点是 $\boldsymbol{x}_\mathrm{r}=(x_\mathrm{r},\ y_\mathrm{r})$，那么深度为 $\boldsymbol{x}$ 的地下位置反向延拓的地震波场可以表示成 $u(\boldsymbol{x},\ \boldsymbol{x}_\mathrm{s},\ \omega)$，其瑞雷 Ⅱ 积分表达式为

$$u(\boldsymbol{x},\ \boldsymbol{x}_\mathrm{s},\ \omega) = -\frac{1}{2\pi}\iint \mathrm{d}x_r\mathrm{d}y_r\frac{\partial G^*(\boldsymbol{x},\ \boldsymbol{x}_\mathrm{r},\ \omega)}{\partial z_r}u(\boldsymbol{x}_\mathrm{r},\ \boldsymbol{x}_\mathrm{s},\ \omega) \tag{2.176}$$

其中，

$$\frac{\partial G^*(\boldsymbol{x},\ \boldsymbol{x}_\mathrm{r},\ \omega)}{\partial z_r} \approx -\mathrm{i}\omega p_\mathrm{rz}G^*(\boldsymbol{x},\ \boldsymbol{x}_\mathrm{r},\ \omega) \tag{2.177}$$

应用 Hill（1990）所给出初始条件，在接收点出射的高斯束在出射位置的波前曲率为零，因此可以引入一个相位校正因子，将接收点处的格林函数用相对于接收点更稀疏的束中心出射的高斯束的叠加来表示

$$G(\boldsymbol{x},\ \boldsymbol{x}_\mathrm{r},\ \omega) \approx \frac{\mathrm{i}\omega}{2\pi}\iint\frac{\mathrm{d}p_\mathrm{rx}\mathrm{d}p_\mathrm{ry}}{p_\mathrm{rz}}U_\mathrm{GB}(\boldsymbol{x},\ \boldsymbol{L},\ \boldsymbol{p}_\mathrm{r},\ \omega)\exp\{-\mathrm{i}\omega \boldsymbol{p}_\mathrm{r}\cdot(\boldsymbol{x}_\mathrm{r}-\boldsymbol{L})\} \tag{2.178}$$

为了减小当束中心与接收点相隔较远时的误差，一般采取的方法为将一系列重叠的高斯窗加入到地表的观测排列，束中心的位置位于高斯窗的中心位置处。基于高斯束表示的波场反向延拓公式如下。

$$u(\boldsymbol{x},\ \boldsymbol{x}_\mathrm{s},\ \omega) \approx \frac{\sqrt{3}}{4\pi}\left|\frac{\omega}{\omega_\mathrm{r}}\right|\left(\frac{\Delta L}{w_0}\right)^2 \sum \iint \mathrm{d}p_\mathrm{rx}\mathrm{d}p_\mathrm{ry}U_\mathrm{GB}^*(\boldsymbol{x},\ \boldsymbol{L},\ \boldsymbol{p}_\mathrm{r},\ \omega)D_\mathrm{s}(\boldsymbol{L},\ \boldsymbol{p}_\mathrm{r},\ \omega)$$

$$\tag{2.179}$$

式中，二维高斯窗函数具有如下性质。

$$\frac{\sqrt{3}}{4\pi}\left|\frac{\omega}{\omega_\mathrm{r}}\right|\left(\frac{\Delta L}{w_0}\right)^2 \sum_L \exp\left[-\frac{|(\boldsymbol{x}_\mathrm{r}-\boldsymbol{L})|^2}{2w_0^2}\right] \approx 1 \tag{2.180}$$

式中，$D_s(\boldsymbol{L}, \boldsymbol{p}_r, \omega)$ 为地震记录的加窗局部倾斜叠加。

$$D_s(\boldsymbol{L}, \boldsymbol{p}_r, \omega) = \frac{1}{4\pi^2} \left|\frac{\omega}{\omega_r}\right|^3 \iint dx_r dy_r u(\boldsymbol{x}_r, \boldsymbol{x}_s, \omega) \exp\left[i\omega \boldsymbol{p}_r(\boldsymbol{x}_r - \boldsymbol{L}) - \left|\frac{\omega}{\omega_r}\right| \frac{|(\boldsymbol{x}_r - \boldsymbol{L})|^2}{2w_0^2}\right] \tag{2.181}$$

对于共炮域道集，使用的互相关成像条件，得到最终的叠前偏移公式。

$$I_{cs}(\boldsymbol{x}) = -\frac{\sqrt{3}}{8\pi^2}\left(\frac{\omega_r \Delta L}{w_0}\right)^2 \iint dx_s dy_s \sum_{L_r} \int d\omega \omega^2 \iint dp_{sx} dp_{sy} \iint dp_{rx} dp_{ry}$$
$$\times U_{GB}^*(\boldsymbol{x}, \boldsymbol{x}_s, \boldsymbol{p}_s, \omega) U_{GB}^*(\boldsymbol{x}, \boldsymbol{L}_r, \boldsymbol{p}_r, \omega) D_s(\boldsymbol{L}_r, \boldsymbol{p}_r, \omega) \tag{2.182}$$

共炮域高斯束偏移成像公式的核心部分在于下式所示的高斯束积分的计算。

$$C_0(\boldsymbol{x}, \boldsymbol{L}_r, \omega) = \omega^2 \iint dp_{sx} dp_{sy} \iint dp_{rx} dp_{ry} U_{GB}^*(\boldsymbol{x}, \boldsymbol{x}_s, \boldsymbol{p}_s, \omega)$$
$$\times U_{GB}^*(\boldsymbol{x}, \boldsymbol{L}_r, \boldsymbol{p}_r, \omega) D_s(\boldsymbol{L}_r, \boldsymbol{p}_r, \omega) \tag{2.183}$$

之前的叠前成像算法——全波至算法，可以对所有的波至进行成像，因而是非常精确的，但是其计算效率不高。Hill（2001）提出了一种具有较高计算效率的高斯束偏移实现方法，其基本原理在于式（2.183）实际上是一个多维高频复值振荡积分。此时上式变为

$$C_0(\boldsymbol{x}, \boldsymbol{L}_r, \omega) = \frac{\omega^2}{4} \iint dp_{mx} dp_{my} C_h(\boldsymbol{x}, \boldsymbol{L}_r, \boldsymbol{p}_m, \omega) D_s(\boldsymbol{L}_r, \boldsymbol{p}_r, \omega) \tag{2.184}$$

其中，

$$C_h(\boldsymbol{x}, \boldsymbol{L}_r, \boldsymbol{p}_m, \omega) = \iint dp_{hx} dp_{hy} U_{GB}^*(\boldsymbol{x}, \boldsymbol{x}_s, \boldsymbol{p}_s, \omega) U_{GB}^*(\boldsymbol{x}, \boldsymbol{L}_r, \boldsymbol{p}_r, \omega)$$
$$= \iint dp_{hx} dp_{hy} A(\boldsymbol{x}, \boldsymbol{p}_m, \boldsymbol{p}_h) \exp[-i\omega T^*(\boldsymbol{x}, \boldsymbol{p}_m, \boldsymbol{p}_h)] \tag{2.185}$$

上式中，炮点与检波器处的高斯束的振幅乘积用 $A(\boldsymbol{x}, \boldsymbol{p}_m, \boldsymbol{p}_h)$ 表示，$T(\boldsymbol{x}, \boldsymbol{p}_m, \boldsymbol{p}_h)$ 为复值走时之和。Hill 证明上式所示积分的鞍点对应着令 $T(\boldsymbol{x}, \boldsymbol{p}_m, \boldsymbol{p}_h)$ 中虚值走时最小的 $\boldsymbol{p}_h$，并给出了上述积分的渐近解。

$$C_h(\boldsymbol{x}, \boldsymbol{L}_r, \boldsymbol{p}_m, \omega) \approx \frac{A_0}{\omega} \exp[-i\omega T_0^*] \tag{2.186}$$

式中，A_0 为炮点高斯束加上接收点处的高斯束的结果；T_0 为虚值走时最小时高斯束走时之和。最后上述的四维积分降维到二维，得到

$$C_0(\boldsymbol{x}, \boldsymbol{L}_r, \boldsymbol{p}_m, \omega) = \frac{\omega}{4} \iint dp_{mx} dp_{my} A_0 \exp[-i\omega T_0^*] D_s(\boldsymbol{L}_r, \boldsymbol{p}_r, \omega) \tag{2.187}$$

高斯束偏移方法是一种计算效率很高的深度偏移方法，其克服了很多常规射线方法和波动方程方法的不足之处，具有较高的成像精度，且相对于其他传统的偏移方法，在成像域中，效率以及稳健性等都有明显优势。因此高斯束偏移方法拥有很广阔的应用前景，例如不同道集采集到的地震数据、海上数据，复杂的起伏地表情况，保幅共炮域叠前偏移成像处理及偏移速度分析等。

图 2.88 为渤海实际资料高斯束叠前深度偏移成像的结果，由图可知，运用高斯束偏

移得到的成像结果，同相轴清晰，连续性比较好。

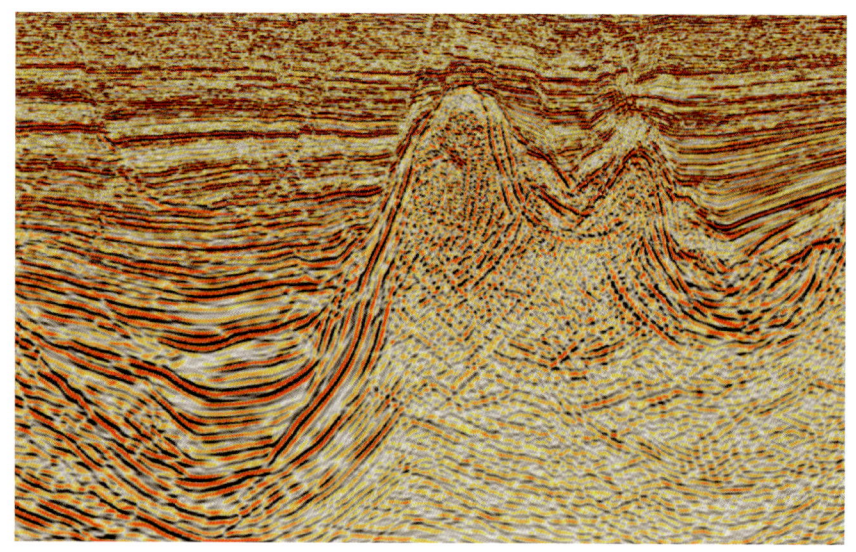

图 2.88　渤海实际资料高斯束叠前深度偏移成像结果

（三）叠前深度偏移速度分析技术

勘探技术发展应用的初期，主要是针对简单的地质情况。随着技术的发展，勘探的地质条件更加复杂，就有了更加成熟的方法。

1. 叠加速度分析方法

叠加速度分析方法是由正常时差校正（Normal Moveout，NMO）或者倾斜时差校正（Dip Moveout，DMO）速度分析得到的速度谱，然后对速度谱进行插值并进行时深转换得到深度偏移需要的速度场。

2. 偏移速度分析

偏移速度分析是在成像域迭代反演速度模型，然后再对该偏移速度模型进行评估，看其是否准确。当不准确时，需要求出速度误差，从而对速度模型进行更新，以此类推直到获得准确的偏移速度模型可以适应比较复杂的构造区域。

1）共反射点（CRP）道集偏移速度扫描分析

三维共反射点（CRP）道集偏移速度扫描技术是一种基于"剥层法"的叠前深度偏移速度分析方法，即浅层速度确定后，再求解下层速度。共反射点（CRP）道集扫描技术的思想是通过均匀扫描速度模型获得不同速度下深度偏移后的 CRP 道集，然后拾取使 CRP 道集同相轴拉平的速度，用该速度修正原来的速度模型。该方法具有非常直观的特点，使 CRP 道集同相轴平直的速度即正确的速度，同相轴向上弯曲表明拾取速度太低，向下弯曲则拾取速度太高。

2）剩余曲率（RCA）分析方法

剩余曲率（RCA）分析方法采用波动方程法叠前深度偏移和共成像点道集相结合来更新速度场。该方法的原理是当偏移速度拾取正确时，那么共成像点道集是被拉平的，不同偏移距的各道成像深度间不存在误差，但是当偏移速度不正确，那么提取的共成像点道集不会被拉平，通过提取共成像点道集上的剩余曲率信息就可以进行速度更新。

该方法思路简单，平层的假设使得经过深度偏移后因地层倾斜导致的反射点发散问题得到解决；而且构造倾角在一定范围内不会影响速度误差，所以速度横向变化也可以做速度分析。

3）深度聚焦（DFA）层析速度分析

深度聚焦（DFA）分析法通过波动方程将地面波场逐步向深度方向延拓，如果速度准确，则零时间成像与零偏移距成像深度相一致，当波场延拓到该深度下的地层时，该层的反射能量将收敛到零时间和零偏移距位置。

深度聚焦分析法存在不少不足之处：当数据是大偏移距或大倾角时，存在很大的速度误差；而且当存在倾斜界面、绕射和噪声时，会出现假聚焦，影响聚焦分析的分辨率和精度。不过，深度聚焦分析法也有它的优势，例如实际地震勘探资料信噪比很低时，因为剩余曲率分析法需要有信噪比比较高的共成像点道集资料，所以剩余曲率分析法的速度分析结果误差很大，而深度聚焦分析利用的多偏移距数据仍然可以较好的同相叠加，这样就可以很大程度上提高信噪比。

3. 层析速度反演

层析速度反演方法主要利用观测数据与模型数据在成像域的最佳匹配实现速度反演，基于偏移和层析交替迭代的方式进行速度反演，利用偏移和层析分别恢复速度场中的高波数信息（即速度界面）和低波。走时层析反演，该方法是发展较为完善的方法，已广泛地应用于地表估计速度，该方法的原则是观测数据与合成数据的误差最小。该方法步骤如下。

（1）在叠前道集上拾取反射同相轴及其走时，同时在速度模型上找出与之相对应的反射界面。

（2）建立初始的模型。

（3）进行射线追踪，寻找地震波从震源点到检波器点的传播路径，求出理论的走时大小。

（4）根据理论走时与实际拾取走时的误差，进行反演求解，修正已有模型。

（5）对修正后的模型做插值处理。

（6）对修正后的模型进行平滑。

（7）重复步骤（2）~步骤（6），直到模型修正满足一定的要求。

该方法仍存在一定的不足：对于带限地震波的传播，使用射线理论无法客观地描述；这是因为确定速度与确定反射界面的埋藏深度是基本耦合的，构造形态又影响射线路径，有些区域存在射线覆盖范围有限或射线分布不均匀，所以不能保证反演的稳定性和结果的可靠性。

综上所述，虽然叠前深度偏移方法能够更利于复杂构造或速度存在较大的横向变化的地震资料进行正确的成像,但是该方法要求较高精度的速度场,且其对计算机机群运算能力和资源要求很高,制约了其大范围推广应用。

针对现阶段连片处理来说,偏移技术依然主要使用的是叠前时间偏移技术,与叠前深度偏移相比,具有如下优势:①处理效率高、处理周期短;②不要求较高精度的偏移速度场,能够满足大多数探区的精度要求;③叠前时间偏移已具有成熟的配套技术。

参 考 文 献

陈华. 2011. 海上地震资料潮汐校正技术的分析及应用. 石油天然气学报, 33 (1): 90~94
陈双全, 王尚旭, 季敏. 2005. 基于信号保真的地震数据插值. 石油地球物理勘探, 40 (5): 515~517
陈小宏, 刘华锋. 2012. 预测多次波的逆散射级数方法与 SRME 方法及比较. 地球物理学进展, 27 (3): 1040~1050
董良国, 吴晓丰, 唐海忠, 等. 2006. 逆掩推覆构造的地震波照明与观测系统优化. 石油物探, 45 (1): 40~47
高彩霞. 2010. 波动方程叠前成像数据规则化技术研究与应用. 石油天然气学报 (江汉石油学院学报), 32 (6): 271~273
高建军, 陈小宏, 李景叶等. 2009. 基于非均匀 Fourier 变换的地震数据重建方法研究. 地球物学进展, 24 (5): 1741~1747
宫悦. 2011. 水域地震勘探中的多次波分析与压制. 成都: 成都理工大学
巩向博. 2008. 高精度 Radon 变换及其应用研究. 吉林: 吉林大学
郭树祥. 2008. 埕岛桩海地区连片地震资料的数据规则化处理. 石油物探, 47 (4): 387~392
国九英, 周兴元, 俞寿朋. 1996. F-X 域等道距内插. 石油地球物理勘探, 31 (1): 28~34
韩文功, 印兴耀. 2006. 地震技术新进展. 东营: 中国石油大学出版社
黄新武, 吴律, 牛滨华. 2003. 基于抛物线拉东变换的地震道重构. 中国矿业大学学报, (05): 68~73
贾友珠, 董伟, 张印堂. 2002. 三维地震资料连片处理中的面元均化技术以桩海地区为例. 油气地质与采收率, 9 (2): 50~52
姜岩, 王维红. 2007. 对比抛物 Radon 正变换几种矩阵求解方法仁. 物探化探计算技术, 29 (6): 555~559
康德权. 2009. 大庆三肇地区开发地震连片处理技术研究. 资源与产业
李丽君. 2011. 改进的波场外推海底多次波压制方法. 海洋地质前沿, 27 (4): 61~64, 70
李远钦. 1994. 一种非线性 Radon 变换及非零偏移距 VSP 波场分离. 石油物探, (03): 33~39
李振春等. 2011. 地震叠前成像理论与方法. 东营: 中国石油大学出版社
李振春, 张军华. 2004. 地震数据处理方法. 东营: 中国石油大学出版社
梁全有. 2011. 海上多缆地震数据去噪方法研究及应用. 长春: 吉林大学
刘建辉. 2010. 基于波动理论压制多次波方法研究. 东营: 中国石油大学 (华东)
刘玉金, 李振春. 2012. 局部平面波模型约束下的迭代加权最小二乘反演三维地震数据规则化. 石油地球物理勘探, 47 (3): 418~424
陆基孟. 1982. 地震勘探原理. 北京: 石油工业出版社
陆基孟, 王永刚. 2008. 地震勘探原理 (第三版). 东营: 中国石油大学出版社
毛宁波, 褚荣英. 2004. 海洋石油地震勘探. 湖北: 湖北科学技术出版社
宋勇. 2015. Kirchhoff 积分转换波叠前深度偏移方法研究. 西安: 长安大学
Soubaras R, 黄中玉. 1992. 用等涟波多项式展开和拉普拉斯合成显示三维偏移. 美国勘探地球物理学家学会第62届年会论文集

田孝坤.1998.基于模型的地震子波处理技术.石油地球物理勘探,33(增刊2):16~23
万欢.2005.高保真多次波剔除法及其在海上地震资料处理中的应用.中国海上油气,17(3):163~166
万欢,但志伟,冯全雄.2010.海上地震勘探外源干扰快速压制方法.工程地球物理学报,(1):11~14
王瑞敏.2010南海地震资料多次波压制技术研究.青岛:中国海洋大学
王维红,崔宝文.2007.双曲Radon变换法多次波衰减.新疆石油地质,28(3):363~365
王维红,裴江云,张剑锋.2007.加权抛物Radon变换叠前地震数据重建.地球物理学报,50(3):851~859
王西文,刘全新,吕焕通,等.2006.相对保幅的地震资料连片处理方法研究.石油物探,45(2):105~120
王兴宇.2014.海上地震资料处理外源干扰压制方法研究.北京:中国地质大学
王征,庄祖根,金明霞.2009.海上三维拖缆地震资料面元中心化技术及其应用.石油物探,48(3):258~261
渥伊尔马滋.2006.地震资料分析-地震资料处理、反演和解释.刘怀山,王克斌,童思友,译.北京:石油工业出版社
邬达理,等.2001.复杂三维地震联片处理技术及其应用实例分析.石油物探,40(1):9~19
吴清岭,李来林,陈斌,等.2008.基于覆盖次数的叠前振幅归一化处理在大庆油田的应用.大庆石油地质与开发,27(2):121-123,127
谢玉洪,陈志宏,朱江梅,等.2010.海上地震数据处理中采集脚印分析与衰减处理.天然气工业,30(9):28~31
辛可锋,王华忠,王成礼,等.2002.胡中标.叠前地震数据的规则化.石油地球物理勘探,04:311~317
徐辉,于海铖,傅金荣,张军华,等.2009.基于Remul法的多次波去噪研究及应用.中国地球物理,632
杨有发,何樵登,张建祥,等.1997.海洋地震勘探.吉林:吉林科学技术出版社,54~56
杨子兴,等.2004.溱潼凹陷三维地震资料联片处理技术和效果分析.石油物探
Yilmaz O,Lucas D,冯太林.1987.叠前层置换.石油物探译丛
于海铖,周小平.2010.模型子波处理技术在消除地震相位差异中的应用.油气地质与采收率,07(17)
于海铖,徐辉,张学涛,张军华,等.2011.基于频率慢度域二阶算子的多次波去噪方法研究及应用.油气地质与采收率,18(4):45~46
袁全社,李列,柴继堂,等.2011.共反射面元叠加技术在南海北部莺-琼盆地中的应用.海洋地质前沿,27(10):41~48
张保卫.2007.Rdano变换及其在地震数据处理中的应用.武汉:长江大学
张红梅,刘洪.2006.基于稀疏离散;变换的非均匀地震道重建.石油物探,(2):141~145
张军华,周振晓,张雷,等.2010.基于反馈环的多次波压制方法研究.地震学报,32(1):60~68
张涛,王宇超,田彦灿,鲁烈琴.2014.地震数据的空间采样与能量联合规则化方法及应用.新疆石油地质,35(2):226~229
张永杰,孙秦.2007.大型复线性方程组预处理双共轭梯度法.计算机工程与应用,43(46):19~20
张志军,王修田.2006.用奇异值分解方法衰减多次波.中国海洋大学学报(自然科学版),2006(S2):110~114
赵秀鹏.2004.海洋气枪震源组合及子波模拟.油气地质与采收率,11(4):36~38
赵志萍,徐辉,王惠玲.2003.三维地震资料连片的一致性处理技术.油气地质与采收率,10(4):35~36,39
郑江龙,许江,李海东,房旭东,王恒波,胡毅,钟贵才.2015.海上单道地震中船舶等背景噪声的影响分析及压制.应用海洋学学报,(1):17~23
朱根法.1984.加权叠加压制多次波.油地球物理物探,485~487

Bagaini C and Spagnolini U. 1996. 2-D continuation operation and their application. Geophysics, 61 (6): 1846~1858

Biondi B, Fomel S and Chemingui N. 1998. Azimuth moveout for 3D prestack imaging. Geophysics, 63 (2): 574~588

Bleistein N, Cohen J K, Stockwell J W. 2001. Mathematics of Multidimensional Seismic Imaging. Migration and Inversion. Springer Verlag, Inc

Chemingui N. 1999. Imaging Irregularly Sampled 3D Prestack Data, Stanford University

Claerbout JF. 2009. Geophysical Estimation by Example: Geophysical Soundings Imaging Construction and Multidimensional Auto regression. Stanford exploration Project

Duijndam W, Shonewille M. 1999. Non uniform fast Fourier Transform. Geophysics, 64 (2): 539~551

Fomel S. 2002. Applications of plane-wave destruction filters: Geophysics. 67, no. 06, 1946~1960

Fomel S and Bleistein N. 1996. Amplitude Preservation for Offset continuation: Confirmation for Kirchhoff data. SEP-92: 219~227

Gerald E K, Juergen P, Guido, et al. 2008. Noise Reduction in 2D and 3D Seismic Imaging by the CRS method. The Leading Edge, 2: 258~265

Hale D. 1991. A nonaliased integral method for dip moveout. GEOPHYSICS, 56 (6): 795~805

Hampson D. 1986. Inverse velocity stacking for multiple elimination. Journal of the Canadian Society of Exploration Geophysicists, 22: 44~55

Hill N R. 1990. Gaussian beam migration. GEOPHYSICS, 55 (11): 1416~1428

Hill N R. 2001. Prestack Gaussian-beam depth migration. GEOPHYSICS 66, SPECIAL SECTION: 1240~1250

Hugonnet P, Herrmann P, Ribeiro C. 2001. High resolution Radon: a review. Expanded Abstracts of EAGE 63th Annual Conference, Session: IM~2

Jakubowiez H. 1994. Wave field: reconstruction. Expanded Abstracts of 64th Annual Internat SEG Mtg, 1557~1560

James L. Black, Karl L. Schleicher, Zhang L. 1993. True-amplitude imaging and dip moveout. GEOPHYSICS, 58 (1): 47~66

John R. Berryhill. 1979. Wave-equation datuming. GEOPHYSICS, 44 (8): 1329~1344

Kabir M M N, Verschuur D J. 1995. Restoration of missing offsets by parabolic Radon transform. Geophysical Prospecting, 43: 347~368

Keho T H, Beydoun W B. 1988. Paraxial ray Kirchhoff migration. GEOPHYSICS, 53 (12): 1540~1546

Luis L, Canales. 1984. Random noise reduction. SEG Technical Program Expanded Abstracts: 525~527

Monk D J. 1993. Wave-equation multiple suppression using constrained gross 2 equalization. Geophysical Prospecting, 41 (6), 725~736

Peacock K L, Treitel S. 1969. Predictive Deconvolution: theory and practice. GEOPHYSICS, 34 (2): 155~169

RosaA L R, Ulrych T J. 1991. Processing via spectral modeling. GEOPHYSICS, 56 (8): 1244~1251

Sacchi M and Ulrych T. 1995. High resolution velocity gathers and offset space reconstruction. Geophysics, 60 (4): 1169~1177

Sacchi M D, Ulrych T J. 1995. Improving resolution of Radon operators using a model reweighted least squares procedure. Journal of Seismic Exploration, 4: 315~328

Schneider W A. 1978. Integral formulation for migration in two and three dimensions. Geophysics: 49~76

Sergey Fomel. 2001. Three Dimension Seismic Data Regularization, Stanford University

Sergey Fomel. 2002. Application of plane-wave destruction filters. Geophysics, 67 (6): 1946~1960

Spitz S. 1991. Seismic trace interpolation in the f-x domain. Geophysics, 56 (6): 785~794

Trad D, Ulrych T, Sacchi M. 2003. Latest views of the space Radon transform. Geophysics, 68 (1): 386~399

Watts A O, Ikelle L T. 2005. Linear demultiple solution based on the concept of bottom multiple generator (BMG)

approximation. SEG Technical Program Expanded Abstracts: 2134~2137

WuRS, Chen L. 2002. Mapping directional illumination and acquisition- aperture efficacy by beamlet Propagators. Expanded Abstracts of 72nd Annual Internat SEG Mtg, 1352~1355

ZdravkoN, Ruskal, Chavdar K, et al. 2004. Sampling and Interpolation of periodic signals. Cybernetics and Information Technologies, 4 (1): 43~53

Zhan Y, Zhao B, Liu J H, and Wang C X. 2008. Prestack coherent noise suppression in the 2D wavelet domain. SEG Technical Program Expanded Abstracts: 2632~2636

Zhou B, Wang Z L. 2013. Unlock the Full Potential of the Luda Field through High Fidelity Depth Imaging, a Case Study from Offshore China. 75th EAGE Conference & Exhibition incorporating SPE EUROPEC 2013 London, UK, 10~13

Zhou B, Liu Y X, Liu J J. 2011. PZ summation for shallow water in Bohai. SPG/SEG Shenzhen 2011 International Geophysical Conference

Zhou B, Zhou J, Wang Z L, Guo Y H, Xie Y and Ye G Y. 2011. Anisotropic depth imaging with High Fidelity Controlled Beam Migration: a case study in Bohai, offshore China. SEG San Antonio 2011 Annual Meeting

Zwartjes P, Gisolf A. 2002. Fourier reconstruction with sparse inversion. Geophysical Prospecting. offset. Geophysics, 67 (5): 1575~1585

第三章 辽东湾地震资料连片处理目的与意义

第一节 项目背景

一、辽东湾区域地质概况

辽东湾拗陷位于渤海东北海域，是一近 NE-SW 向展布的狭长条带状断陷。南至辽东半岛南端（老铁山）与河北省秦皇岛市连线，北界大致为辽东湾海域与陆地分界。总面积近 $2.6\times10^4 km^2$，其东侧为胶辽隆起，西侧为燕山褶皱带，南部紧临渤中拗陷，北与下辽河断陷相接。该盆地为下辽河拗陷向海域延伸的部分，属于渤海湾盆地的一个次级构造单元。

辽东湾地区 1979 年实施钻探工作，截至 2009 年，在馆陶组、东营组、沙河街组和潜山都已经发现了工业油气流，已钻的 45 个构造中，已发现了 8 个油气田和 24 个含油气构造。本区含油层系多、储量大，据统计三级地质储量已达 $13\times10^8 m^3$，其中探明的地质储量就高达 $7.7\times10^8 m^3$，辽东湾拗陷成为渤海海域油气最为富集的地区之一，在渤海油田的发展中占据着非常重要的作用。

"九五"期间：

蔡东升、罗毓辉等的"渤海断裂构造演化对成油体系及油气富集规律的控制和影响研究"，辽东湾作为其中的一部分工区，以二维地震资料为主做过部分断裂与成藏方面的研究。

"十五"期间：

于水、徐长贵等的"渤海下第三系勘探关键技术研究"以二维资料为基础，结合部分三维地震资料，完成了辽东湾探区沉积体系研究。

辽东湾勘探项目队及部分外协课题以局部三维地震资料为基础，完成部分构造带的构造、沉积和成藏研究。

"十一五"期间：

夏庆龙等的"渤海盆地油气形成与分布预测"，辽东湾作为其中一部分研究工区，以二维地震资料为基础结合部分三维地震资料，完成了构造、沉积与成藏的初步探索性研究。

自 1979 年 3 月开始实施钻探旅大 20-3 构造的 L5 井以来，截止 2012 年年底，辽东湾探区已钻探 73 个构造，发现 14 个油气田（图 3.1），43 个含油气构造，其中亿吨级油田 6

个，三级石油地质储量17.26亿方（油当量），其中，探明9.897亿方（油当量），探明程度23%，属于勘探高峰的早期阶段。2012年辽东湾探区油气产量为1197.55万方（油当量），占渤海油田总产量（2952.19万方）40.56%。本区仍具有巨大的勘探潜力。

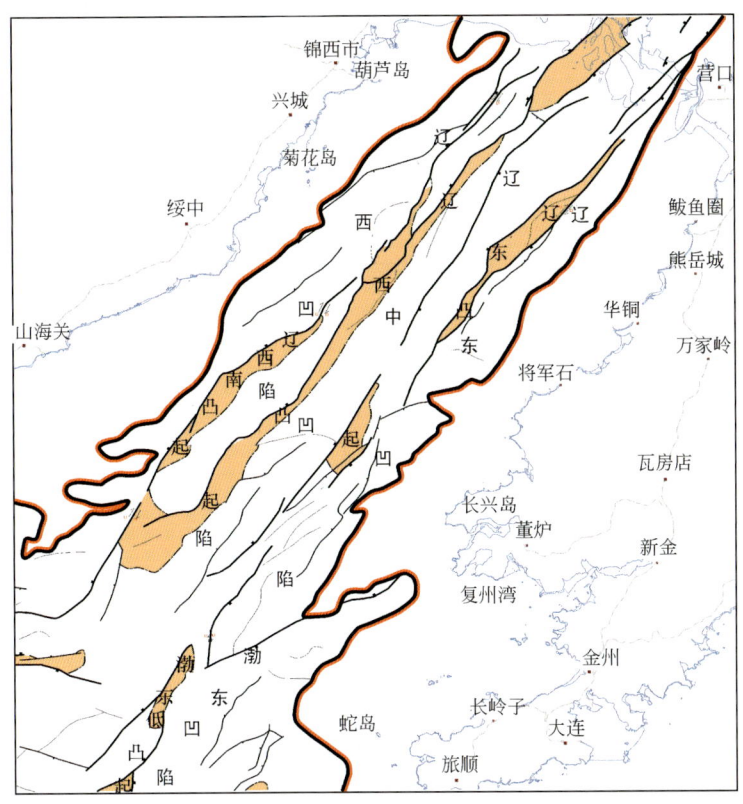

图3.1 辽东湾拗陷地理位置及构造区划图

辽东湾拗陷古近纪具有明显的三凹两凸相间的构造格局，自东向西依次为辽东凹陷、辽东凸起、辽中凹陷、辽西低凸起、辽西凹陷（贾楠等，2015）。这几个构造单元与拗陷走向一致，为NE-SW向展布（图3.2），这样的构造格局与渤海湾盆地所处的构造背景有着密切的联系，而郯庐断裂带的客观存在及其自新生代以来的多次走滑运动是拗陷乃至盆地形成的最主要的大地构造背景。

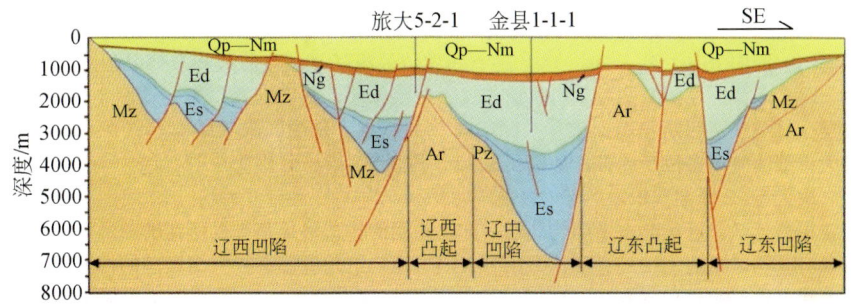

图3.2 辽东湾拗陷某测线新生界构造剖面图

辽东湾拗陷新生代以来的构造演化主要划分为四个阶段：古新世—始新世中（Ek-Es$_3$）的伸展裂陷阶段为第Ⅰ阶段；始新世晚期—渐新世早期（Es$_3$-Es$_1$）的第一裂后热沉降阶段为第Ⅱ阶段；渐新世东营期的走滑拉分再次裂陷阶段为第Ⅲ阶段；新近纪以来的拗陷整体下沉阶段为第Ⅳ阶段。

从层序地层单元上可以将辽东湾拗陷划分为前古近系、古近系和新近系三个一级层序，古近系又可以分为六个三级层序，从下至上为孔店–沙四、沙三、沙二–沙一、东三、东二和东一层序。

1. 前古近系层序

此层序的顶界面即为古近系层序的底界面，为一级区域不整合面，代表着辽东湾拗陷乃至整个盆地的基底面。此界面之上的陆相碎屑岩与不同部位基底岩石的时代和岩性均有不同，造成了界面上下地层各项特征差异显著，此层序界面在地震剖面上具有明显的削截和上超特征。辽东湾拗陷在太古宇变质岩、混合花岗岩潜山及古生界碳酸岩潜山均发现了油气，前二者较为富集。

2. 古近系层序

古近系主要为断陷期沉积，与上覆的新近系之间的界面为一级区域不整合面，界面特征在地震剖面和测井曲线上均较显著。构造演化控制了古近系不同沉积层序的分布和演化。

1）孔店–沙四层序

这一时期沉积局限，地层展布受拗陷 NE-SW 向的分布形态控制。从钻遇这一层序的少数钻井开始分析。此层序沉积时期，盆地处于盆地初始裂陷期的裂陷Ⅰ幕，只在次级凹陷边缘发育小规模的扇三角洲和近岸水下扇沉积；中部为滨浅湖、浅湖沉积，岩性以泥岩与碳酸盐岩互层为主，夹有红色岩层，为干旱环境下的小型湖泊和冲积扇沉积形成的。

2）沙三层序

辽东湾拗陷首次快速断陷期，随着统一湖盆形成，沉积范围明显扩大，以扇三角洲发育为特征，在主要边界断层下降盘还发育近岸水下扇沉积，中、西侧的两个凹陷以浅湖和半深湖沉积为主，夹有重力流沉积。主要的岩性有暗色泥岩和油页岩，主力烃源岩发育层段为沙三层序。

3）沙二–沙一层序

此阶段为辽东湾拗陷第一稳定热沉降阶段，湖盆规模扩张，但水体变浅，构造活动也相对减弱，盆地地形也相对变缓，沉积以滨浅湖、浅湖相为主。以灰色泥岩、页岩与中–粗砂岩互层沉积岩性为主的沙二段，其中有湖泊、碳酸盐岩台地和扇三角洲多种沉积环境发育；以特殊岩性段为主的沙一段，发育暗色泥岩和油页岩，底部由生物碎屑灰岩、碎屑云岩构成，并且底部为湖泊和碳酸盐岩生物滩礁环境；本层序是辽东湾北区的主力含油层系之一。

4）东三层序

此层序为断裂活动强烈的沉积时期，为辽东湾拗陷又一快速断陷期，是凸起的主要形成时期，三凹两凸构造格局已显著形成。以滨浅湖、浅湖、半深湖为主的沉积，深水沉积中的砂岩夹层浊积扇和近岸水下扇沉积。入湖各水系也偶见小规模的三角洲沉积体和辫状河三角洲沉积。岩性主要为深灰色泥岩夹砂岩透镜体，沉积环境以湖泊为主；以区域盖层为主的东三段，在中部凹陷的深洼部位也可成熟供烃。

5）东二层序

此层序沉积时期继承了东三沉积时的构造背景，构造活动明显减弱，沉积范围变化不大，该时期沉积厚度明显变薄，凸起的沉积体系分隔作用变弱，辽东湾拗陷两侧物源充足，使得辽东湾全盆范围广泛发育大型的三角洲沉积体系。发育厚层状中－细粒砂岩，为辽东湾拗陷主力含油层系之一。

6）东一层序

继承了东二层序沉积时的沉积背景，盆地处于填凹补齐的断陷晚期，位于盆地内部和边缘的构造活动基本停止，从而由盆内各凸起引起的对沉积的控制作用消失，西部翘倾明显，辽东湾拗陷西高东低的缓坡背景基本形成。辽东湾地区几乎由不同水系大规模的三角洲沉积体系覆盖。沉积范围更广，以灰色、黄绿色泥岩与浅灰色砂岩互层为主要岩性，形成的沉积环境主要为河流、三角洲和湖泊。

3. 新近系层序

该层序为全区裂后拗陷期沉积，由一套辫状河到曲流河的陆源粗碎屑沉积构成。新近系是辽东湾拗陷南部地区油气田的重要储油层系。

综上所述，辽东湾拗陷地质条件复杂，新生代以来的多期构造运动，特别是郯庐断裂带多次走滑运动，构造运动剧烈，形成了复杂的断裂系统，发育了大量的诸如铲式、坡坪式、屋脊式、"S"形、复杂"Y"形、花状等大小断层，且断层组合相对复杂，断块破碎。同时也发育了多种的沉积类型，扇三角洲相、辫状河三角洲相、三角洲相、近岸水下扇相、浊积扇相、滩坝相、河流相、湖泊相等均较常见。岩石类型各异，储层主要有碎屑岩和变质岩两大类，碎屑岩岩石类型包括砾岩、砂岩、粉砂岩及火山碎屑岩；变质岩储层岩石包括混合岩类、区域变质岩类和碎裂岩类。总体的构造沉积作用使得地层跨越的地质时期长，不同地质时期地层的地震相参数差异大，地质构造种类多，水平层、凹陷、凸起、超覆、剥蚀、断层及斜层汇聚在一起，跌宕起伏，错综复杂，目的层埋藏浅、中、深皆有，而且横向上速度变化大。

二、辽东湾地区地震资料情况分析

辽东湾现有不同采集批次的三维地震资料 29 块，叠合面积为 20392km^2，成像面积为 16864km^2，如图 3.3 所示。

29 块工区的原始数据磁带共计 50000 余盘，磁带类型有 3480、3490、3590 和 3592，数据量达 200T。工区包括 LD28-29，LD20，JZ22-28，JZ33（拖缆），JZ33（OBC），JZ14-15，JZ17-23，LD8-9，SZ29-4，JX1-LD12，JZ19-20，LD16-17，JZ16，JZ16-21（94 年），JZ16-21（95 年），JZ20-2，JZ25，02/16（ESSO），02/31，CHEVRON，02/31-06/17，LD10，SZ36-1，SZ36-1N，JZ9-3，PL2-2，BDXP，LD5-2N，JZ17-23（北部）。其中 9 块工区为海底电缆采集，20 块工区为拖缆采集，采集方式多样（表 3.1），采集方法和参数也

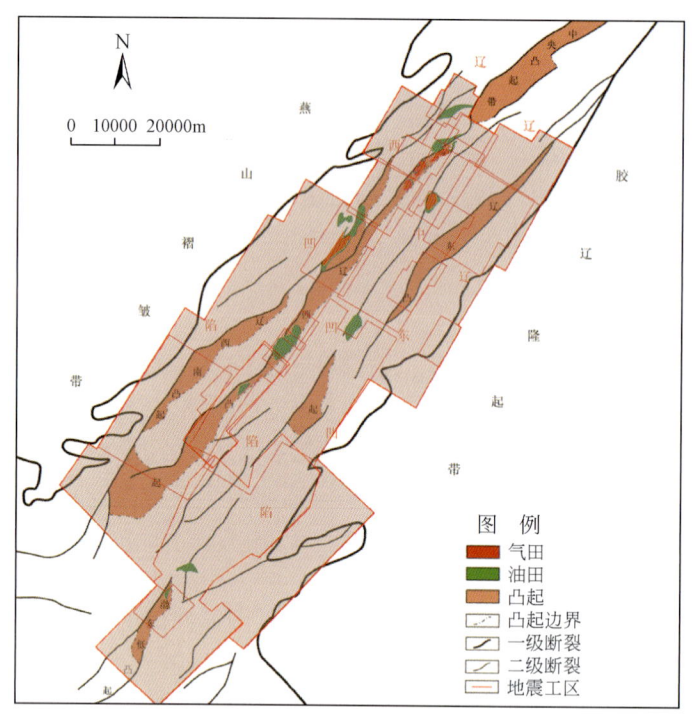

图 3.3 辽东湾三维地震资料覆盖情况

相差很大（表 3.2），从单缆、双缆到多缆采集，从海底电缆 swath 到 patch 施工，几乎见证了海上采集的所有采集方式。采集年份跨越 29 年，其中 JZ20-2 工区为 1985 年采集的拖缆资料，是 29 块工区中采集年份最老的工区，LD5-2N 为 2014 年新采集的海底电缆资料。

29 块工区中 5 块工区为 1985 年~1995 年采集，约 1611km^2，资料品质相对较差，其中 JZ20-2、SZ36-1N 等为单源单缆采集；11 块工区为 1996 年~2005 年采集，资料品质相对较好；13 块工区为近几年采集，海底电缆资料相对较多，资料品质也相对较好。

复杂的地质情况给地震勘探带来很大的影响，尤其影响地震记录的质量，容易造成强的干扰波，降低信噪比，主要表现为地震资料信噪比低，反射波的能量弱，同相轴连续性差，不易进行层位追踪及标定；成像精度低，构造不清楚，难以确定复杂地区构造形态的细节；断裂关系不清楚，断点模糊，断裂结构及断面位置难以确定，组合断裂系统容易出现误差，断面位置从而发生偏移，导致出现不合理的断裂系统格局；分辨率低，层间反射弱，地层接触关系不清楚，进而影响地层圈闭的解释。本海域海水浅导致发育的多次波与有效波混合，使之真假难辨。

因此通过合理的处理方法和处理流程，以大尺度全拗陷乃至全盆地的视角来宏观统筹地震数据的处理，可以克服复杂地质条件所带来的负面影响，有效地去除干扰波，提高信噪比，达到三高（高分辨率、高信噪比、高保真度）的要求，最终使得叠前偏移地震记录剖面具有较高的品质，为后期的精细解释提供有力依据。

表 3.1 辽东湾三维地震资料采集方式统计表

拖缆采集（20）	1 源 1 缆：JZ202、SZ36-1N
	2 源 2 缆：CHEVRON、LD10、02-31
	2 源 3 缆：LD28-29、LD8-9、SZ29-4、JX11、LD16-17 等
	2 源 4 缆：LD20、BDXP
海缆采集（9）	PATCH：JZ22-28、JZ14-15、JZ17-23、JZ17-23N
	SWATH：SZ36-1、JZ29-3、JZ16、LD5-2N、JZ33

表 3.2 辽东弯各工区方位角

采集区块	采集方向	采集区块	采集方向
LD16-17	301°	02/16	123°
JX1-LD12	301°	JZ16-21	303°
JZ19-20	301°	JZ16-21（1）	302°
SZ36-1	301°	JZ27-33	303°
JZ9-3	301°	SZ36-1N	301°
JZ25-1S	301°	JZ9-3	121°
LD10-LD16	312°	SZ36-1S	212°
02/31	221°	JZ20-2	122°
02/31-06/17	131°	……	……

三、辽东湾现有地震资料存在的问题

现有的地震资料对于辽东湾的整体构造解释研究还存在一定的局限性，主要体现在以下四个方面。

（1）不同区块的三维地震资料品质存在较大差异，给辽东湾海域精细解剖全区盆地特征带来极大困难（图 3.4）。

（2）早期资料为单片三维分别处理、解释，年度差异大，相邻区块间解释层位存在明显差别，圈闭无法得到精确落实（图 3.5）。

（3）用于区域性研究相对大范围的构造图只能靠拼图线拼接（图 3.6）。

（4）相邻研究区资料能量、信噪比、频率等方面都存在很大差别，造成地震相研究结果差异非常明显（图 3.7）。

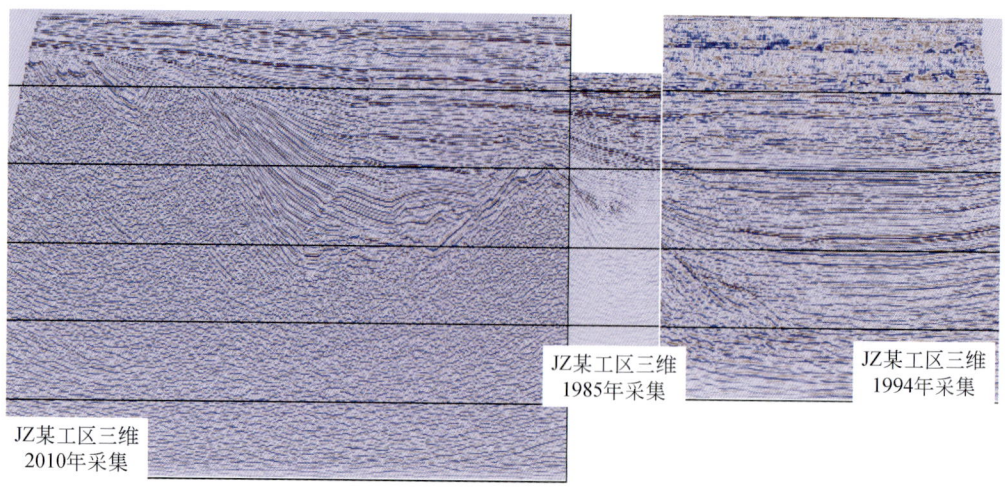

图 3.4 辽东湾三维地震资料问题一

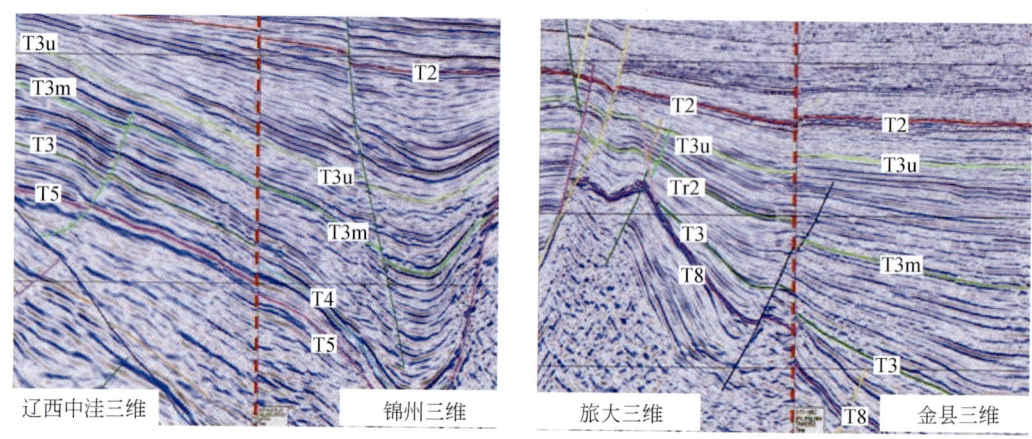

图 3.5 辽东湾三维地震资料问题二

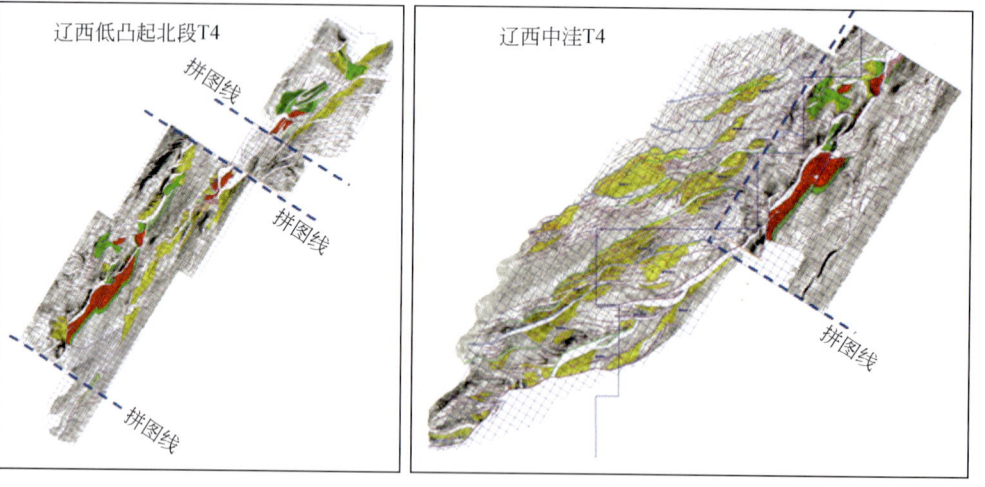

图 3.6 辽东湾三维地震资料问题三

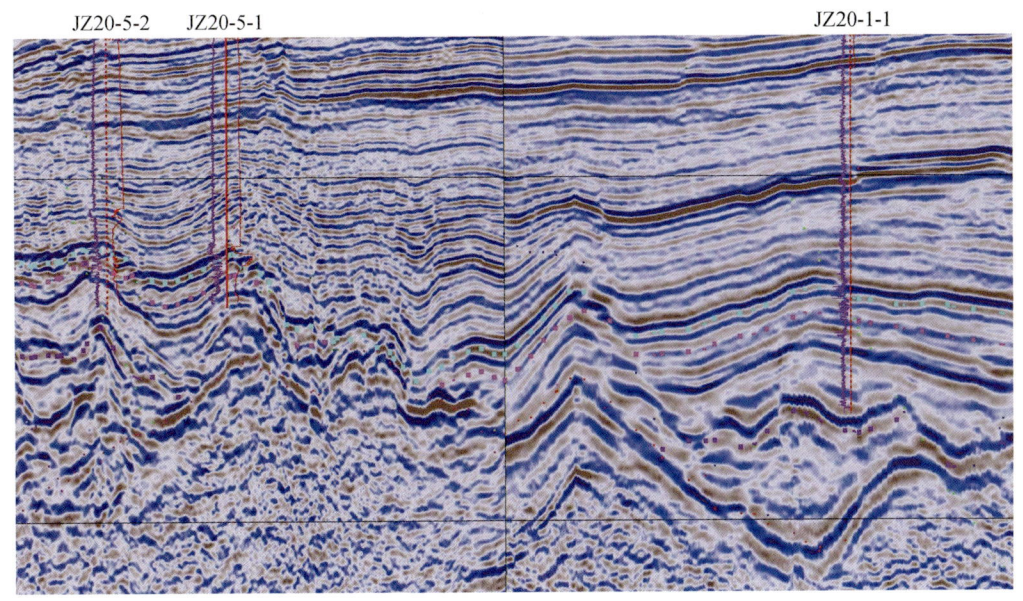

图 3.7 辽东湾三维地震资料问题四

第二节 原始资料品质分析

由于采集方式、采集年份等条件的不同，辽东湾区域原始地震资料之间存在较大差异，不能直接对原始资料进行统一处理，不同区块地震资料品质分析是后续连片处理的基础，经过分析研究，可以得到如下特点。

（1）本次拼接原始资料复杂且数据量巨大。涉及三维工区 29 块，时间跨度从 1985 年到 2014 年，涵盖所有海上地震采集方式，原始资料数据量 200T。

（2）噪声类型全，涉及的处理步骤多，涉及处理试验参数 10541 余个。包括去噪、反褶积、衰减多次波、偏移参数等。

（3）不同工区资料品质差异巨大。29 块三维工区，各区资料品质差异巨大，在能量、相位、频谱、信噪比等方面存在明显的不一致性。

多个三维区块的连片处理中，需要充分考虑不同区块间的资料在振幅、频率、相位等方面的差别。为了更好地分析辽东湾地区的资料品质特性，选取不同工区的单炮资料，分析对比各工区资料间的差异。

由图 3.8 和图 3.9 可以得知，02/16、02/31-06/17 工区及 06/17 工区的炮集振幅能量存在差异；分析图 3.9 中的频谱可以得知，上述工区炮集存在时差，但能量级别基本一致。02/31-06/17 工区炮集存在低频噪声，以上工区信噪比存在差异。通过频谱分析，可以得知工区 02/16 的频带最宽，而工区 06/17 的频带最窄。

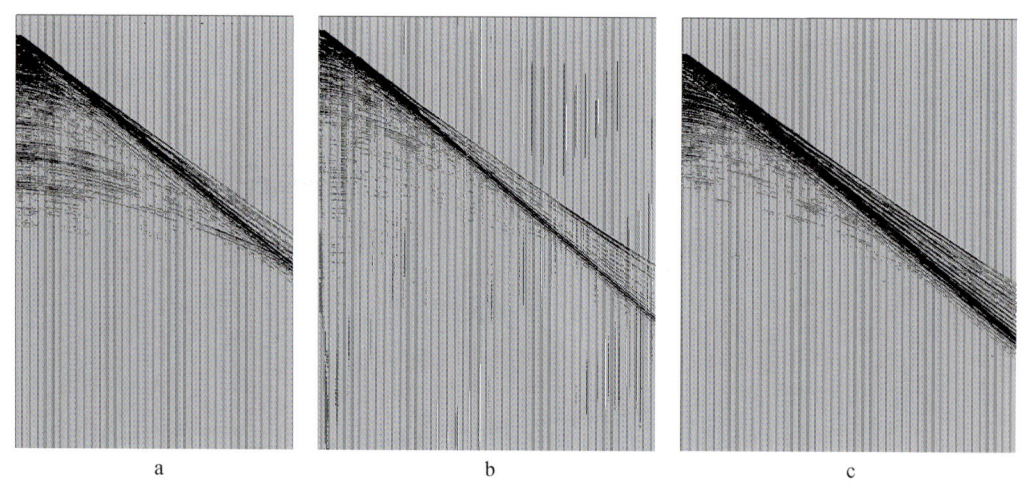

图 3.8　02/16 工区（a）、02/31-06/17 工区（b）及 06/17 工区（c）单炮对比图

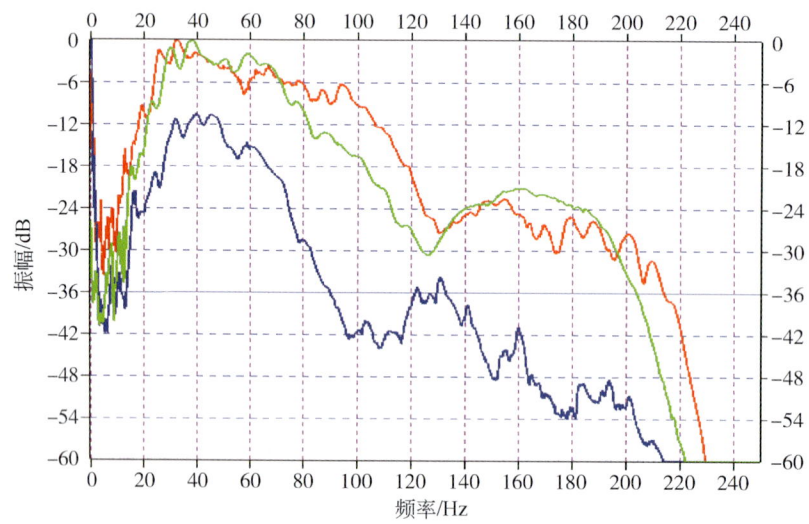

图 3.9　02/16 工区（红色）、02/31-06/17 工区（绿色）及 06/17 工区（蓝色）频谱分析对比图

分析图 3.10 和图 3.11 可以得知，以上三个工区的炮集上存在时差，三个工区的地震记录在能量上存在明显的不一致性，其中 1991 年采集的工区 JZ-B 的炮集记录能量最强，而 2004 年通过海底电缆采集的工区 JZ-A 的炮集记录能量最弱。由频谱分析对比图可以得知，工区 JZ-A 的资料频率最高、频带最宽，而工区 JZ-B 的资料频带最窄。

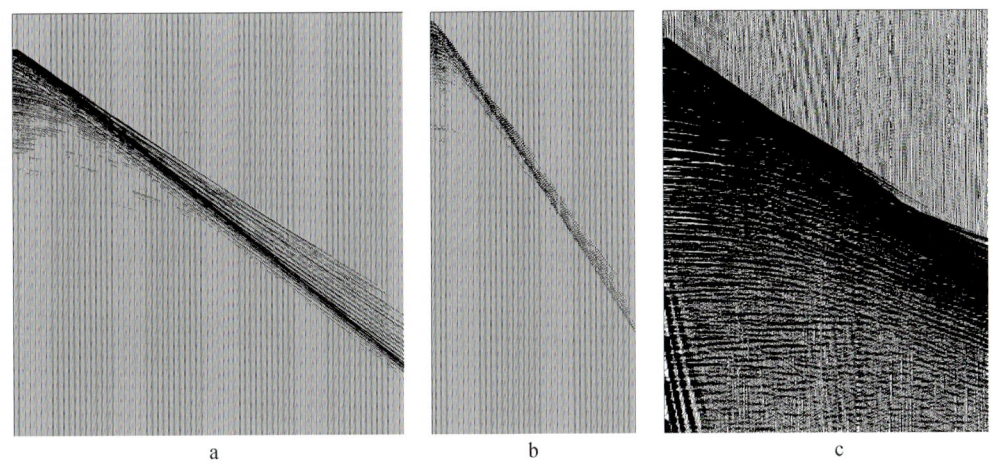

图 3.10 02/31 工区（a）、JZ-A 工区（b）及 JZ-B 工区（c）单炮对比图

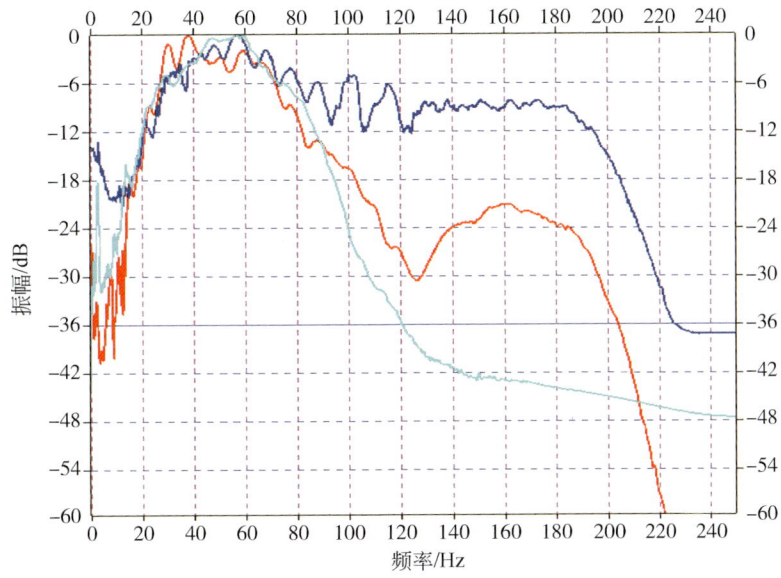

图 3.11 JZ-A 工区（蓝色）、02/31 工区（红色）及 JZ-B 工区（浅蓝）频谱分析对比图

由单炮对比图 3.12 可以看出三个工区的炮集上存在一些时差，JZ-E（1985 年采集）能量最强，JZ-D（2005 年采集）能量最弱。由频谱分析对比图 3.13 可以看出，JZ-D 的频带最宽，JZ2-E 频带最窄。

工区 LD-A、JX-LD 和 LD-B 由于采集时间均为 2000 年以后，采集船队均为滨海 511，由于采集参数相差不大，由图 3.14 可以得知，这三个工区的振幅差异较小；由图 3.15 可以得知，这三个工区的频率成分、频带宽度基本一致。因此，这三个工区的资料最有利于连片处理。

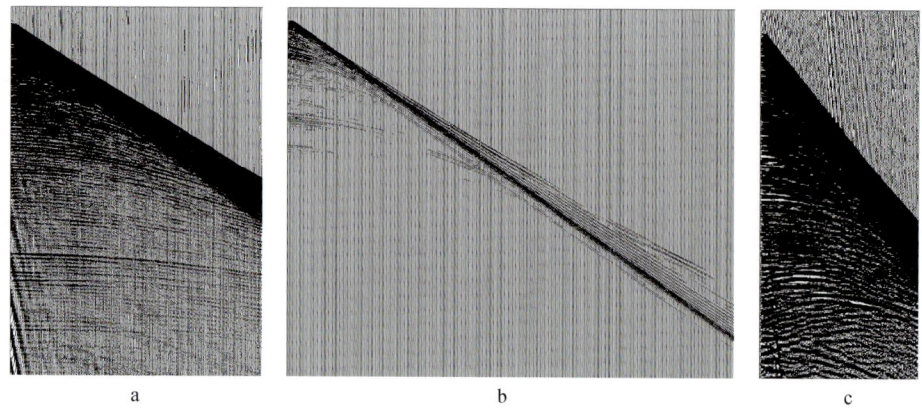

图 3.12　JZ-C 工区（a）、JZ-D 工区（b）及 JZ-E 工区（c）单炮对比图

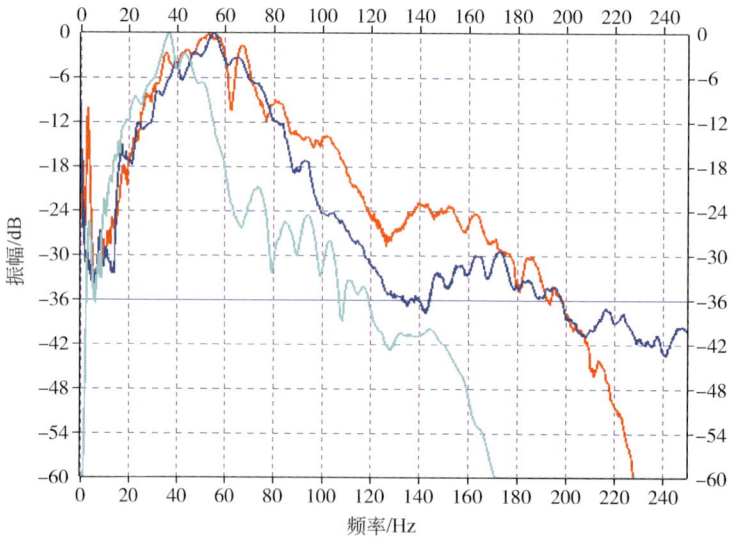

图 3.13　JZ-C 工区（红色）、JZ-D 工区（蓝色）及 JZ-E 工区（浅蓝）频谱分析对比图

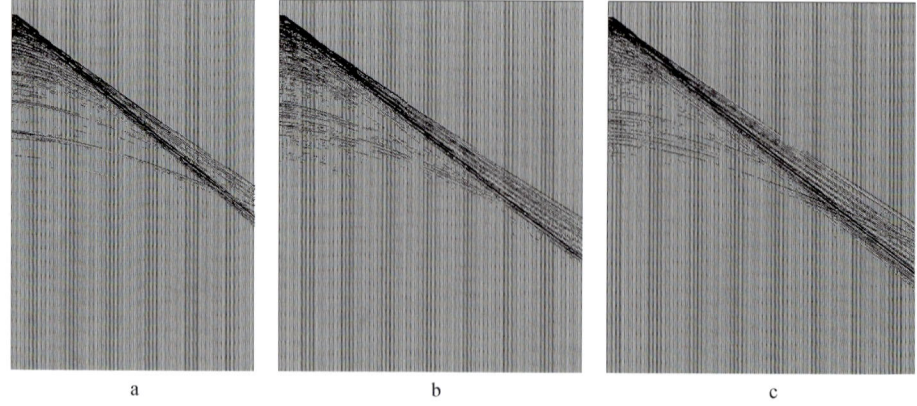

图 3.14　LD-A 工区（a）、JX-LD 工区（b）及 LD-B 工区（c）单炮对比图

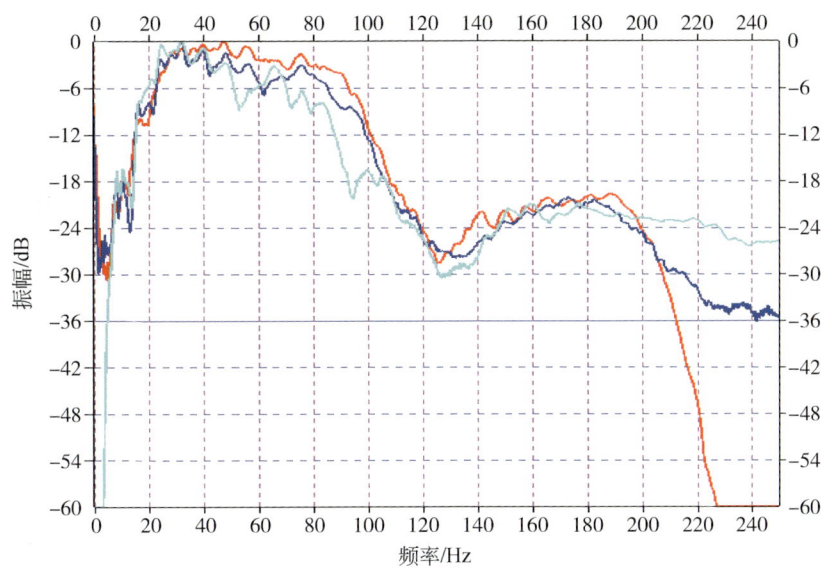

图 3.15 LD-A 工区（红色）、JX-LD 工区（蓝色）及 LD-B 工区（浅蓝）频谱分析对比图

为了更加清晰地说明工区间资料的差异性对连片处理的影响，选取不同工区的偏移叠加资料，对资料的能量、相位以及带宽，信噪比等进行进一步对比分析，从而更好的分析不同工区的资料品质差异性，为后续整个工区的资料连片处理提供条件。

一、北部区块

连片拼接处理的北部区块主要有 JZ9-3、JZ33、JZ17-23、JZ17-23N、JZ22-28、JZ20-2、JZ16-21 等工区。海底电缆资料多分部于北部区块，为最近几年采集，此外，北部区块还包含 1983 年采集的 JZ20-2 工区，及 1994 采集的 JZ16-21 工区，所以北部区块的资料品质差异相对较大，后续拼接难度最大。

1. 能量差异

分析图 3.16 所示的偏移叠加图，可以看出两剖面之间存在能量的差异，图 3.16（a）对应工区的叠加偏移剖面能量相对较弱，而图 3.16（b）对应工区对应的叠加偏移剖面能量相对较强，二者在能量上存在数量级上的差异，连片处理过程中需要根据第二章中振幅一致性处理的方法，对上述工区的原始地震资料进行振幅的一致性处理。

2. 相位差异

分析图 3.17 中两个工区偏移叠加图，可以发现经过能量均衡处理后，二者在能量上基本趋于一致，振幅之间的差异明显减小，但是分析拼接点处的信息，可以发现二者存在时差差异。

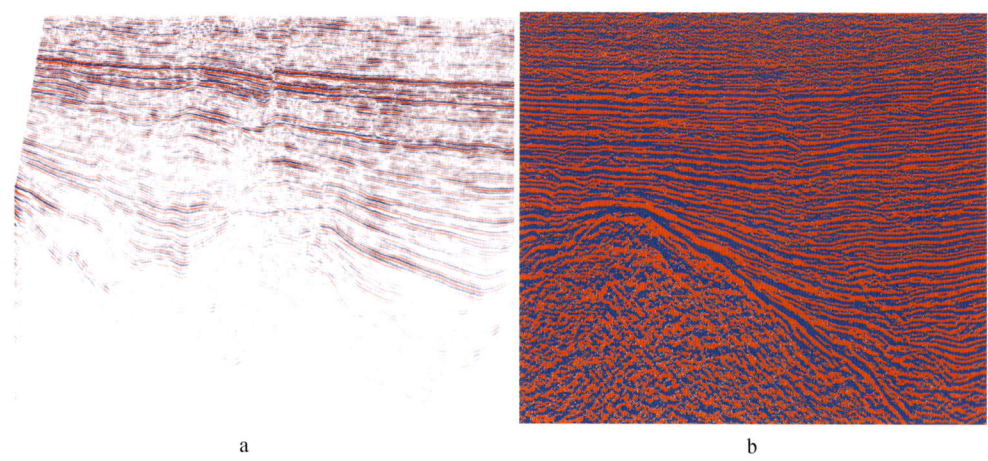

图 3.16　工区 JZ 某 A 工区偏移叠加纯波图 (a) 与 JZ 其他三个拼接工区连片处理图 (b)

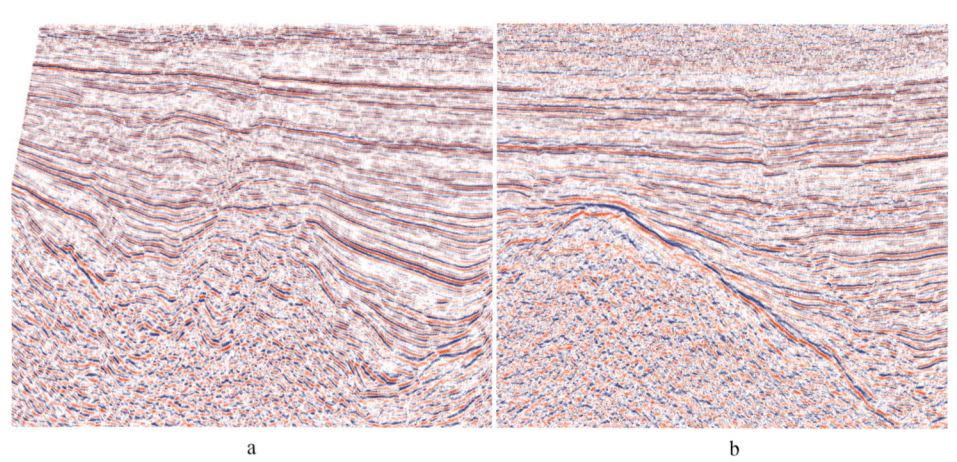

图 3.17　能量均衡后的 JZ 某 A 工区偏移叠加图 (a) 与 JZ 其他三个工区连片处理图 (b)

为了更加准确地分析两工区之间的相位特性，对上述工区重合部分的相位进行了谱分析，得到图 3.18 所示的相位分析图，分析可知，JZ 其他三个拼接工区相位为最小相位，而 JZ 某 A 工区为混合相位，二者之间存在相位差异，为了提高连片处理的质量，需要进一步进行相位的一致性处理。

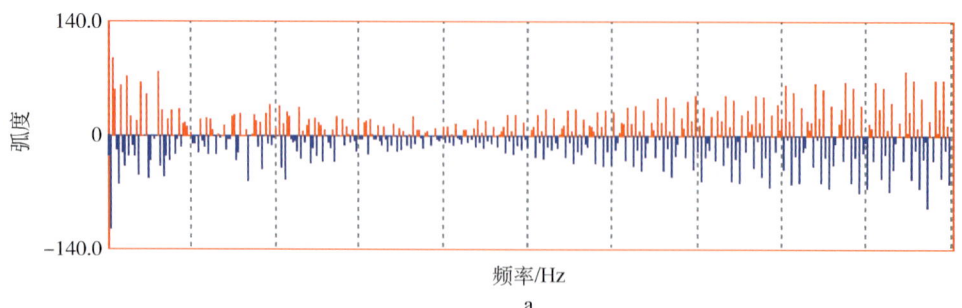

a

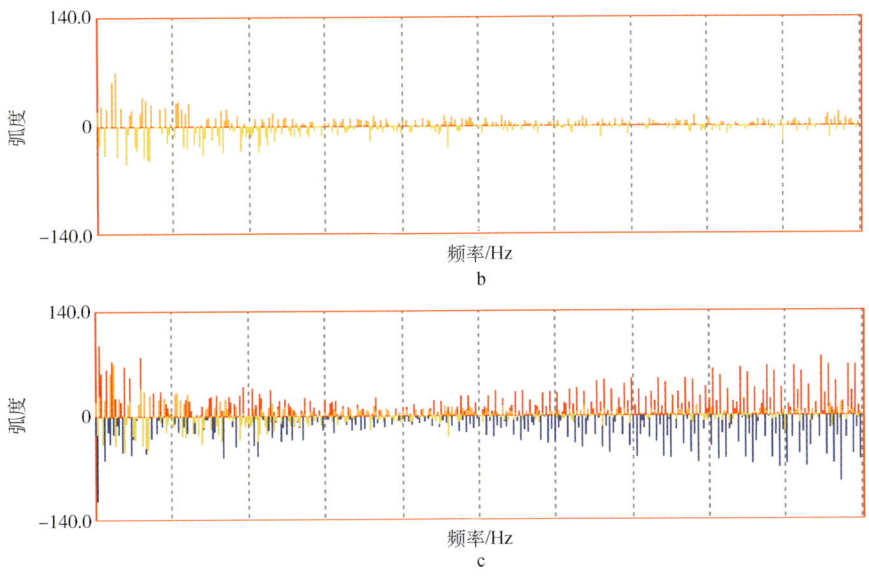

图 3.18　JZ 某 A 拼接工区相位分析图 (a), JZ 其他三个拼接工区相位分析图 (b) 与拼接工区重合部分相位分析图 (c)

3. 相似性

分析图 3.19, 可以得知两工区在 2~2.5s 间的凹陷构造部分的相似性较好, 其他部分相似性较差, 两工区之间的相似性整体不够理想, 因此, 为了得到高质量的连片处理资料, 需要进一步进行相位校正。

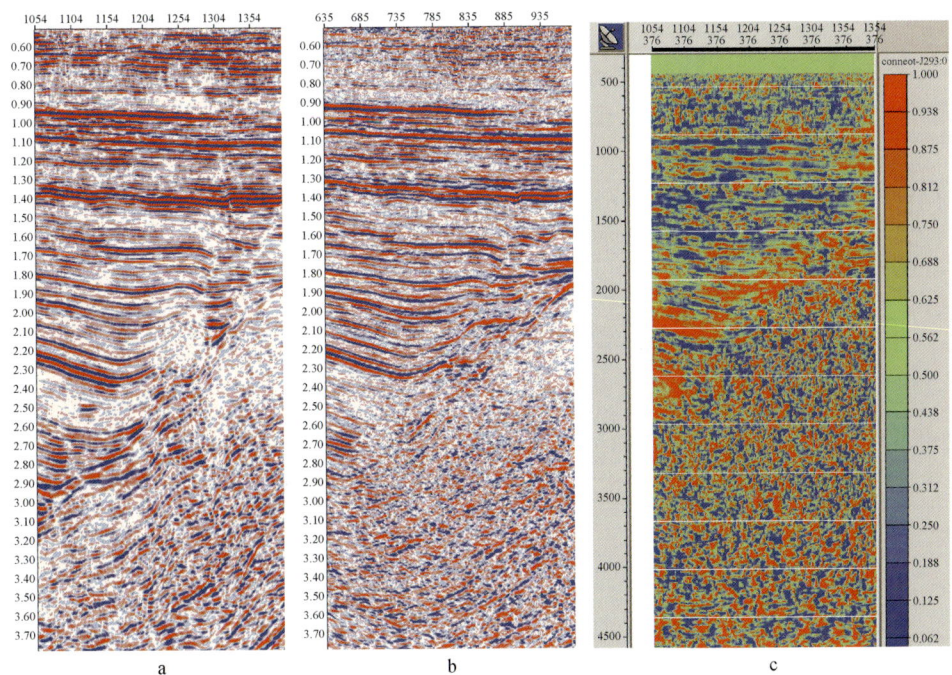

图 3.19　能量均衡后重合部分的 JZ 某 A 偏移叠加图 (a),
JZ 其他三个工区连片处理图 (b) 与相似性图 (c)

4. 带宽差异

通过图 3.20 所示的频谱分析图可以看出，JZ 某 A 工区和 JZ 其他三个拼接工区之间在频带宽度上存在一定差异，JZ 其他三个拼接工区频带范围要比 JZ 某 A 工区频带范围要宽。

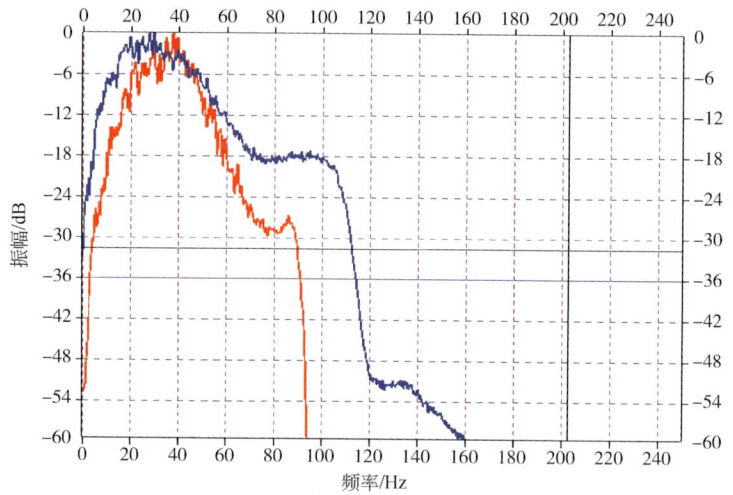

图 3.20　拼接重合部分 JZ 某 A 工区（红色）和 JZ 其他三个连片工区（蓝色）频谱分析图

5. 信噪比差异

分析图 3.21 可以得知，JZ 某 A 工区和 JZ 其他三个连片工区在信噪比上存在不一致性，JZ 其他三个连片工区信噪比在低频部分比 JZ 某 A 工区高，而随着频率增大，则出现相反的现象，通过信噪比分析进一步说明了工区间资料的品质差异性。

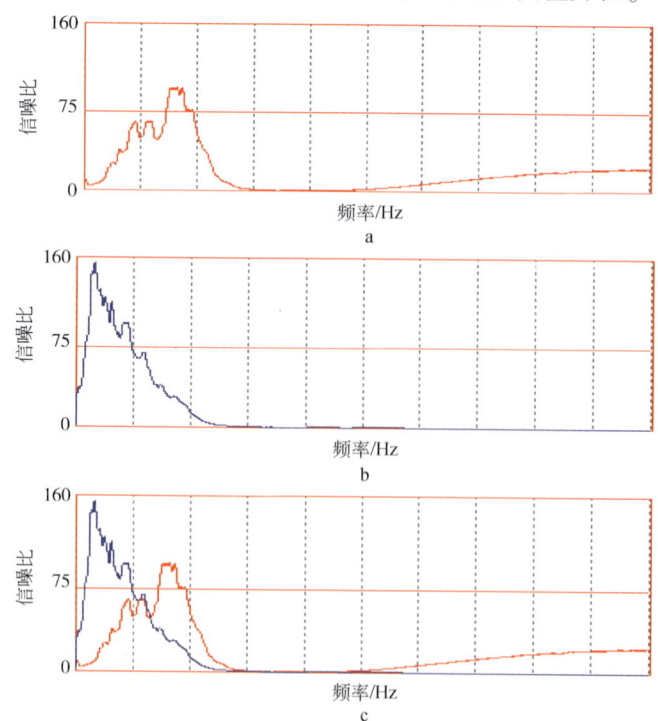

图 3.21　JZ 某 A 工区（a），JZ 其他三个连片工区（b）与拼接工区（c）的信噪比分析图

二、中部区块

连片拼接处理的中部区块主要有 02/16、JX11、SZ29-4、SZ36-1、SZ36-1（OBC）、LD10 等工区。该区块主要为拖缆采集，其中 SZ36-1 采集年份最早，为 1992 年，单源单缆采集，资料品质较差，JX11 和 SZ29-4 区块面积较大，资料品质相对较好，为中部区块的主区块。

1. 能量差异

图 3.22（a）为 SZ 某工区海底电缆采集偏移叠加纯波图（INLINE 线），图 3.22（b）为 LD 某 &JX-LD 连片处理图，中间为两图的拼接点处，由图中可以看出，拼接工区之间在振幅和能量上存在不一致性，LD 某 &JX-LD 拼接工区的叠加偏移剖面能量相对较弱，而 SZ 某工区的叠加偏移剖面能量相对较强，连片处理过程中需要选择振幅一致性处理的方法，对上述工区的原始地震资料进行振幅的一致性处理。

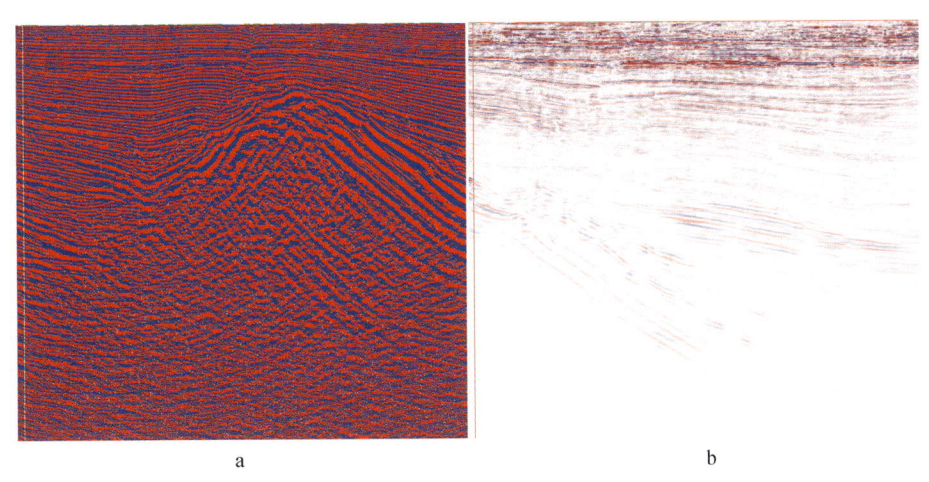

图 3.22　SZ 某工区偏移叠加纯波图（a）与 LD 某 &JX-LD 连片处理图（b）

2. 时差差异

图 3.23 是经过能量均衡后的偏移叠加处理图（INLINE），中间为两图的拼接点处。由图中可以看出，可以发现经过能量均衡处理后，二者在能量上基本趋于一致，振幅之间的不一致性明显减小，但在二者的拼接点处，可以发现二者之间的时差存在差异。

3. 相位差异

为了更加准确地分析两工区之间的相位特性，我们对上述工区重合部分的相位进行了谱分析，得到图 3.24 所示的相位分析图，由图中可以看出，LD 某 &JX-LD 拼接工区相位为最小相位，而 SZ 某工区为混合相位，二者之间存在相位差异，需要进一步进行相位的一致性处理。

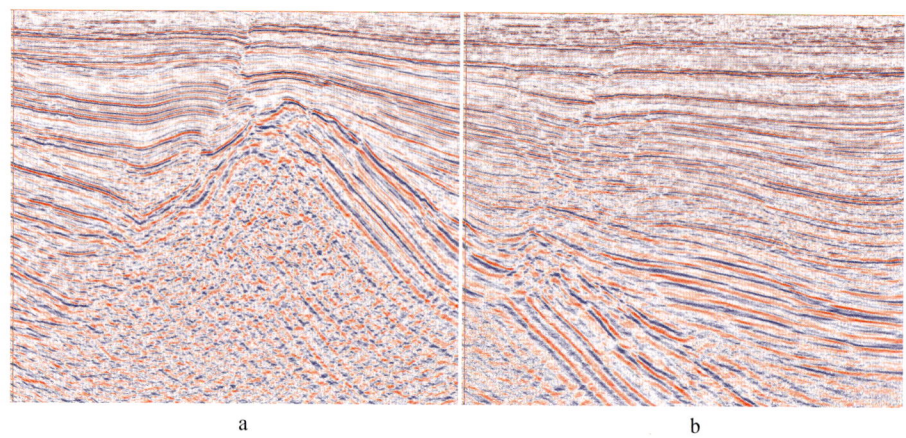

图 3.23　能量均衡后的 SZ 某工区偏移叠加纯波图（a）与 LD 某 &JX-LD 连片处理图（b）

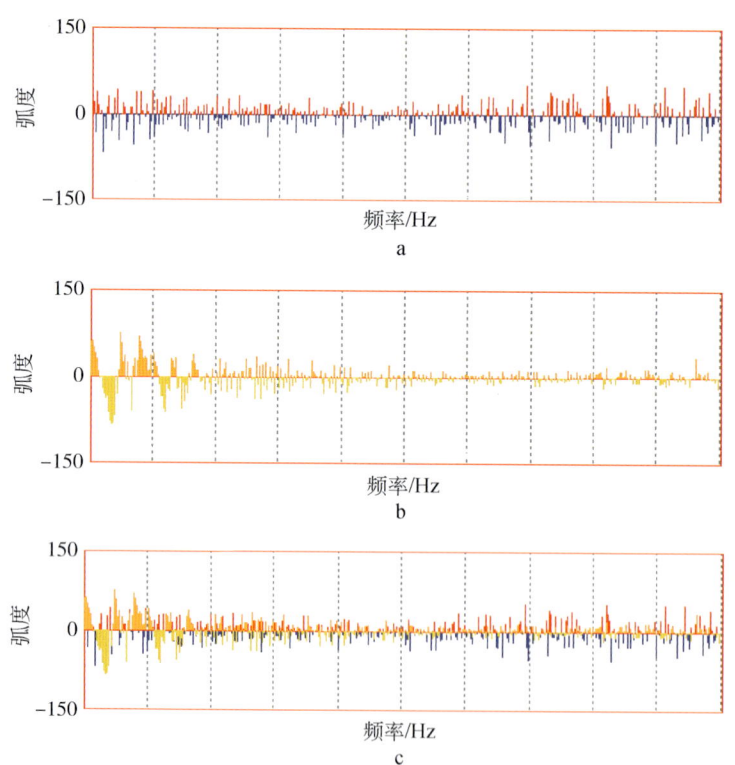

图 3.24　SZ 某拼接工区相位分析图（a），LD 某 &JX-LD 拼接工区相位分析图（b）与拼接工区重合部分相位分析图（c）

4. 相似性

图 3.25（a）、（b）是经过能量均衡后的偏移叠加处理图（INLINE 方向），且为两者之间重合部分，图 3.25（c）为两者的相似性图。由图中可以看出，在 1.3～2.6s 间的凹陷构造部分的相似性最好，浅层相似性不好。

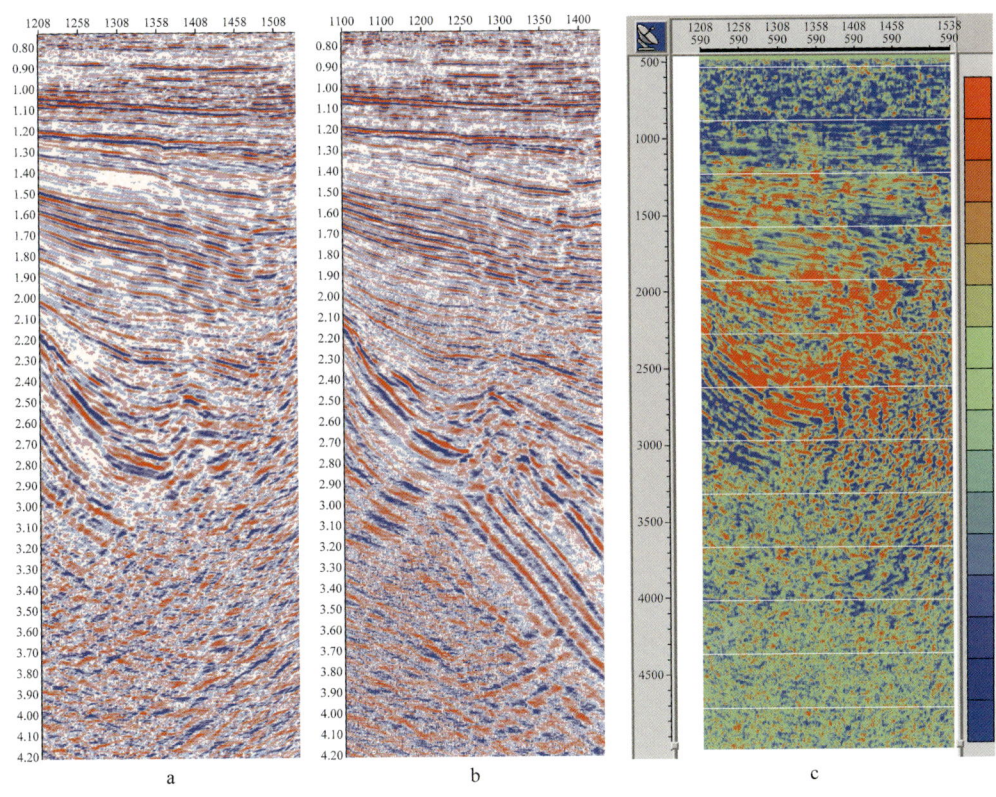

图 3.25　能量均衡后重合部分 SZ 某工区偏移叠加图（a），LD 某 &JX-LD 处理图（b）与相似性图（c）

5. 带宽差异

图 3.26 为两者重合部分的频谱分析图，其中蓝色代表 SZ 某工区、红色为 LD 某 &JX-LD 拼接工区。由图中可以看出，SZ 某工区频带范围要比 LD 某 &JX-LD 拼接工区频带范围要宽。

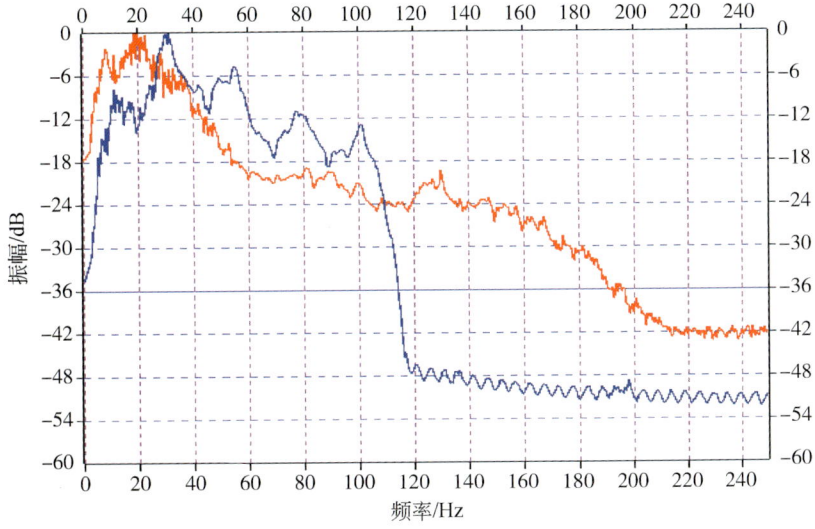

图 3.26　拼接重合部分 SZ 某工区（蓝色），LD 某 &JX-LD 拼接工区（红色）频谱分析图

6. 信噪比差异

分析图 3.27 可以得知，LD 某 &JX-LD 拼接工区和 SZ 某工区在信噪比上存在不一致性，LD 某 &JX-LD 拼接工区信噪比在低频部分比 SZ 某工区高，但随着频率增大信噪比的变化较大，在高频处信噪比稍高，通过信噪比分析可以进一步说明工区间资料的品质差异性。

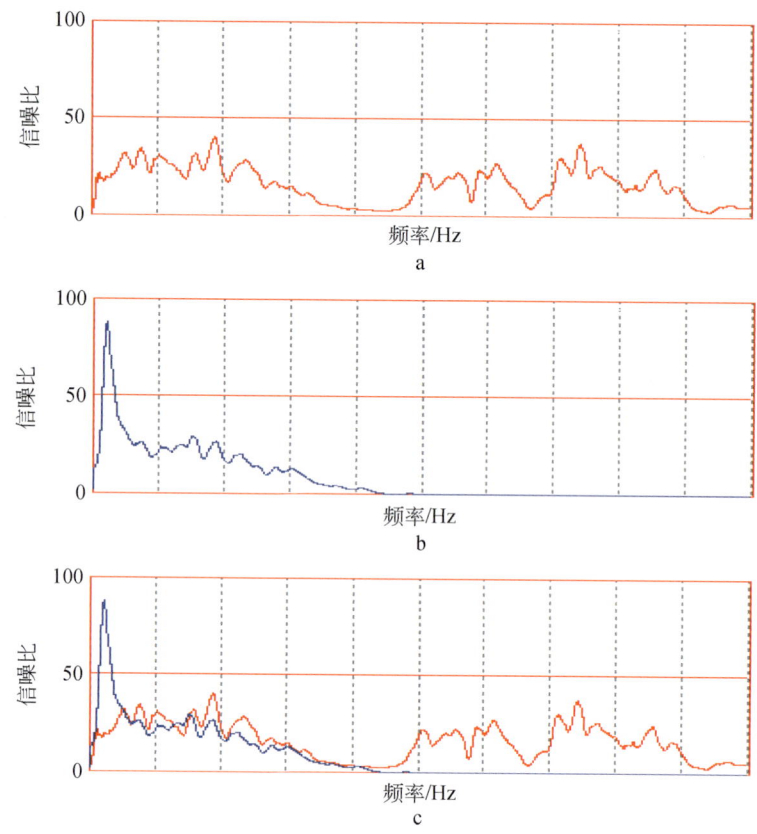

图 3.27 SZ 某工区（a），LD 某 &JX-LD 工区（b）与拼接工区（c）的信噪比分析图

三、南部区块

连片拼接处理的南部区块主要有 LD16-17、02/31、02/31-06/17、渤东斜坡带、PL2-2、LD28-29 等工区。该区块主要为拖缆采集，资料品质相对其他两个区块差异较小，拼接难度适中。其中 LD28-29 为 2012 年采集的新工区，资料品质最好。

1. 能量差异

图 3.28（a）为 LD 某 &JX-LD 偏移叠加波图（INLINE 线），图 3.28（b）为 02/31&02/31-06/17 连片处理图，中间为两图的拼接点处，从图中可以看出，LD 某 &JX-LD 拼接工区与 02/31&02/31-06/17 拼接工区在振幅和能量上存在明显的不一致性，LD 某 &JX-LD 拼接工区的叠加偏移剖面能量相对较弱，而 02/31&02/31-06/17 拼接工区的叠加偏移剖面能量相对较强，二者在振幅能量上存在数量级上的差异，两者之间还存在方位差

异，这在一定程度上增加了连片处理的难度。连片处理过程中需要选择振幅一致性处理的方法，对上述工区的原始地震资料进行振幅一致性处理，同时需要解决方位差异的问题。

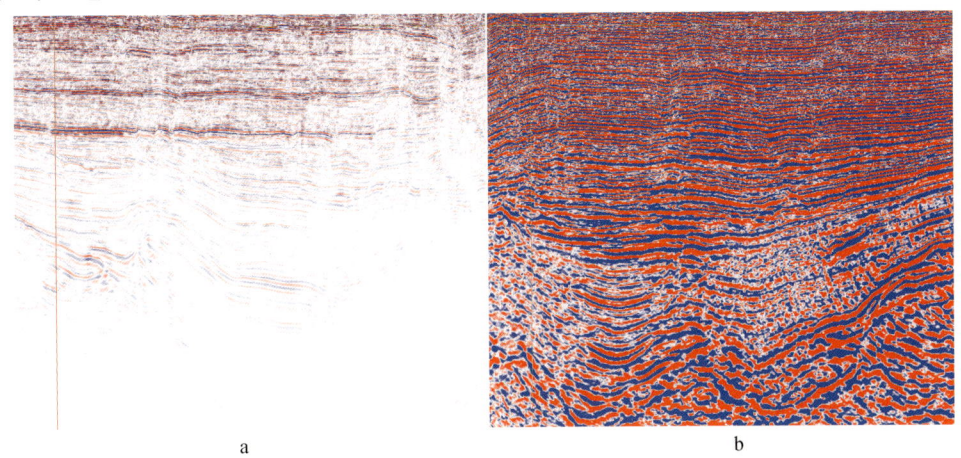

图 3.28　LD 某 &JX-LD 偏移叠加纯波图（a）与 02/31&02/31-06/17 连片处理图（b）

2. 时间差异

图 3.29 是经过能量均衡后的偏移叠加处理图（INLINE），中间为两图的拼接点处。由图中可以看出，经过能量均衡处理后，二者在能量上基本一致，振幅之间的不一致性明显减小，分析偏移叠加图中的拼接点处的同相轴，可以发现二者之间存在部分时差。

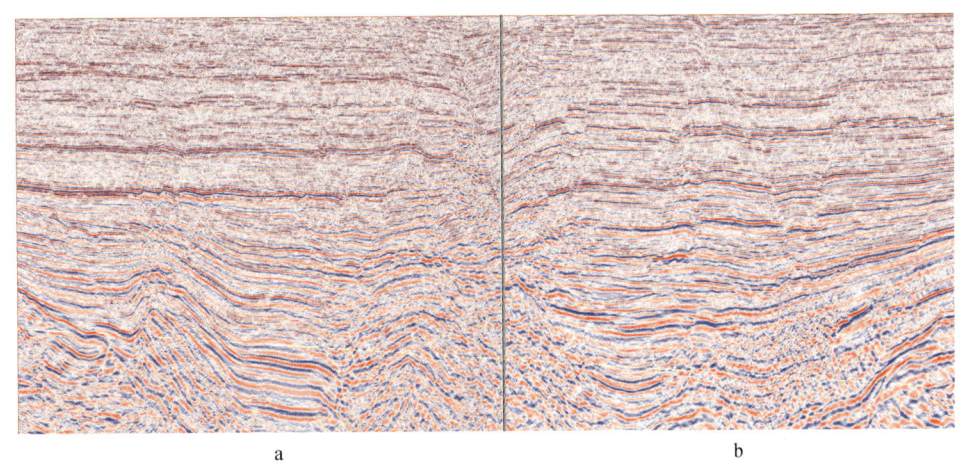

图 3.29　能量均衡后 LD 某 &JX-LD 偏移叠加纯波图（a）与 02/31&02/31-06/17 连片处理图（b）

3. 相似性

图 3.30 是经过能量均衡后的偏移叠加处理图（INLINE 方向），且为两者之间重合部分的对比图，图 3.30（c）为两者的相似性图，由图中可以看出，两者的相似性并不好。

4. 带宽差异

图 3.31 为上图两者重合部分的频谱分析图（INLINE）。其中红色代表 LD 某 &JX-LD 拼接工区、蓝色为 02/31&02/31-06/17 拼接工区。由图中可以看出，LD 某 &JX-LD 拼接

工区频带范围要比 02/31&02/31-06/17 拼接工区频带范围要宽。

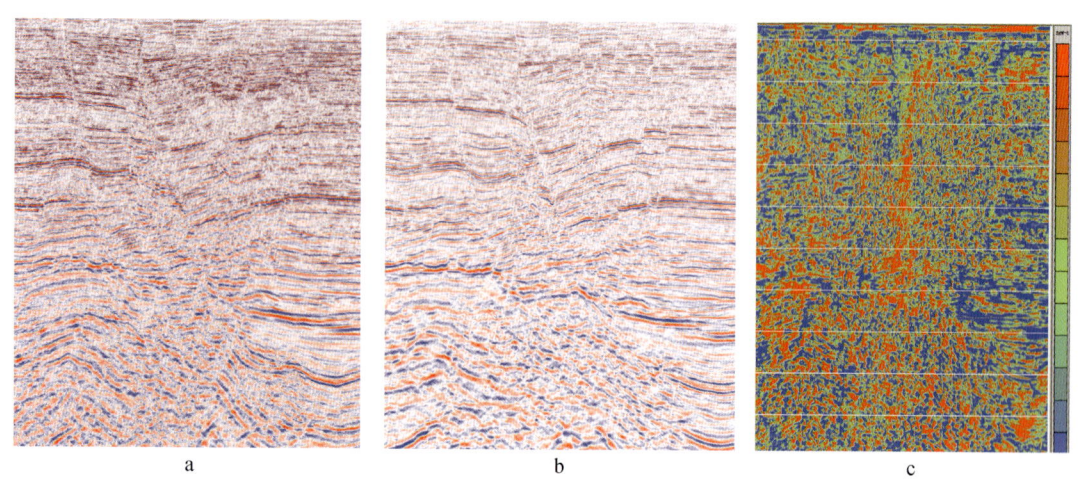

图 3.30　能量均衡后重合部分 LD 某 &JX-LD 偏移叠加图（a），
02/31&02/31-06/17 处理图（b）与相似性图（c）

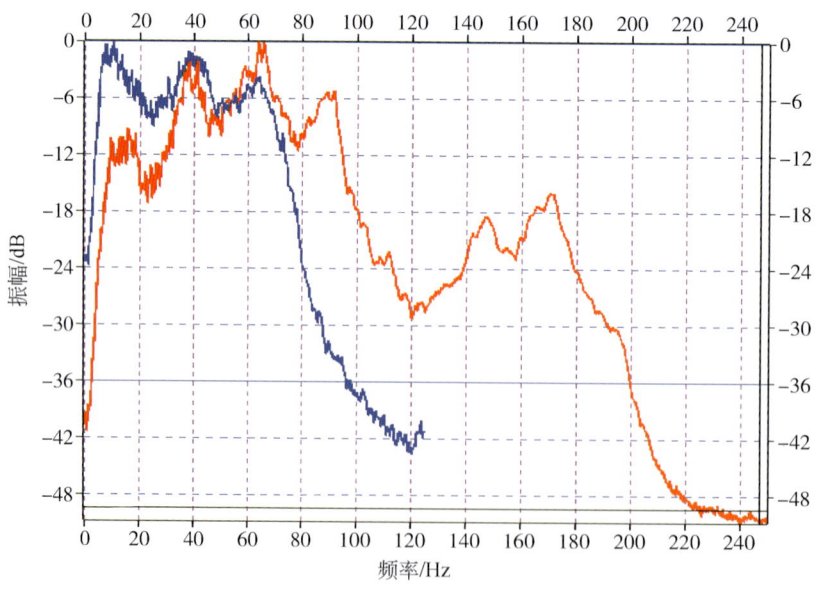

图 3.31　拼接重合部分 LD 某 &JX-LD 拼接工区（红色）和 02/31&02/31-06/17 工区（蓝色）频谱分析图

5. 相位差异

为了更加准确地分析两工区之间的相位特性，我们对上述工区重合部分的相位进行了谱分析。由图 3.32 中可以看出，两者均为最小相位，但是还是存在一些相位差，二者之间存在一定相位差异，需要进一步进行相位的一致性处理。

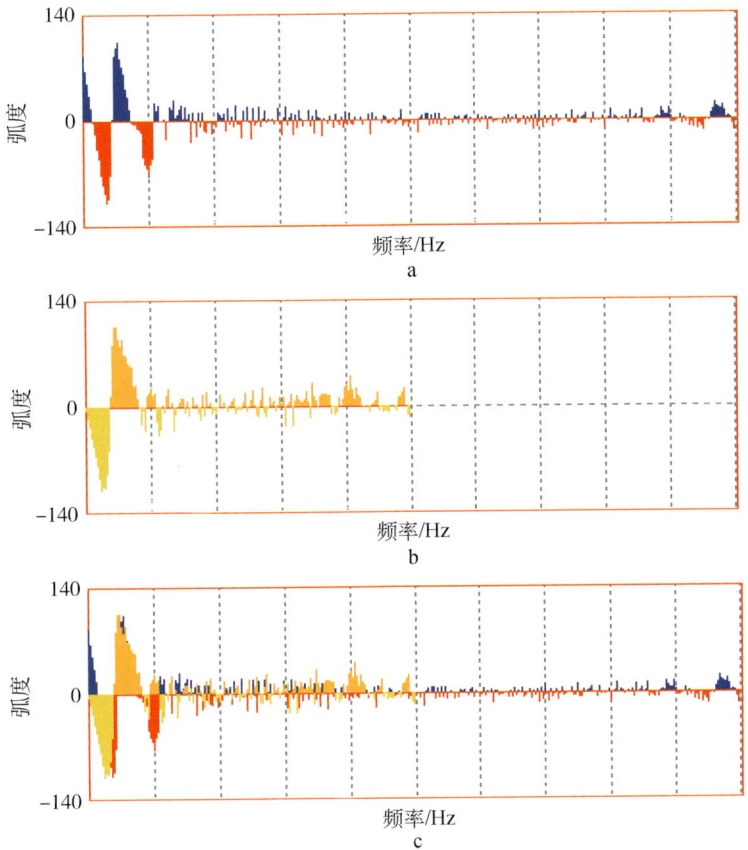

图 3.32　LD 某 &JX-LD 拼接工区（a），02/31& 02/31-06/17 工区
（b）以及拼接工区（c）的相位分析图

6. 信噪比差异

图 3.33 为拼接工区重合部分信噪比分析图，其中红色代表 02/31&02/31-06/17 拼接工区、蓝色为 LD 某 &JX-LD 拼接工区。由图中可以看出，LD 某 &JX-LD 拼接工区信噪比比 02/31&02/31-06/17 拼接工区的信噪比高。但是随着频率增大信噪比的变化较大，在高频处信噪比稍高，通过信噪比分析可以进一步说明了工区间资料的品质差异性。

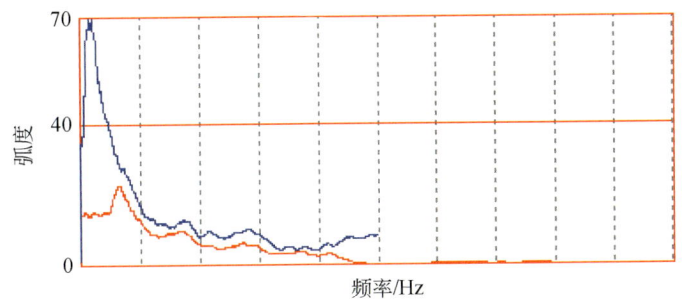

图 3.33　LD 某 &JX-LD 拼接工区（蓝色）和 02/31&02/31-06/17
（红色）工区拼接重合部分信噪比分析图

根据原始炮集和老资料成果的叠加剖面的资料分析，可以得出如下结论：由于采集年代、采集仪器、采集参数的不同，辽东湾区域29块三维地震资料品质之间存在显著差异，具体表现在时间、相位、振幅能量、频率覆盖次数等方面。因此，在进行连片处理前，需要考虑到原始资料品质的差异，着重解决不同区块资料在时间、相位、能量等方面不匹配的问题。

第三节 连片处理的目的和意义

辽东湾区域共有29块三维工区、两万余平方千米，各个区块资料由于采集年度参数不同，导致各块之间在能量、相位、频率、时差等方面都存在差异，使得勘探开发人员无法对辽东湾探区获得统一、系统、全面的地质认识。传统的连片处理存在诸多的不足，若直接利用叠后资料做连片处理，只能使两种资料叠加剖面趋于一致，并不能使叠前数据的频率、相位和振幅真正做到一致，处理后导致两块资料间存在严重的边界效应，无法满足整体勘探的要求，也无法有利支持交接位置的精细研究。为解决上述问题，提出将横跨过去30年采集的29块三维地震资料，约200T的海量数据进行三维叠前连片处理，这在渤海乃至整个中海油尚属首次。

叠前连片拼接的目的是要真正解决资料之间差异，即能量、相位、时差和频率统一的问题。拼接前首先对原始资料的能量、极性、相位、时差、频率及信噪比等因素进行了详细的调查、分析、研究、对比，搞清楚两块资料的差别所在，然后采取一系列统一化技术措施，以达到"无缝拼接"，主要有以下步骤。

第一，采用能量调整技术使两块资料的振幅达到统一。由于球面扩散，大地的吸收衰减作用和不同的震源及接收方式等因素的影响使得地震资料在纵、横向上能量存在着较大差异，通过采用几何扩散补偿方法提高和恢复层间弱反射信号的强度，在此基础上应用地表一致性振幅补偿消除由于激发和接收因素造成的道集间能量的不均衡问题，从而使两块数据以及同一地震数据之间地震记录的能量在时间和空间方向上基本一致。这样就保持地震波组的反射特征和振幅的相对关系，为后续各项保幅处理奠定了良好基础。

第二，对地震资料的地震道的极性进行调查分析，通过对拼接处相同测线叠加效果的对比，调整极性，使其统一。

第三，对资料拼接处叠加剖面的各有效反射层的时间进行对比，提取并消除两块三维资料之间的系统时差，然后对全区采用统一的地表一致性剩余静校正和速度迭代技术，进行进一步的精细时差调整，使全区的纵、横向时差问题得到很好的解决。

第四，针对两块资料频率存在的差异，采用不同方式、不同参数的反褶积方法来消除其频率差异。再应用不同参数、不同时窗的地表一致性反褶积技术，缩小资料间原始频率的差异，然后对各块采用不同参数的预测反褶积技术，在消除海上资料鸣震的同时，使全区资料的频率趋于一致。

高品质叠前时间连片处理技术使资料间达到了"无缝拼接"，有效规避了边界效应问题，提高了整体成像精度。以此为基础资料进行精细解释得到的全部资料覆盖区构造图，有利于寻找和发现新的构造单元或地层岩性圈闭，支撑了油田区可持续勘探发展。

本次三维叠前连片处理主要解决以下八个方面的问题。

（1）不同区块间时差与相位差的问题。

由于不同资料的采集时间、采集方式及采集参数的差异，不同区块间存在时差与相位差的问题，这是亟须解决的首要问题。

（2）高陡产状地层（断层）归位与成像问题。

高陡产状地层（断层）成像是处理中的难点，如图3.34所示。针对这一难点，通过利用不同时期采集得到资料，对同一区域进行精细研究，从而更好地解决高陡产状地层（断层）成像问题。

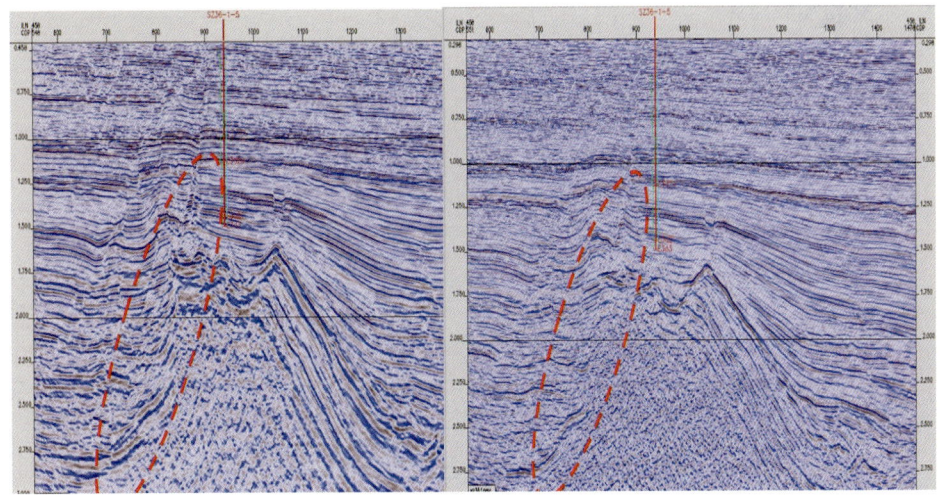

图3.34　辽东湾三维连片处理解决问题二

（3）基底及潜山内幕成像的问题。

如图3.35所示，通过三维连片处理，可以使得基底及潜山内部的同相轴连续性增强，并且提高分辨率，改善复杂区域的信噪比，进一步提高成像质量。

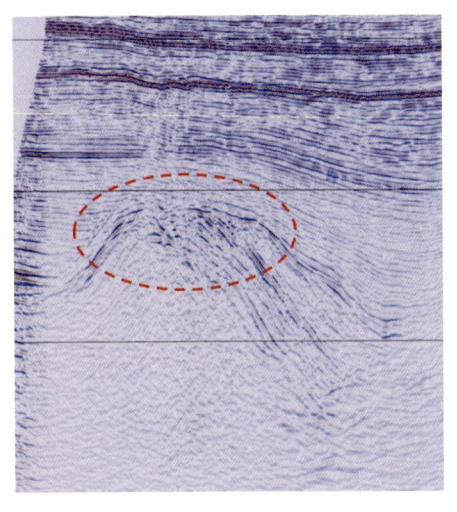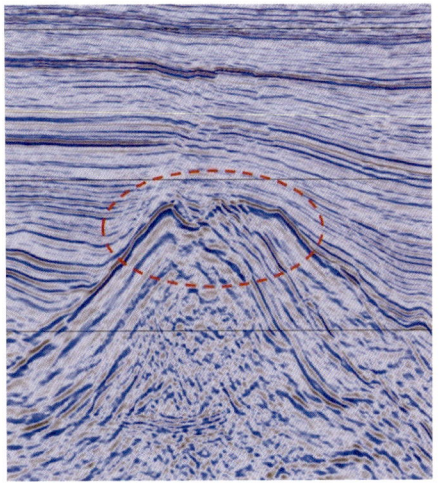

图3.35　辽东湾三维连片处理解决问题三

(4) 复杂断裂区断层归位的问题。

如图 3.36 所示,将不同区块的资料进行连片处理,可以使断层归位更加准确,绕射波更加收敛,从而进一步提高成像质量,为后续的地震资料解释提供高质量的成像剖面。

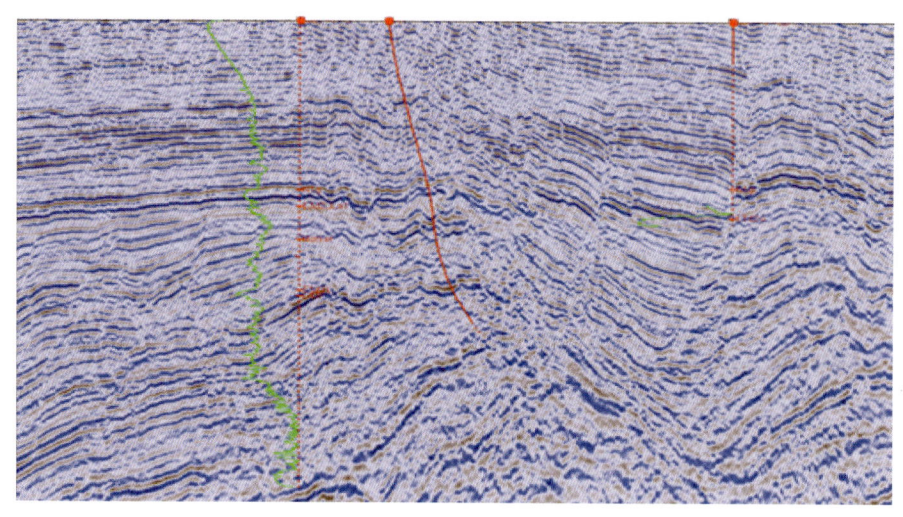

图 3.36　辽东湾三维连片处理解决问题四

(5) 中深层地震分辨率问题。

如图 3.37 所示,通过三维资料的连片处理,可以对区块做进一步处理,提高成像分辨率,尤其是提高中深层的分辨率,为接下来的储层预测提供高精度的成像剖面。

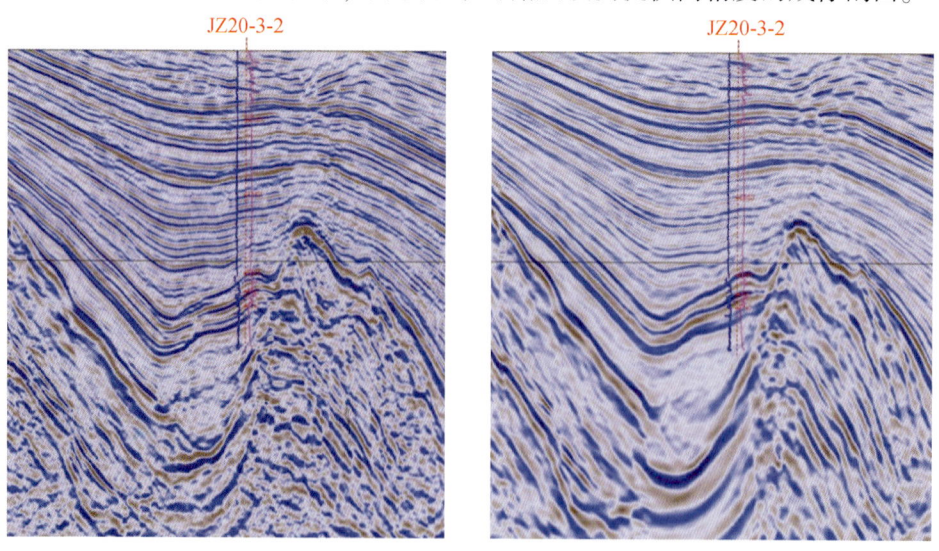

图 3.37　辽东湾三维连片处理解决问题五

(6) 采集足迹问题。

如图 3.38 所示,早期海底电缆采集足迹比较严重,经过处理后能得到较好压制。

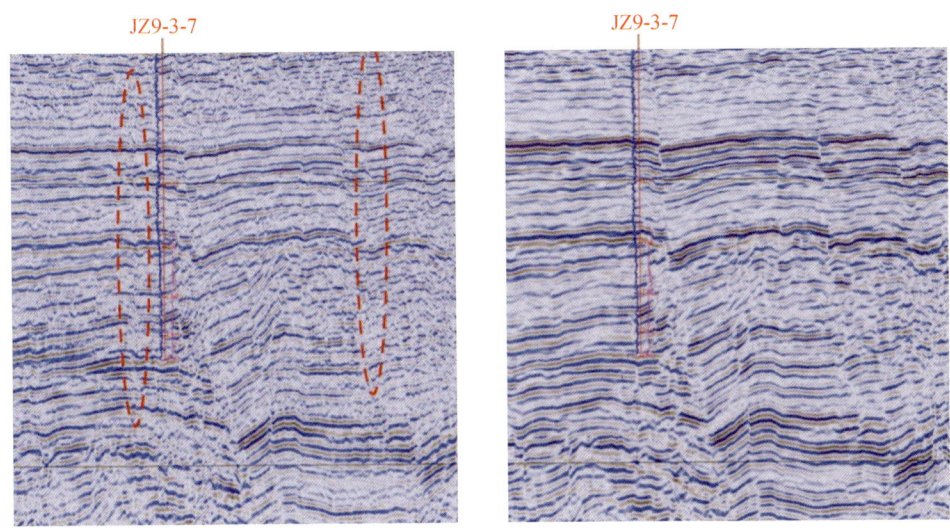

图 3.38　辽东湾三维连片处理解决问题六

(7) 剩余多次波干扰的问题。

如图 3.39 所示,通过三维连片处理,可以有效地衰减多次波,处理后剖面有效波更加突出,同相轴的连续性得以增强,构造形态更加真实可靠,为储层预测提供了高精度的地震剖面。

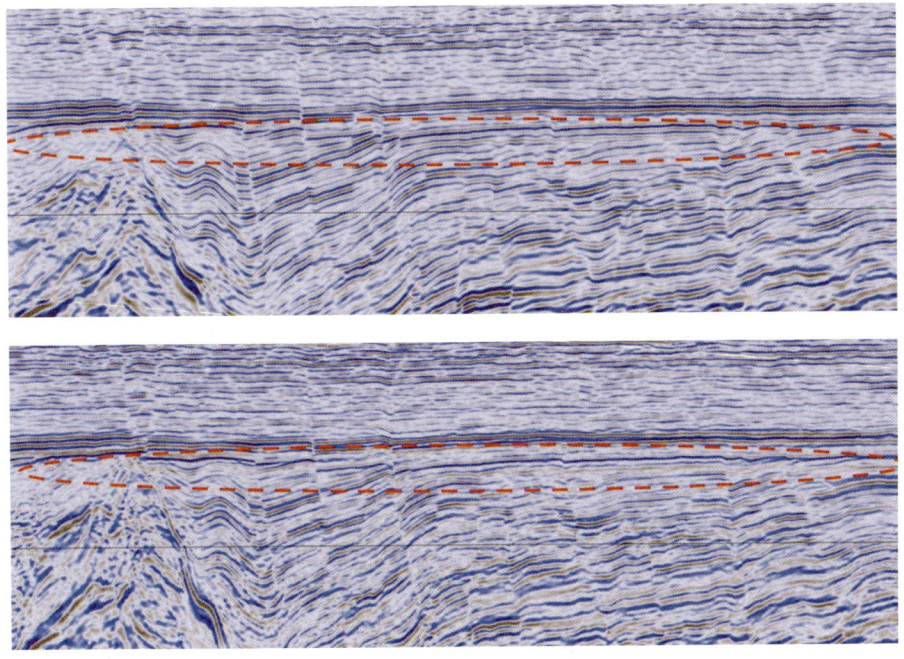

图 3.39　辽东湾三维连片处理解决问题七

(8) 三维采集方向不同的问题。

如图 3.40 所示，通过三维连片处理，可以得到全部工区资料覆盖区的整体构造图，对全部工区进行三维连片处理，可以有效地解决探区南北三维采集方向差的问题。

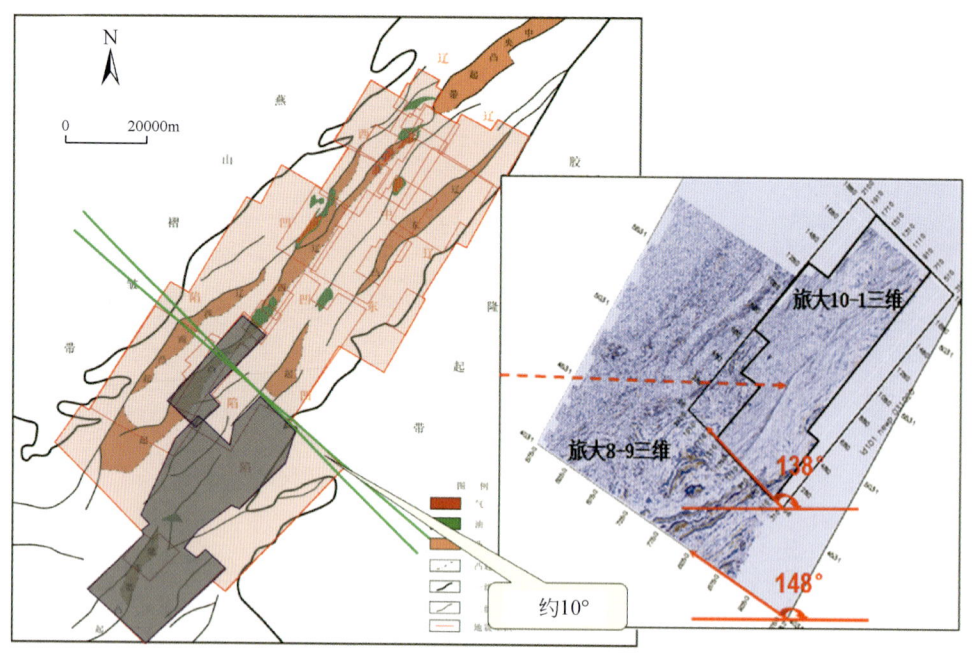

图 3.40　辽东湾三维连片处理解决问题八

上述问题经过反复调研和论证，对本轮处理预期成果达成部分共识：资料间因采集或处理等因素造成的差异可以消除，如区块间时差与相位差，工区方位角等；复杂构造或地质体成像在工区搭接处会有明显改善，实际效果取决于其位置和复杂程度；同时结合相关的目标处理技术，大连片资料可以有效压制采集足迹并提高资料的整体质量。

参 考 文 献

董艳蕾，朱筱敏，李德江，等.2007. 渤海湾盆地辽东湾地区古近系地震相研究. 沉积学报，25（4）：554～563

贺杰.2005. 济阳坳陷下古生界古潜山界面识别方法. 录井工程，（2）：42～45

贾楠，刘池洋，张功成，等.2015. 辽东湾坳陷新生代构造改造作用及演化. 地质科学，50（2）：377～390

毛宁波，范哲清，李玉海，等.2004. 歧南洼陷西斜坡滩坝砂隐蔽油气藏研究与评价. 石油与天然气地质，25（4）：455～461

夏庆龙.2012. 渤海海域油气藏形成分布与资源潜力. 北京：石油工业出版社

夏庆龙.2016. 渤海油田近 10 年地质认识创新与油气勘探发现. 中国海上油气，28（3）：1～9

肖国林，陈建文.2003. 渤海海域的上第三系油气研究. 海洋地质动态，19（8）：1～6

张新颖，贺萍，王腾飞，等.2013. 辽东湾地区沙河街组三段断裂体系的沉积响应. 石油化工应用，32（12）：55～59

第四章 辽东湾地震资料连片处理思路与方法

第一节 连片处理思路

细致、科学的拼接技术保证了相邻资料间的一致性,"化整为零"的总体拼接方针使辽东湾成为了一个整体。针对研究区块多、面积大、数据海量的特点,在数据处理过程中创新应用了"化整为零,化零为整"的工作理念(图4.1)。"化整为零,化零为整"的工作理念贯穿整个处理项目的始末。

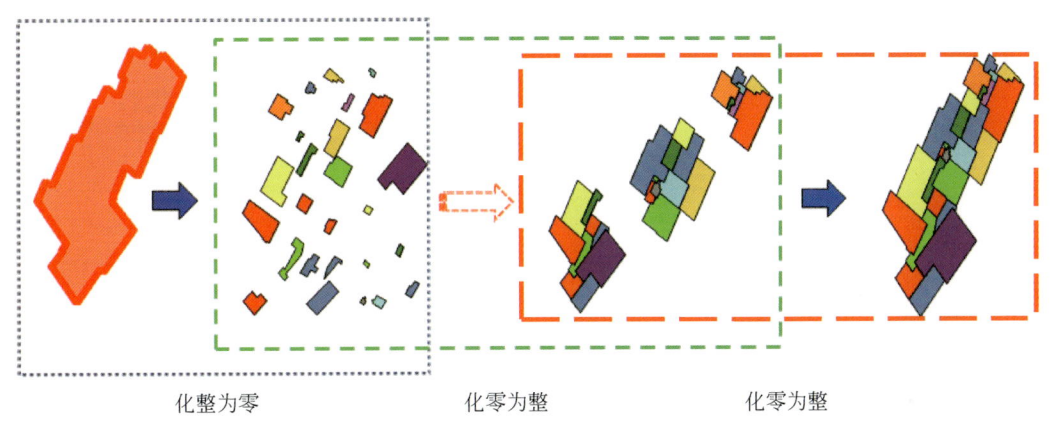

图 4.1 "化整为零、化零为整"的处理思路图

辽东湾现有 29 块工区资料,叠合面积两万多平方千米,满覆盖面积 16864km^2,是目前国内拼接区块最多,面积最大,难度最大的连片处理项目。根据区块的构造特征和地理位置将 29 个区块分为九个子区块,相邻的三个或四个区块为一个子区块,并且它们的位置相邻、构造差异不大。

(1) 基于"化整为零"的理念,将整个工区按区块分为 29 个子区块,单独进行去噪、反褶积、面元中心化、衰减多次波等处理,确保前期基础步骤处理质量,为提高最终成像效果打下坚实基础。

(2) 拼接阶段,考虑到各工区存在的差异,及最后拼接应该达到的效果,经过试验及专家探讨最终否定了最初定的由小到大"滚雪球"式的拼接方案,采用了"化零为整"的拼接方法。第一步将临近的三、四块所负责的相邻工区拼接为一个区块,第二步实现南片、中片、北片拼接,第三步实现整体无缝拼接。为了保障整体拼接质量,实行相邻区块间无缝,大区块间平稳过渡拼接准则,并制定出三大处理方针:品质差向品质好区块拼接,小区块向大区块拼接,附属构造向主构造拼接。

(3) 速度解释和偏移生产阶段,摒弃了传统的全工区统一进行速度分析后,再进行整体偏移的处理流程,同样基于"化零为整"的思路,首先完成工区南块的速度分析,在进行南块偏移生产的同时,进行中块速度分析,依次完成南块、中块、北块的速度分析和偏移,最终形成一个完整的数据体(图4.2),实现了机器不等人,人不等机器的并行作业模式,极大提高了生产效率。

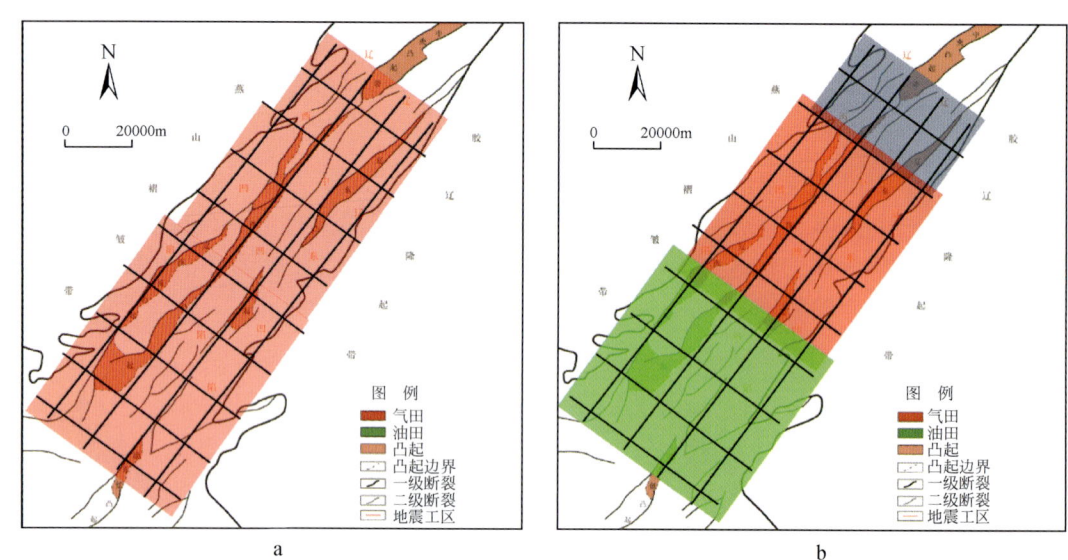

图4.2 速度解释和偏移生产思路示意图
a. 常规思路;b. 改进思路

第二节 连片处理的基本流程

正确的处理思路是保证连片处理顺利运行的关键,根据处理过程中需要解决的问题,可以将连片处理分为以下四个主要阶段。

第一阶段:单块精细预处理,解决单块资料存在的噪声、多次波等问题,使每片资料达到最佳效果,为连片拼接打好基础。

第二阶段:拼接连片处理,主要消除不同三维区块之间的能量差、相位差、频率差等问题,为整体偏移做好准备。

第三阶段:叠前时间偏移处理,数据体整体偏移,达到最佳成像效果,提高跨界构造及边界成像效果。

第四阶段:偏移后处理,主要为偏移后数据体衰减残余多次波、高阶动校正、提高信噪比等,使资料达到最佳成像效果。

根据以上主要阶段，建立连片处理的基本流程如图 4.3 所示。

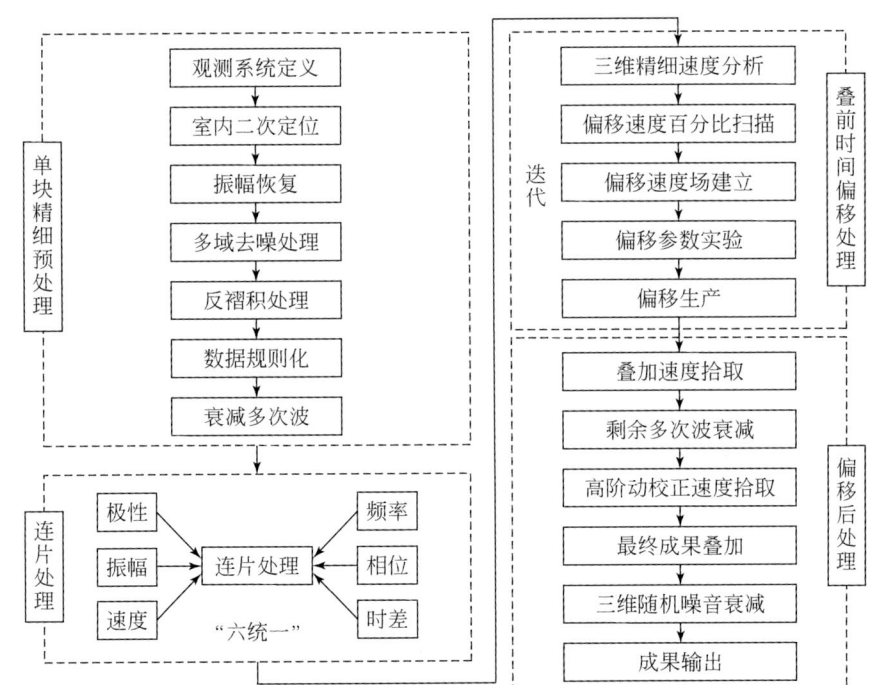

图 4.3　叠前连片处理流程

一、数据完整性检查

对于辽东湾探区的连片处理而言，整个区域共 29 块工区，各个区块资料采集年限跨度大（1985～2014 年），采集方式（12 种采集方式）和采集参数存在很大差异，所以数据的完整性对于连片处理过程是至关重要的。在处理过程前期需要对各个工区测线的分布情况进行监测，避免漏线的情况出现。

首先对于 29 个工区分别进行数据加载解编与地震数据和导航数据的合并工作，然后用定位数据绘制面元覆盖次数图，并在导航数据与地震数据合并后绘制每条测线的炮线位置图，以此来对比检查野外定位数据的准确性和地震数据的完整性，还可以检测资料的采集质量。

对于合并后的数据，做初步三维叠加数据体，并进行时间切片的检查，时间切片可以更好地确定断层走向及平面组合，补充剖面解释，识别小断层的位置，得到更加准确的地质构造信息。图 4.4～图 4.7 分别为 SZ 和 PL 的导航数据覆盖图和地震数据面元覆盖图对比，图 4.8 和图 4.9 分别为 SZ 工区 1000ms 时间切片图和 PL 工区 1500ms 时间切片图。

如图 4.5 及图 4.7 所示，以 SZ 和 PL 为例，可以从图示看到工区导航数据面元覆盖图与工区地震数据面元覆盖图基本一致，不存在导航数据缺失和缺线漏线的现象，数据完整，可以进行进一步处理。

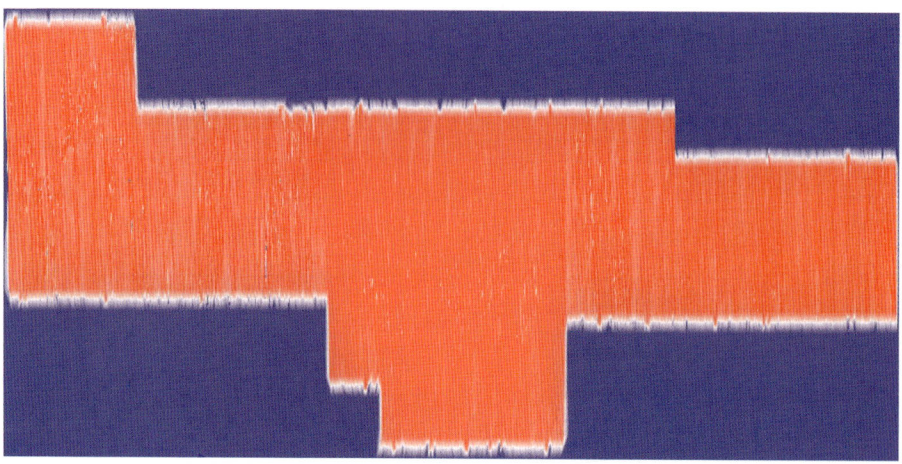

图 4.4　SZ 工区导航数据面元覆盖图

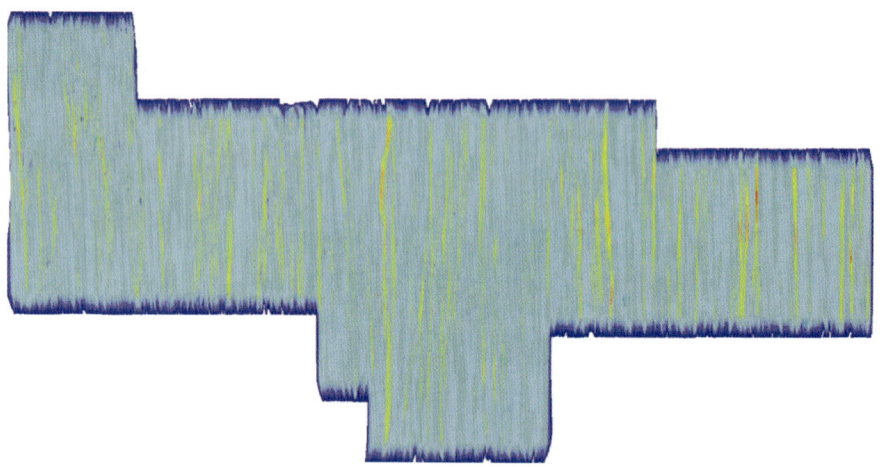

图 4.5　SZ 工区地震数据面元覆盖图

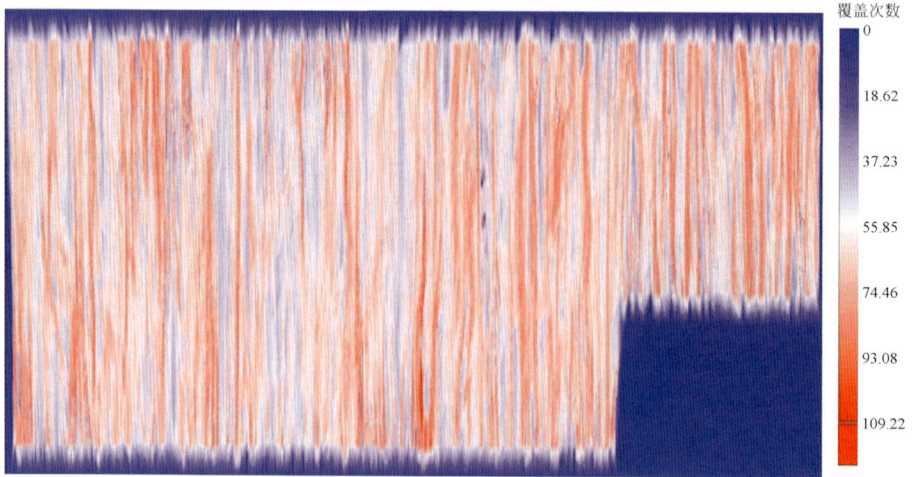

图 4.6　PL 工区导航数据面元覆盖图

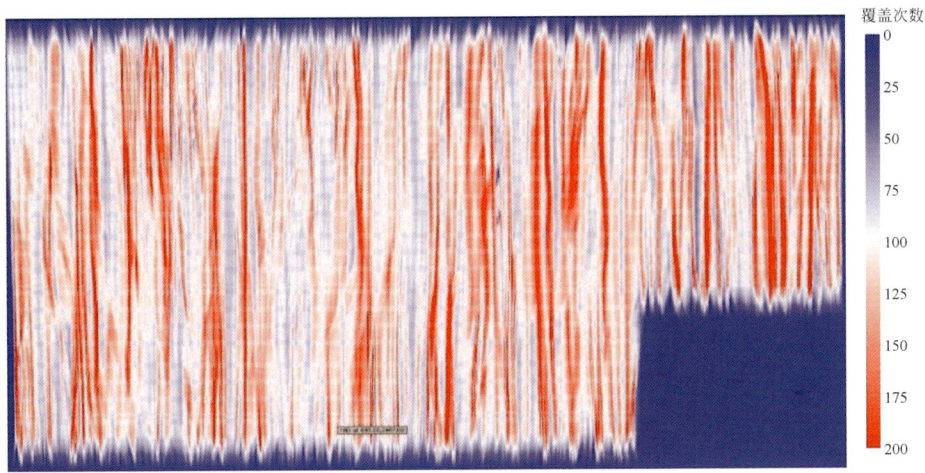

图 4.7 PL 工区地震数据面元覆盖图

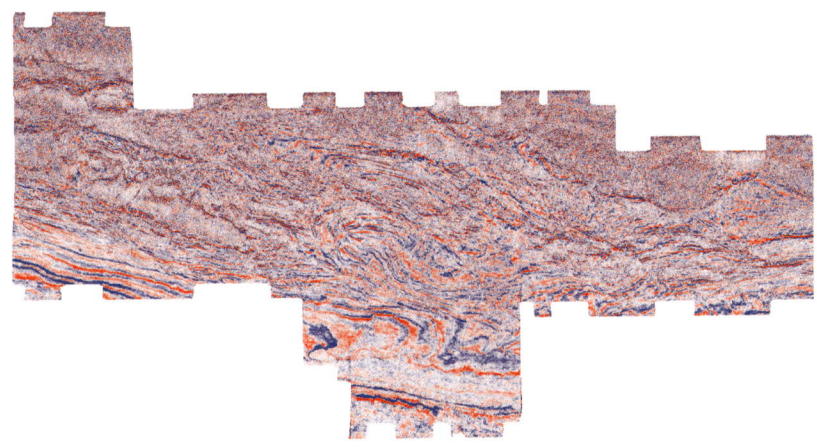

图 4.8 SZ 工区 1000ms 时间切片图

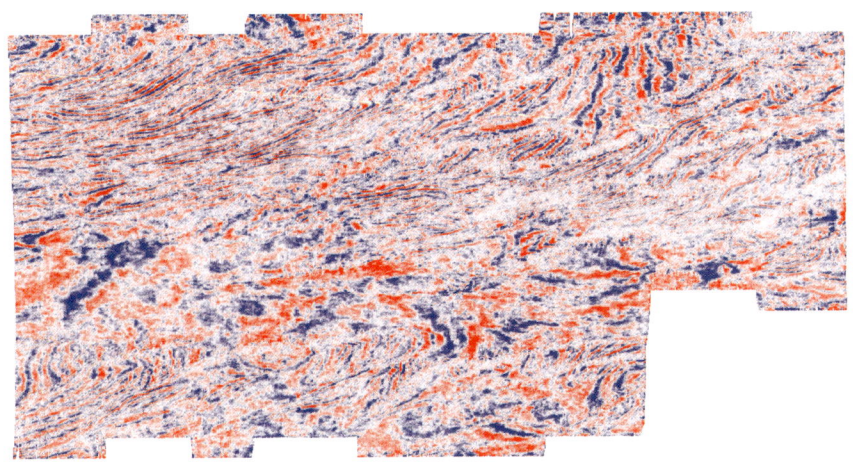

图 4.9 PL 工区 1500ms 时间切片图

二、多域组合噪声衰减

对于野外采集得到的地震数据,其中不只包括有效波的信号,同时还含有噪声的干扰,不同的噪声衰减方法可以去除噪声中的主要能量,但由于不同噪声具有不同的特征,与之对应的噪声衰减方法也就不尽相同。辽东湾现有工区中包括多种多样的噪声类型,具体如表 4.1 所示。

表 4.1 辽东湾各工区噪声类型统计

区块	低频干扰	涌浪	线性噪声	驻波	面波	外源干扰	侧反射	尾部直流	管道噪声	磁带粘连	异常大值
LD16-17			√			√	√				
LD89	√		√			√	√		√		
JZ16	√		√	√		√					
SZ36-1N	√	√	√			√				√	
SZ36-1(OBC)		√	√		√						
SZ29-4	√	√	√			√					
LD10	√	√	√			√					
02-16(ESSO)		√	√	√		√					
JX1-LD12		√	√	√		√					
JZ16-21(94/95)			√	√	√	√					
JZ20-2		√	√			√					
LD20		√	√		√	√			√		
02-31	√	√	√		√	√					
02-31(CHERON)	√	√	√			√					
02/31-06/17	√	√	√			√					
BDXP		√	√	√	√						
PL2-2	√	√									
JZ14-15	√	√				√	√				√
JZ9-3		√			√	√	√				√
JZ25-1S		√	√			√					
JZ19-20		√	√			√					
JZ33		√	√		√	√	√				√
JZ33(OBC)		√	√		√	√	√				
LD28-29		√	√			√	√				
JZ22-28			√			√					√
JZ17-23						√					
JZ17-23(西北)						√					
LD5-2	√	√	√			√					√

通过前面章节的频谱分析及噪声分析可以识别出干扰波存在的类型以及特征，判断出噪声和有效波特征的最大差异，就可以合理地选择在适当的域进行衰减噪声的方法。如图 4.10 所示，使用多域组合噪声衰减流程，在保证有效信号能量的基础上，最大程度减弱干扰波的能量，进而提高资料的信噪比。

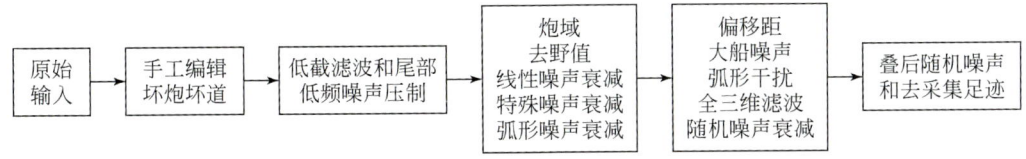

图 4.10　多域组合噪声衰减

（一）涌浪噪声衰减

采用分频投影滤波对涌浪噪声进行衰减，分频投影滤波较其他滤波方法在衰减噪声的同时，能够很好地保护有效信号（王志亮等，2013）。分频投影滤波采用褶积预测误差滤波来提取噪声，应用统计逼近方式衰减涌浪噪声。通常较采用的 FX-DECON 响应噪声衰减方法，该方法具有其独特的优势：信号周围的陷波处理被优化；没有信号被衰减；没有噪声剩余（图 4.11）。

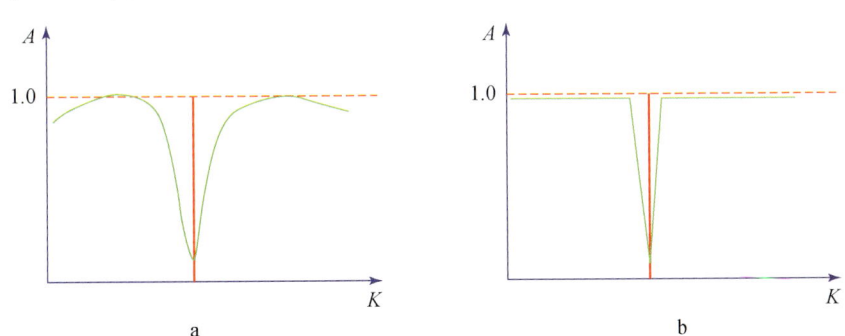

图 4.11　FX-DECON 响应（a）与 FX 投影滤波（b）原理图

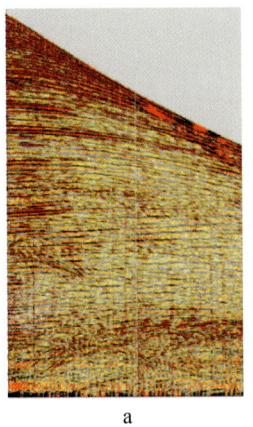

a　　　　　　　　　　b　　　　　　　　　　c

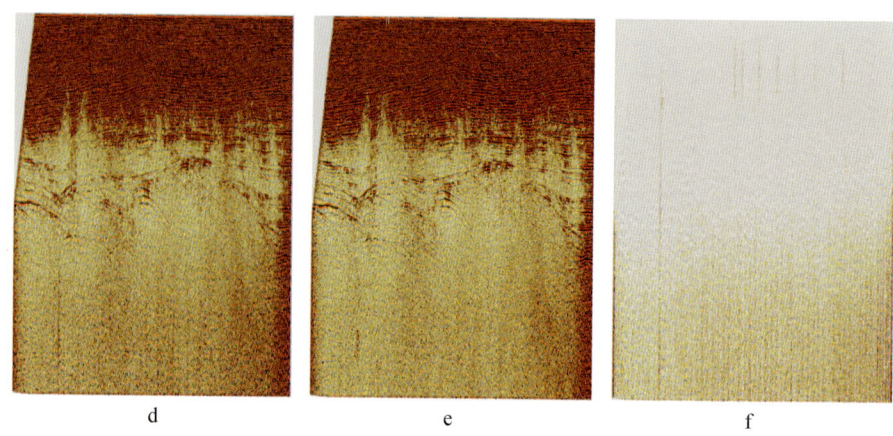

图 4.12 PL2-2 区块测线中的炮集数据及叠加剖面

a. 涌浪噪声单炮衰减前；b. 涌浪噪声单炮衰减后；c. 涌浪噪声单炮衰减前后差值；
d. 去涌浪噪声前叠加剖面；e. 去涌浪噪声后叠加剖面；f. 去涌浪噪声前后差值

图 4.12 为区块 PL2-2 测线中的炮集数据以及叠加剖面，由图可知，在 FX-DECON 响应噪声衰减前，炮集中存在明显的涌浪噪声，叠加剖面的信噪比低，经过 FX-DECON 响应噪声衰减后，涌浪噪声得到了很好地压制，叠加剖面信噪比明显提高，剖面的整体质量得到明显提升。

（二）线性噪声衰减

线性噪声衰减是利用拉东域线性噪声压制方法来实现的。具体实现流程及原理图如图 4.13、图 4.14 所示。图 4.13 为线性去噪声流程图，对 $t-x$ 域动校正后的数据，线性变换到拉东域，分别对有效信号及噪声进行处理，达到线性去噪声的目的。图 4.14 对线性去噪的愿意进行了说明。

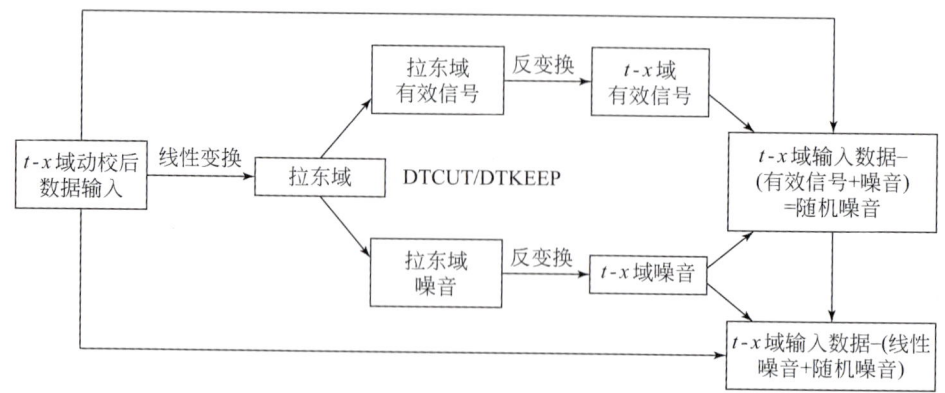

图 4.13 去线性噪声流程图

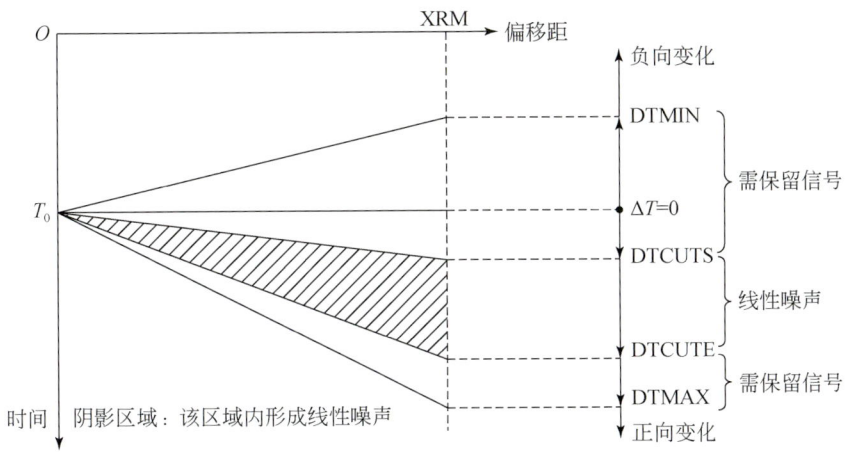

图 4.14 去线性噪声原理

利用有效波的速度进行动校正后，有效波会被校平，而驻波和线性噪声的斜率会保持不变，基于以上原理，经过拉东变换后，有效波与线性噪声在 τ-p 域会产生不同的分布范围。对于地震记录中的数据，首先对 CMP 道集进行动校正，经过拉东变换到 τ-p 域，在 τ-p 域中有效波和线性噪声分布范围不同，可以先将线性噪声进行去除，再将有效波信号反变换回 t-x 域，以达到去除线性噪声的目的。

图 4.15 为区块 02/31-06/17 测线中的炮集数据以及叠加剖面，由图可知，炮集线性噪声较为明显，叠加剖面信噪比低，拉东域线性噪声衰减后，线性噪声得到了有效地压制，叠加剖面的信噪比得到了提高。

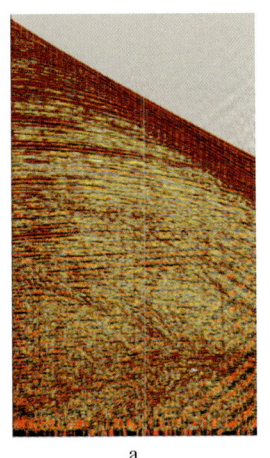
a
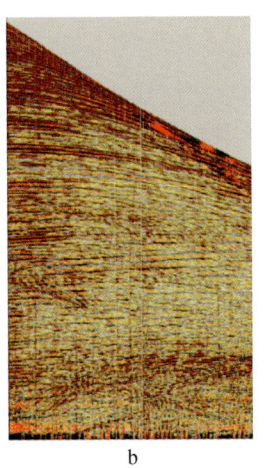
b
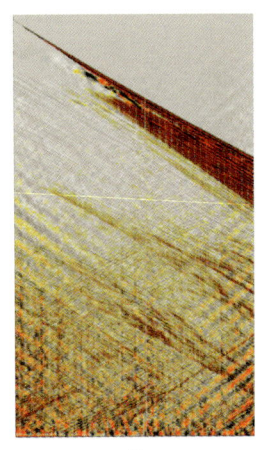
c

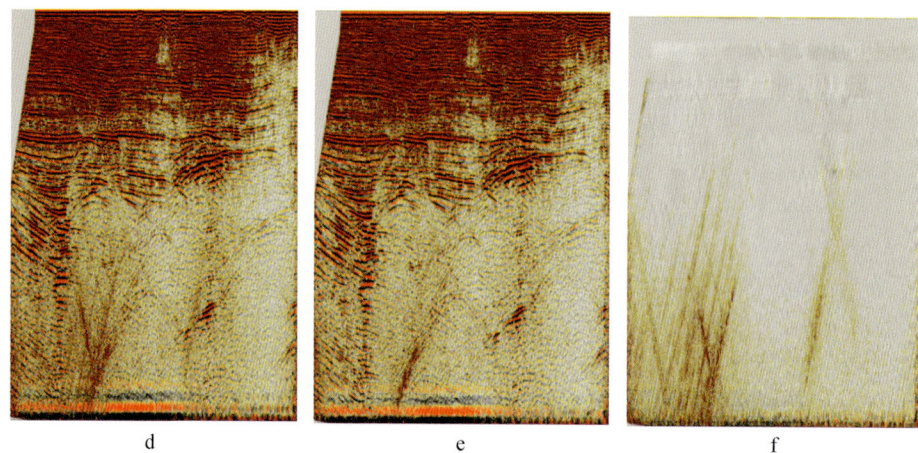

图 4.15　02/31-06/17 区块测线中的炮集数据及叠加剖面

a. 单炮线性噪声衰减前；b. 单炮线性噪声衰减后；c. 单炮线性噪声衰减前后差值；d. 线性噪声衰减前叠加剖面；
e. 线性噪声衰减后叠加剖面；f. 线性噪声衰减前后差值

（三）外源干扰噪声衰减

海底障碍物（采油平台、大坝基底、暗礁、钻井平台、沉船、突变的海底地形等）的反射干扰归为海底障碍干扰，由于这类干扰都表现为来自一侧的反射，这类反射的频带宽度与震源子波频带宽度相当（张卫平等，2011）。振幅级别与有效波在同一级别。在炮集上表现为一系列连续存在的非线性干扰噪声，与一次反射波干涉在一起。

外源干扰噪声可以根据频率、视速度等方面的特征进行衰减：当存在频率差异时，可以根据频率能量的差异，保留频率能量大的信号，对频率能量小的信号进行衰减；根据有效波与干扰波视速度的不同，对外源干扰噪声进行衰减；根据有效波在炮集上的可预测性，对不可预测的外源干扰进行压制。

较强的大船噪声能够掩盖真实的有效信号，因此，大船噪声衰减不仅直接影响到地震资料的信噪比，更能影响到资料的最终成像。在对野外地震资料进行充分调查的基础上，对来自船头、船尾以及与物探船侧面的大船噪声进行了细致的分析。根据分析结果，大船噪声的频带分布极宽，采用分频分时噪声衰减技术，其基本原理是：利用有效信号与噪声在频率、时间上的分布差异以及振幅值的不同，设置不同的门槛值，从而达到信噪分离的目的。

采样点的振幅值是以这个采样点为中心的时窗内所有采样点绝对振幅值的平均值。而其周围区域可定义为与采样点所在道相邻的地震道上相同时间的一组采样点，其周围区域采样点的振幅值为周围区域内所有采样点能量的中值。对于衰减那些随时间显著变化的噪声来说门槛值随时间变化是必需的。在每一个给定的频率点，时间的变化相比较于另一个频率点来说是独立的，门槛值作为时间的函数在两个给定的时间点中间进行线性插值，门槛值在两个不同的频率点之间线性横向插值。在掌握信号和噪声分布的前提下，在不同时间段为不同的频率范围定义不同的门槛值可以取得更好的效果。

图 4.16 和图 4.17 为来自渤东斜坡带以及区块 SZ 的数据，由图 4.16 可知，大船噪声

发育，几乎看不到有效波同相轴，利用分时分频振幅的差异去除大船噪声后，大船噪声得到了很好的衰减。在图 4.17 中，对比叠加剖面去除弧状噪声前后可知，分频噪声衰减技术能够较好地去除弧状噪声，叠加剖面的信噪比得到了提高。

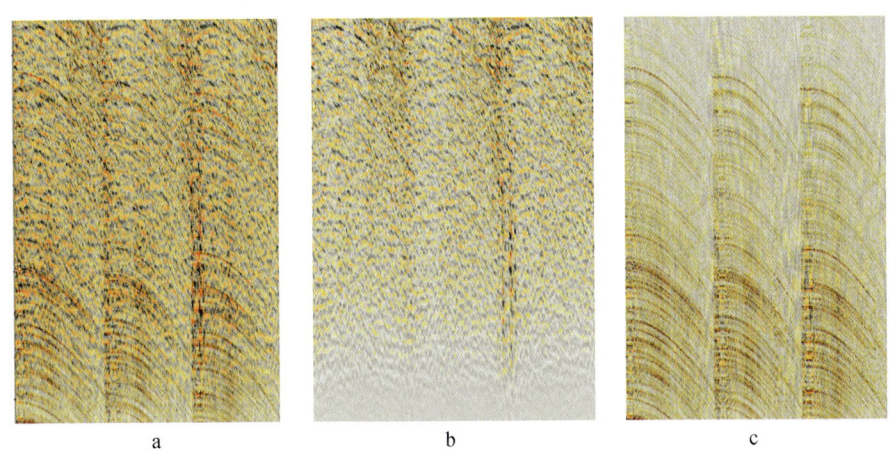

图 4.16 利用分时分频振幅的差异去除大船噪声（来自渤东斜坡带）
a. 去除噪声前；b. 去除噪声后；c. 去除的噪声

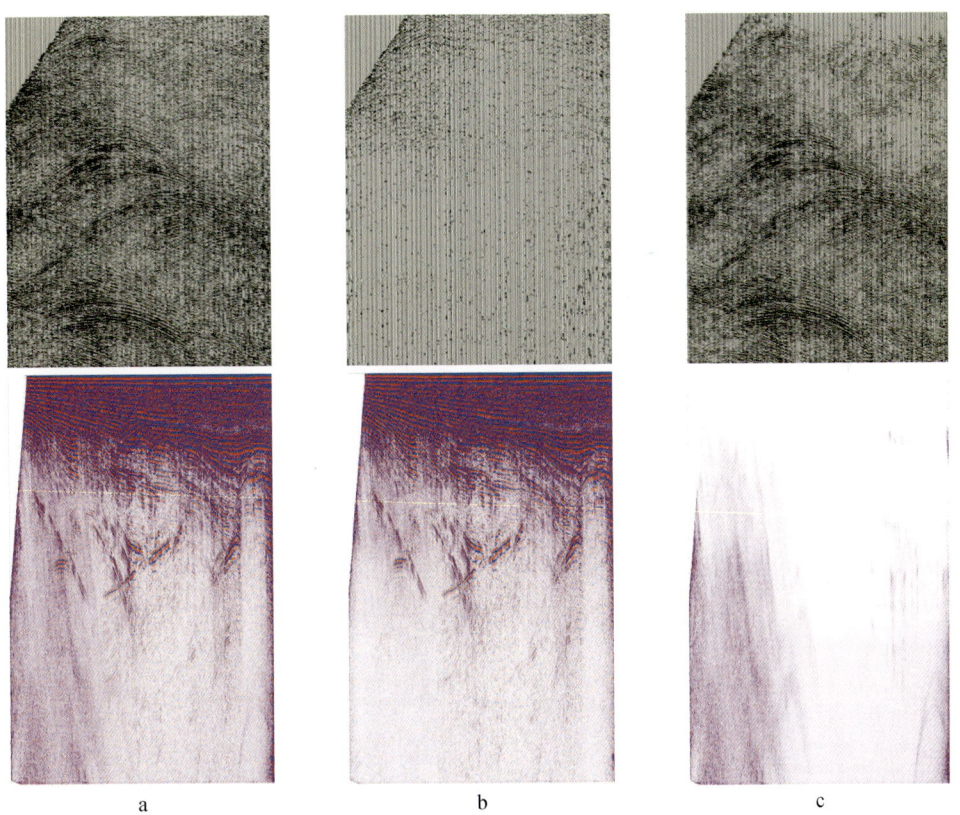

图 4.17 分频去弧状噪声
a. 去除噪声前；b. 去除噪声后；c. 去除的噪声

(四) 自适应面波衰减

海底电缆检波器铺放于海底,且观测系统同陆地施工相似,在小偏移距处,存在大量低频、低速度的面波。面波速度范围为 100~600m/s,频率范围为 3~10Hz。可通过自适应面波 (AGORA)、十字交叉域 f-k 滤波法 (TDNFK) 等方法压制面波。

图 4.18 是区块 JZ 测线中的炮集数据以及叠加剖面,从炮集中可以看出,面波发育,深层几乎看不到有效反射波同相轴,叠加剖面信噪比低,自适应面波衰减后,炮集中的面波得到了很好的衰减,叠加剖面的信噪比得到了提高,通过差值剖面可以看出,自适应面波衰减在去除面波的同时能较好保护有效波能量。

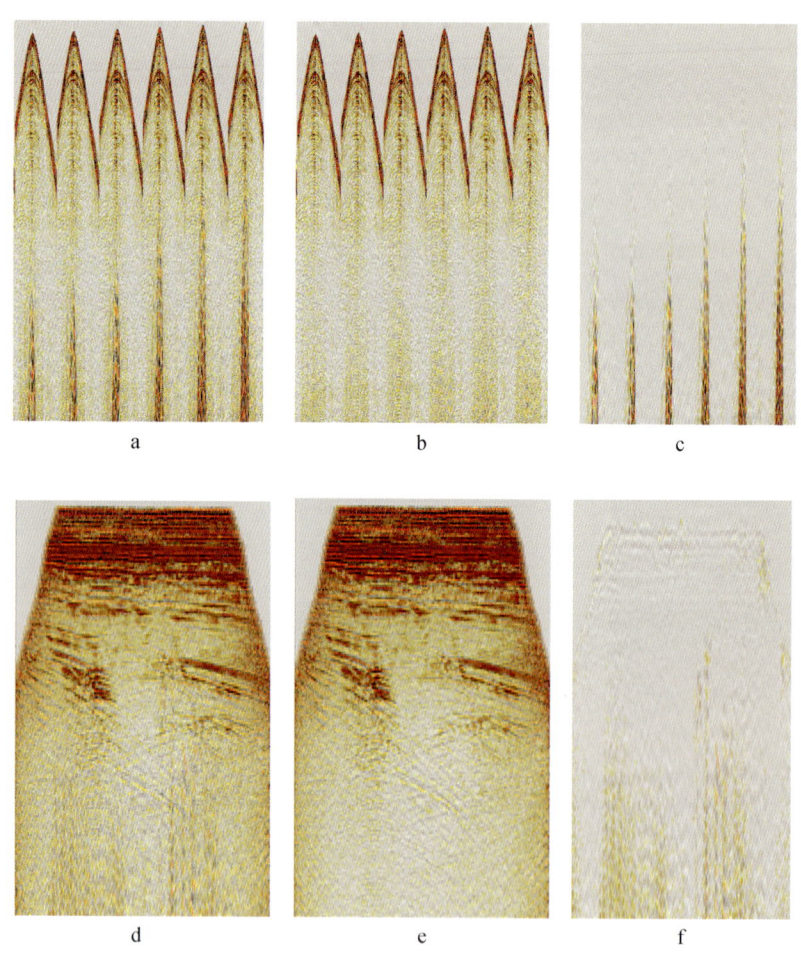

图 4.18 去面波前后炮集记录、叠加剖面及二者残差
a. 去面波前炮集记录;b. 去面波后炮集记录;c. 二者之间的残差;
d. 去面波前叠加剖面;e. 去面波后叠加剖面;f. 二者之间的残差

(五) 整体去噪效果

从图 4.19 可以看出，对于 PL 工区，涌浪噪声、线性噪声、外源干扰等噪声得到了较好的压制，有效波没有受到影响，整体信噪比得到提高。

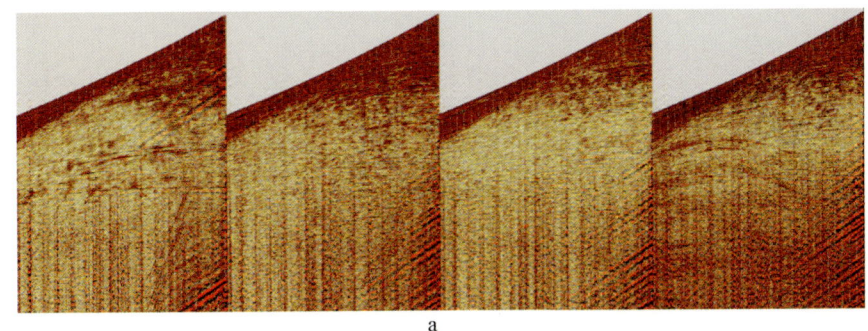

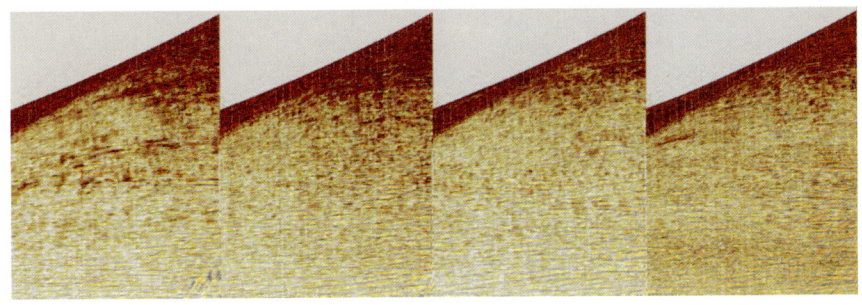

图 4.19 整体去噪前后单炮
a. 整体去噪前单炮；b. 整体去噪后单炮；c. 去噪前后单炮差值

从图 4.20 中可以看到，多域去噪处理后，剖面的信噪比也得到很大提高。其中，低频噪声、大值噪声、线性噪声、中深层的弧状噪声等基本消除，但浅层的弧状噪声还有残余，在后面的处理中还要做进一步压制。在后面的处理中，还要单独进行衰减多次波处理。

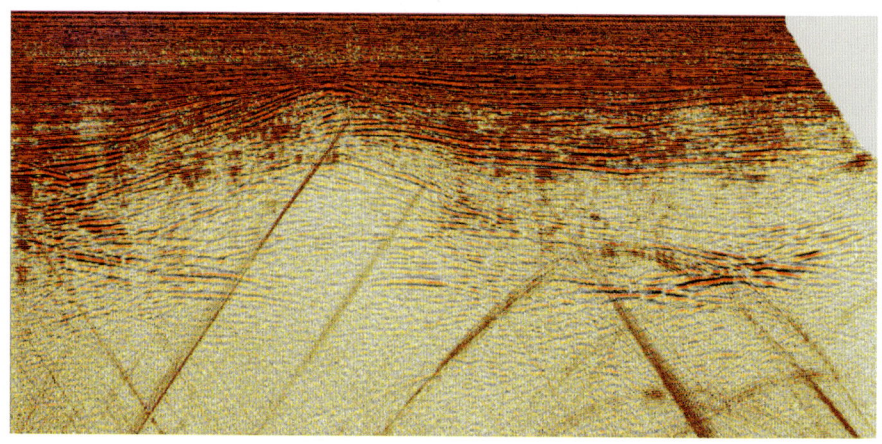

a

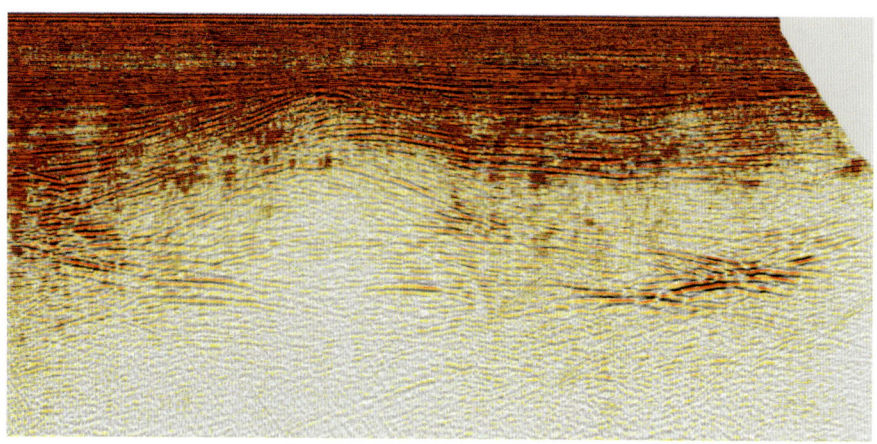

b

c

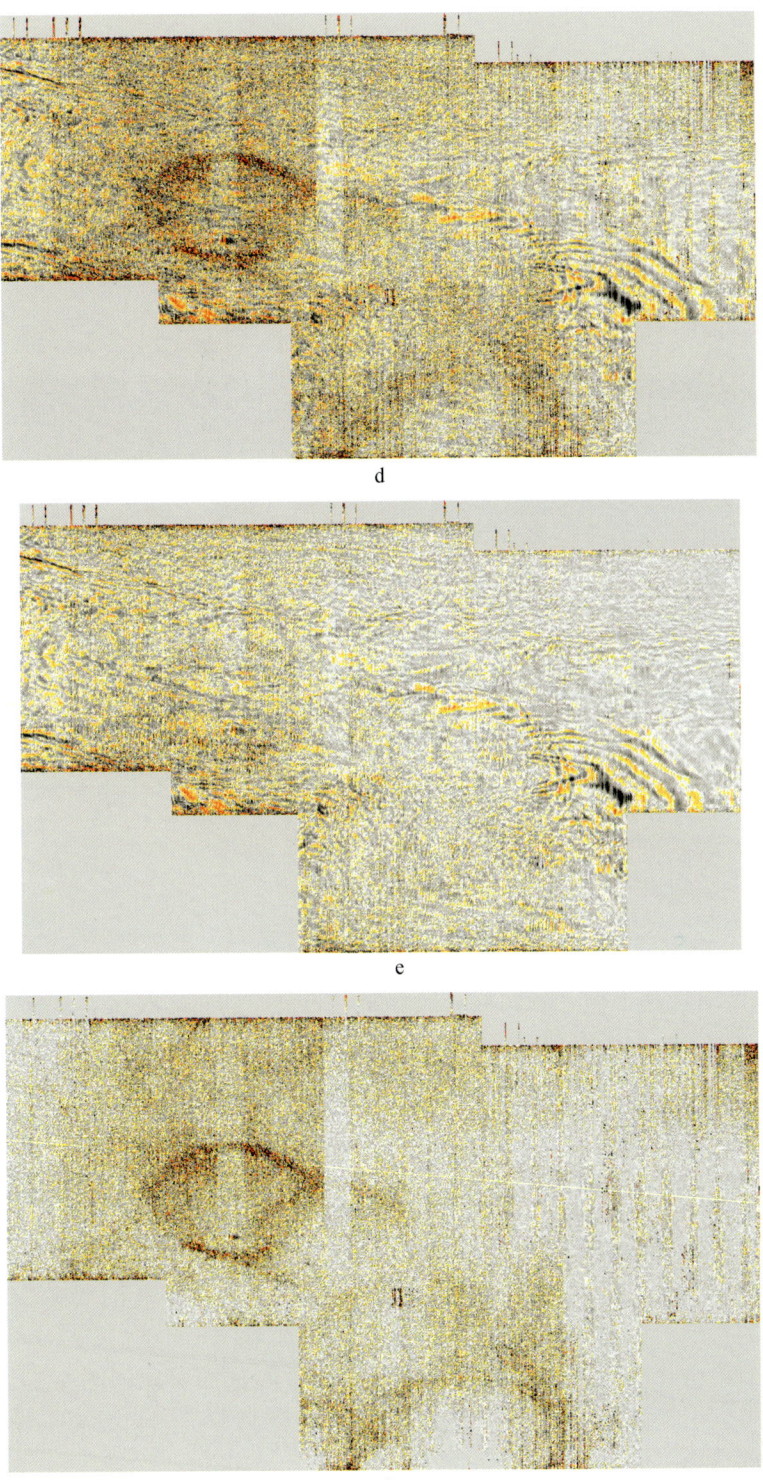

图 4.20 整体去噪前后效果对比图

a. 整体去噪前剖面；b. 整体去噪后剖面；c. 去噪前后差值剖面；d. 整体去噪前时间切片；
e. 整体去噪后时间切片；f. 去噪前后差值时间切片

三、双检合并

如第一章节介绍，本次连片处理海底电缆资料共九块，占总工区数的31%。海底电缆采集方式如图4.21所示，上行的一次波与通过自由界面反射的下行波而产生的鬼波都会被海底电缆所接收，两者相差一个时间$\Delta t = 2z/v$，频谱上在$f=v/2z$处产生陷波。

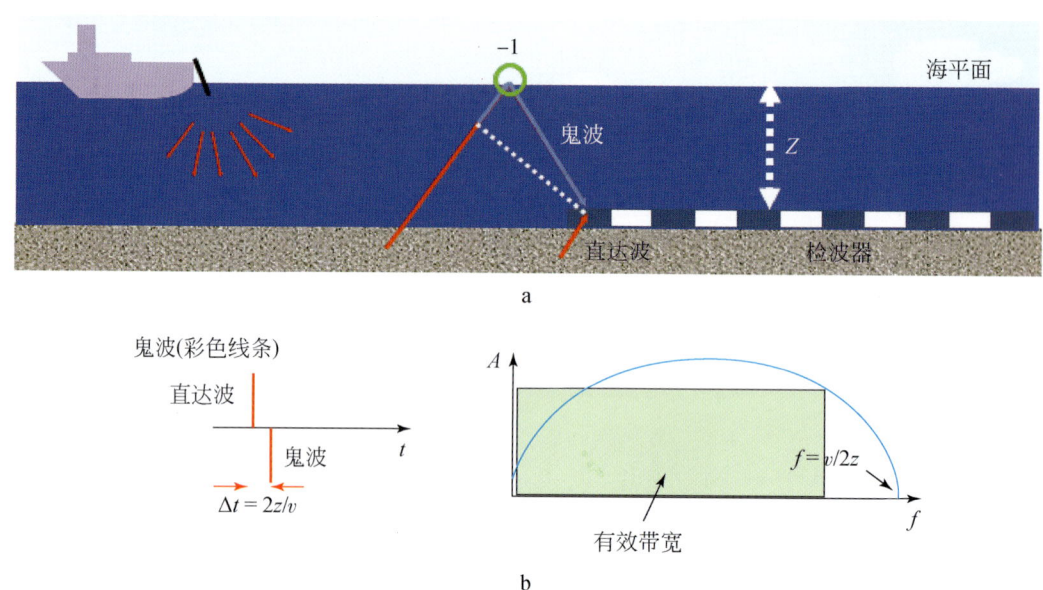

图4.21 海底电缆采集（a）与鬼波（b）示意图

图4.22是针对使用水检、陆检与双检合并后的叠加剖面的对比。从剖面对比中可以看出，在水检剖面上，由于有效波与海底鸣震叠加在一起，导致水检剖面分辨率较低；陆检剖面相对来说信噪比也较低；双检合并后的叠加剖面，鸣震得到了压制，有效信号能量得到增强，同相轴更加清晰，在分辨率与信噪比上都得到了提高，地震剖面的品质也相应地得到了提高。

从图4.23的频谱分析中可以看出，双检合并后的资料有效地补偿了频率陷波现象。观察优势频率范围可以看到，双检合并的资料是水检与陆检优势频率的结合，效果十分明显。通过对双检合并后与水检的自相关函数的观察，双检合并后的资料相对于水检的资料，在分辨率上得到了大幅提高与改善。

对于使用双检合并后的叠加剖面与P分量叠加后的剖面对比如图4.24所示，地震剖面的整体品质得到了提高，双检合并叠加的剖面具有更高分辨率与更高信噪比，对于局部构造刻画的更加精细与清晰。

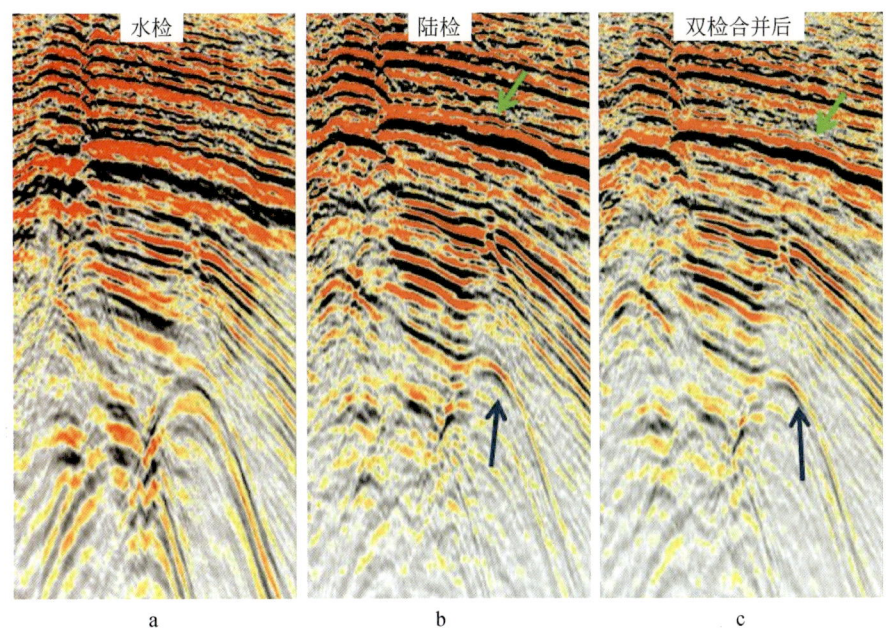

图 4.22 水检、陆检及双检合并后部分叠加图对比
a. 水检；b. 陆检；c. 双检合并

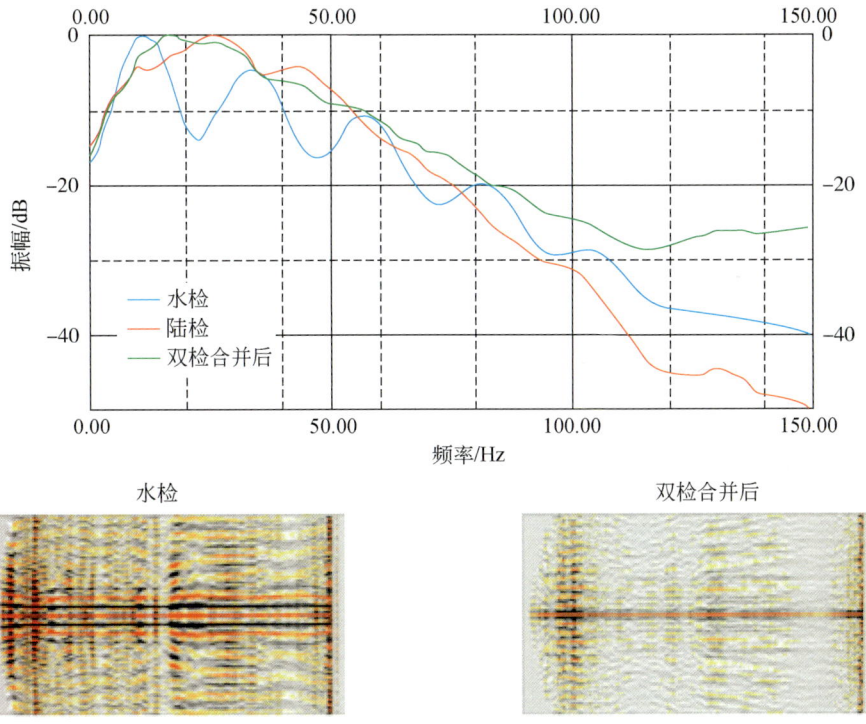

图 4.23 双检合并前后振幅谱及自相关

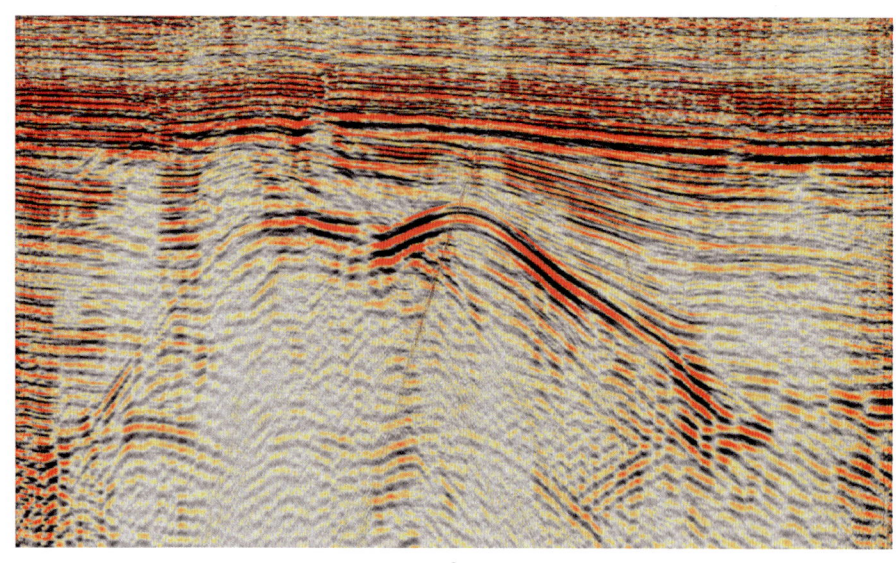

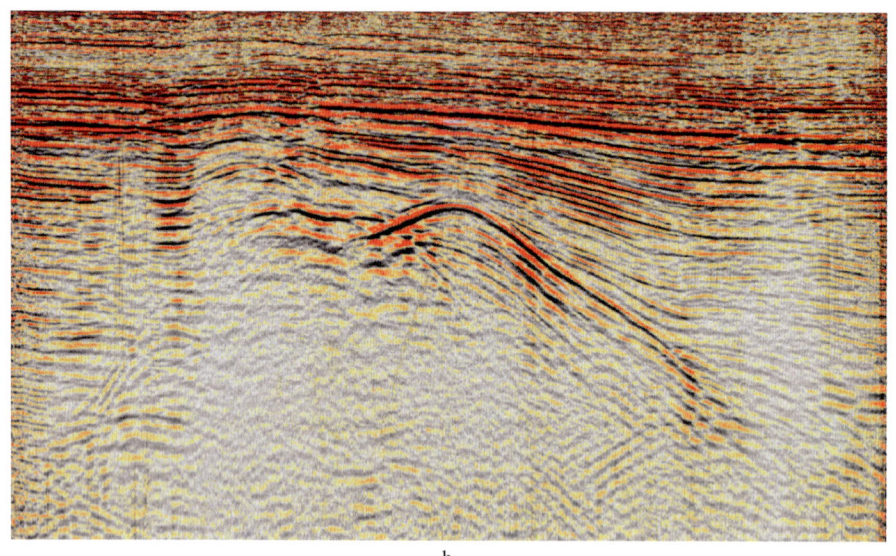

图 4.24　P 分量叠加与双检合并叠加对比

a. P 分量叠加；b. 双检合并

通过图 4.22～图 4.24 可以看出，水陆检合并能够非常有效地压制检波点鬼波，减弱陷波效应，提高地震资料的分辨率。海底电缆双检资料处理效果的好坏，关键在于陆检资料的品质，陆检资料去噪处理是海底电缆双检处理中正面临的挑战。

四、预测反褶积

地震资料处理三个基本阶段为反褶积、叠加和偏移（李振春、张军华，2004）。其中，反褶积会压缩地震记录中的基本子波、压制交混回响和短周期多次波，提高时间分辨率。在反褶积阶段做了大量试验，包括子波反褶积、反褶积参数以及反褶积类型试验及浅水去多次波试验等。

（一）子波试验

子波反褶积试验过程：对子波进行重采样、时移、反相位、去气泡响应以及零相位化。子波处理以 SZ 为例，如图 4.25 所示。

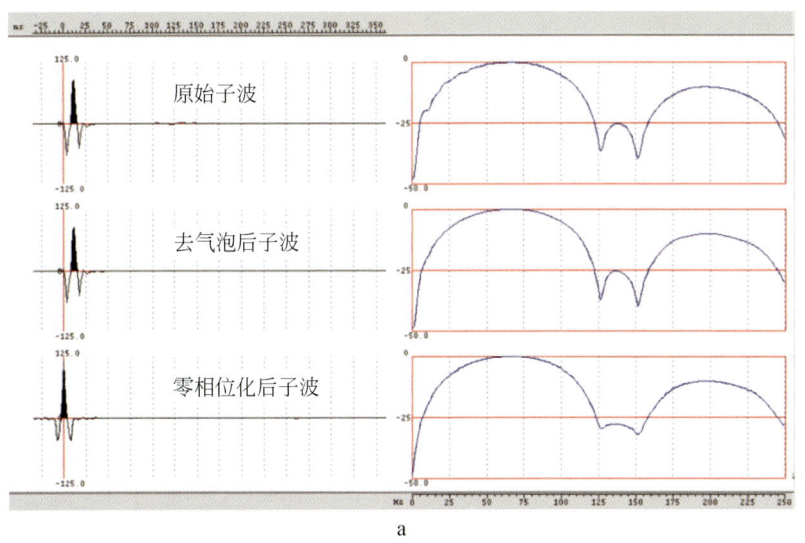

a

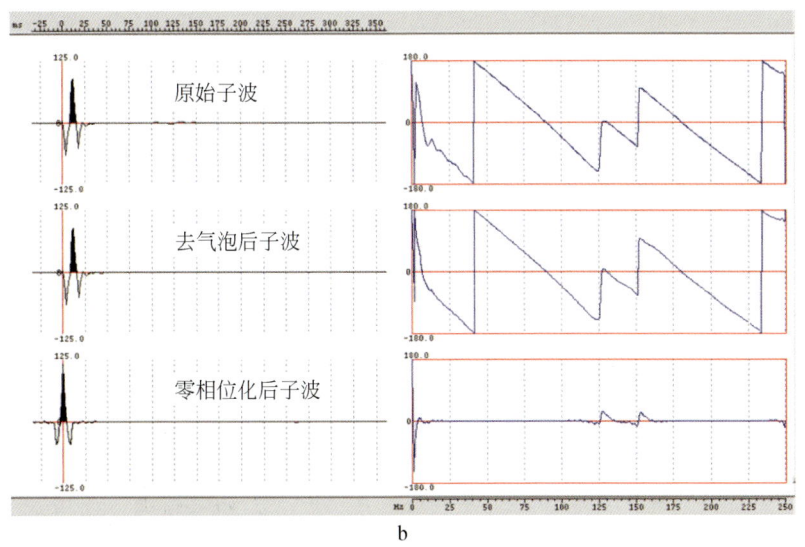

b

图 4.25　原始子波、去气泡后及零相位后子波振幅谱与相位谱
a. 振幅谱；b. 相位谱

如图 4.25 所示,去气泡响应后的子波更加平滑。另外,反褶积要求是地震子波是最小相位子波,而海上气枪震源产生的地震子波是混合相位子波;因此,为了得到比较理想的反褶积效果,理论上应该先把地震子波做最小相位化处理或零相位化处理再做反褶积。如图 4.26 所示,给出了子波处理前后,单炮及剖面对比图,尽管剖面特征变化不明显,但仔细对比后发现,加子波后的有效信号能量更集中,同相轴的连续性更好。结合试验结果,应该对 SZ 工区使用子波处理。

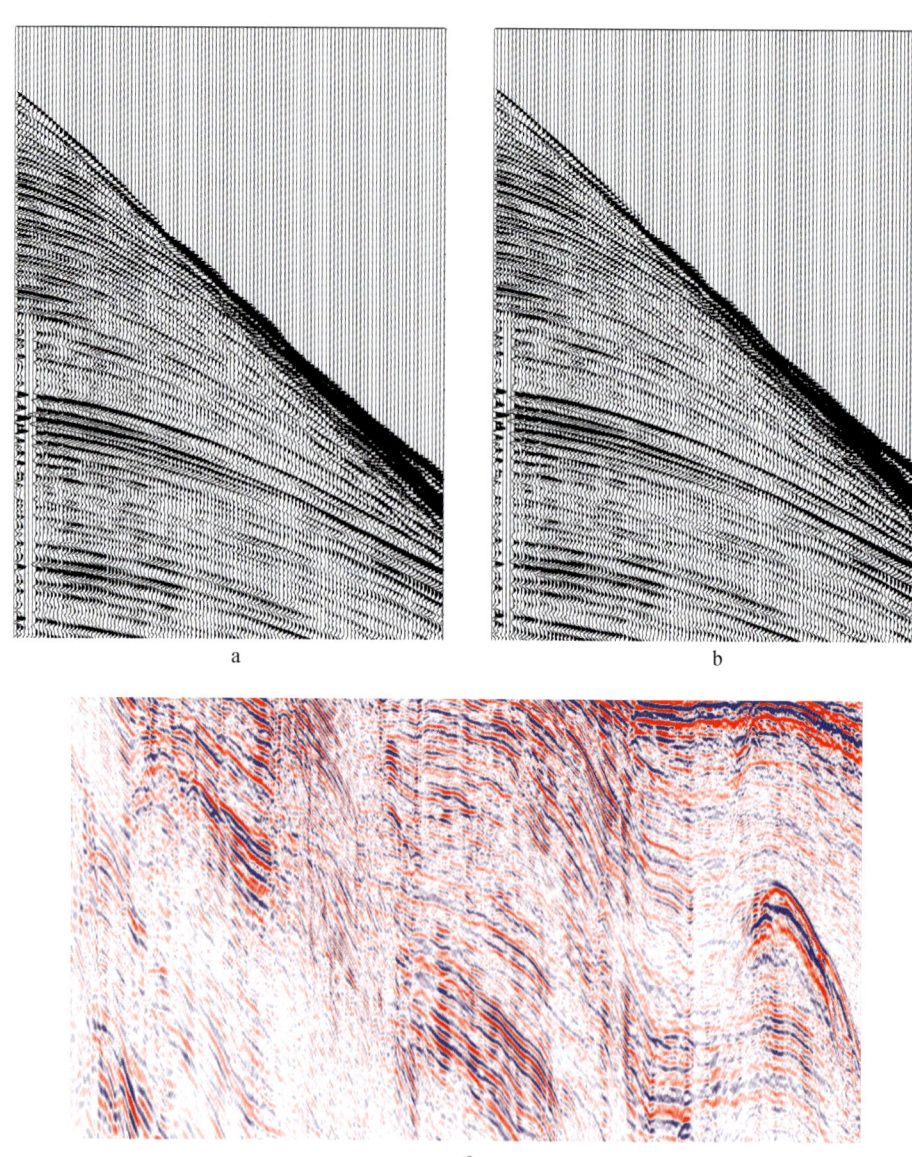

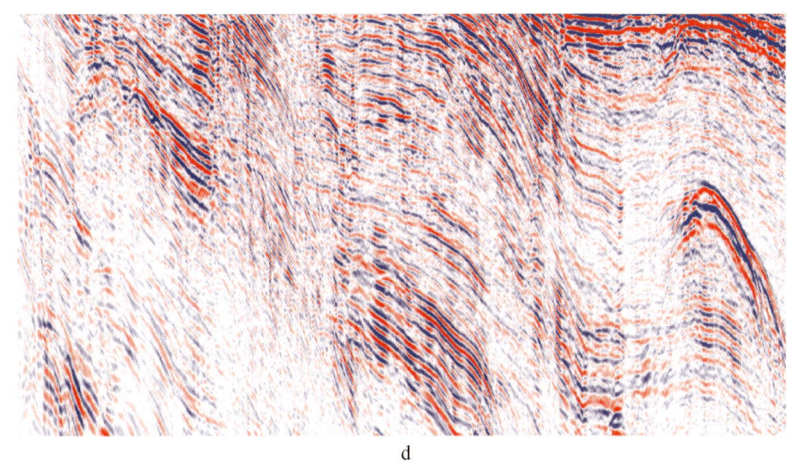

图 4.26 加子波前后单炮及剖面对比
a. 加子波前单炮；b. 加子波后单炮；c. 加子波前剖面；d. 加子波后剖面

(二) 三种反褶积方法试验

为了验证反褶积的优越性，选取了几种反褶积方法进行试验。主要试验了两种反褶积方法：时间域多道预测反褶积（MCDEC）和 $\tau\text{-}p$ 域反褶积。针对每种反褶积模块，首先选取时窗进行反褶积试验，并测试不同反褶积方法的预测间隙（GAP 值）。分析对比不同预测间隙的反褶积频谱、自相关及叠加结果，确定反褶积预测步长参数。对参与多道预测的道数、两种反褶积方法的算子长度、白噪系数等参数进行扫描，确定几种反褶积方法的相关参数。

下面以渤海某工区为例。首先选取时窗，分浅层（100～1800ms）及中深层（1800～4000ms）进行试验，如图 4.27 所示。

图 4.27 反褶积试验时窗选取图
红框为浅层；蓝框为中深层

然后选择一个时窗对几种反褶积方法分别进行预测间隙（GAP）扫描，分别选取了 GAP=12ms、16ms、20ms、24ms、28ms 及 32ms 进行扫描。通过对每个 GAP 值作叠加效果对比、自相关及频谱分析最终选定合适的 GAP 值。以浅层时窗多道反褶积为例，其部分叠加、自相关及频谱如图 4.28 和图 4.29 所示，通过仔细对比分析认为，GAP=20ms 时反褶积效果最好。

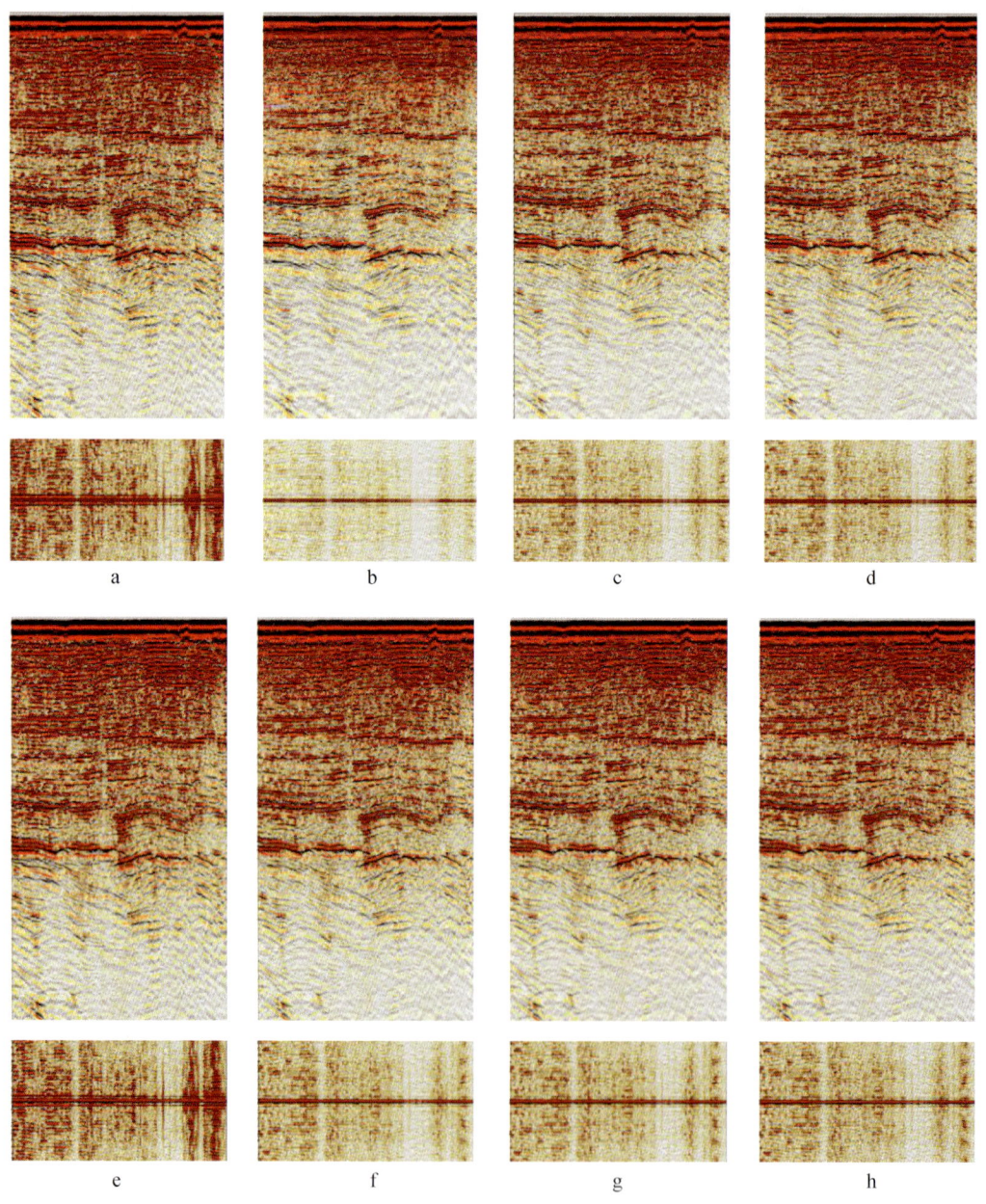

图 4.28　不同 GAP 值的部分叠加与自相关示意图

a. 反褶积前；b. GAP=12 的反褶积结果；c. GAP=16 的反褶积结果；d. GAP=20 的反褶积结果；
e. 反褶积后；f. GAP=24 的反褶积结果；g. GAP=28 的反褶积结果；h. GAP=32 的反褶积结果

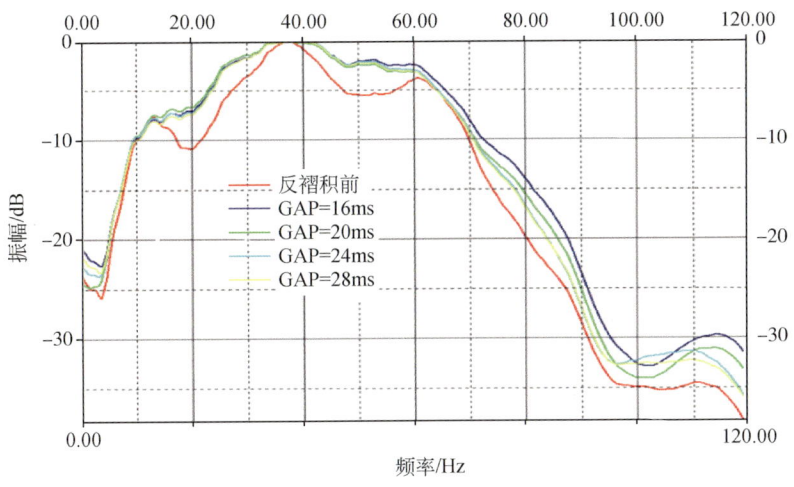

图 4.29 不同 GAP 值的频谱图

同样对深层的 MCDEC 进行 GAP 值扫描，可得到深层时窗对应反褶积效果最好的 GAP 值。对于 τ-p 域反褶积，采用同样的方式进行 GAP 值扫描，可得到表 4.2，表中给出不同反褶积方法最佳效果对应的 GAP 值。

表 4.2 不同反褶积方法最佳效果对应的 GAP 值

	时窗	
	100~1800ms	1800~4000ms
时间域多道预测反褶积	20	24
τ-p 域反褶积	20	24

在应用反褶积时，只会用到一种反褶积方法，下面从两种反褶积方法中选取一种效果最好的方法作为最终的反褶积处理方法。如图 4.30~图 4.32 所示，通过几种方法的对比，可以将处理后叠加剖面、自相关及频谱中达到最佳效果时对应的方法，作为最合适该工区的反褶积方法。

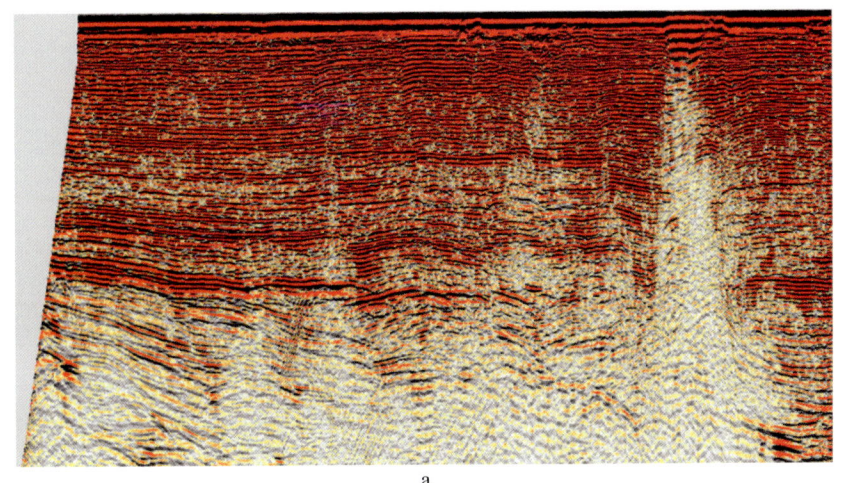

a

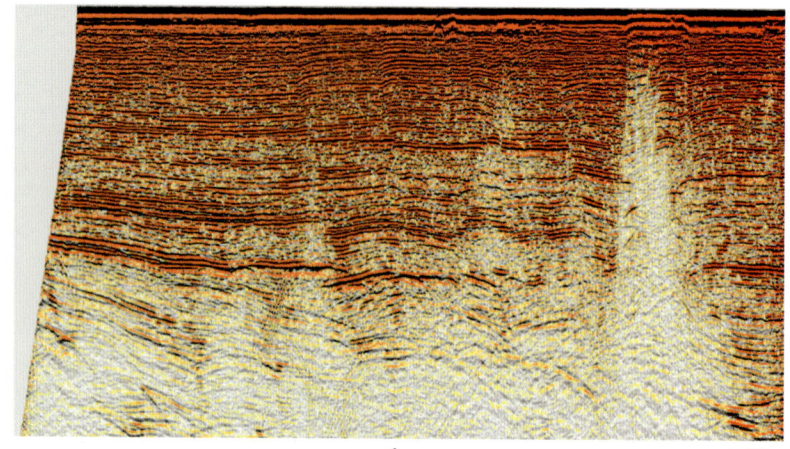

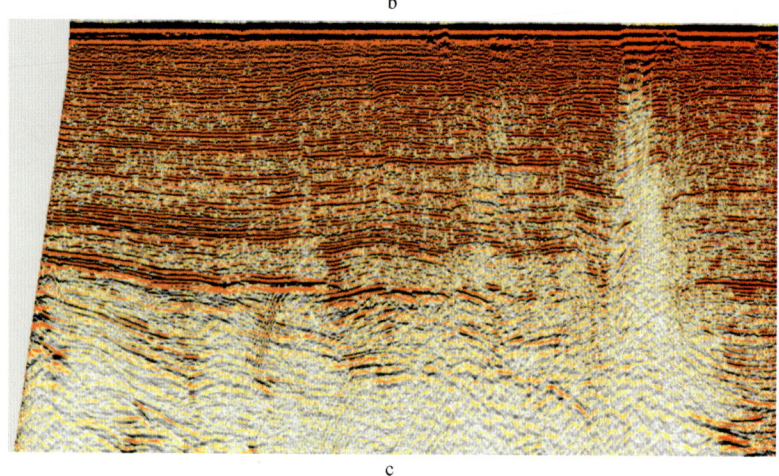

图 4.30 两种反褶积方式的叠加剖面对比
a. 反褶积前；b. 时间域多道预测反褶积；c. τ-p 域反褶积

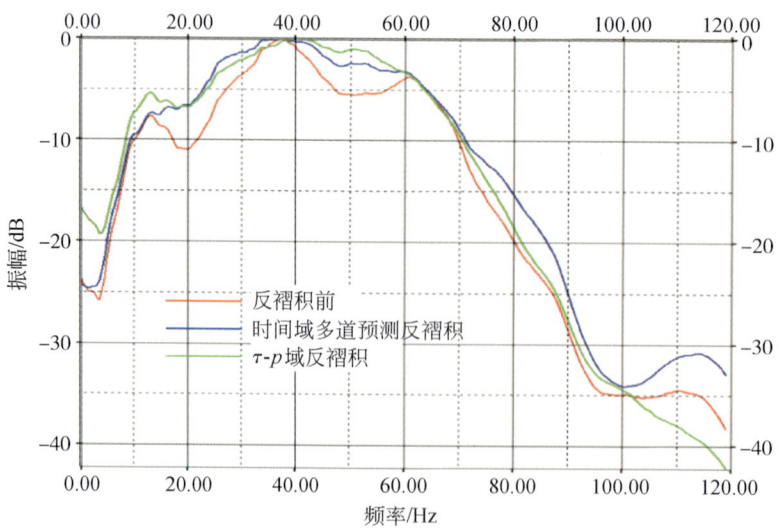

图 4.31 两种反褶积方式频谱分析

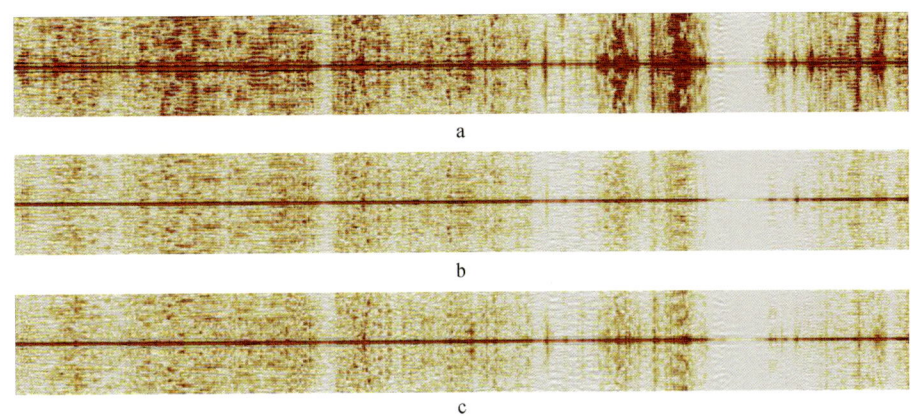

图 4.32　两种反褶积方式的自相关分析
a. 原始数据；b. 时间域多道预测反褶积；c. $\tau\text{-}p$ 域反褶积

通过对两种反褶积方法进行 GAP 值扫描，并对比叠加剖面、频谱和自相关值（如图 4.32 所示），发现时间域多道反褶积后的同相轴连续性好，反射波组特征明显，陷波得到充分补偿，并且有效频带宽，因此选取时间域多道预测反褶积方法来进行多次波压制，并选取如表 4.3 所示的反褶积参数。

表 4.3　反褶积参数选择

时窗	GAP 值
100～1800ms	20
1800～4000ms	23

如图 4.33，根据中深层反褶积前后叠加剖面及频谱图，反褶积方法对不同工区的效果并不一样，有些工区多道预测反褶积效果明显，而其他的则可能更适用于 $\tau\text{-}p$ 域反褶积，所以需要通过不断地试验选取最佳反褶积效果对应的反褶积方法。如 JZ 某工区经过反褶积试验最终选择 $\tau\text{-}p$ 域反褶积。图 4.34 和图 4.35 为对两种方法效果对比分析的过程。

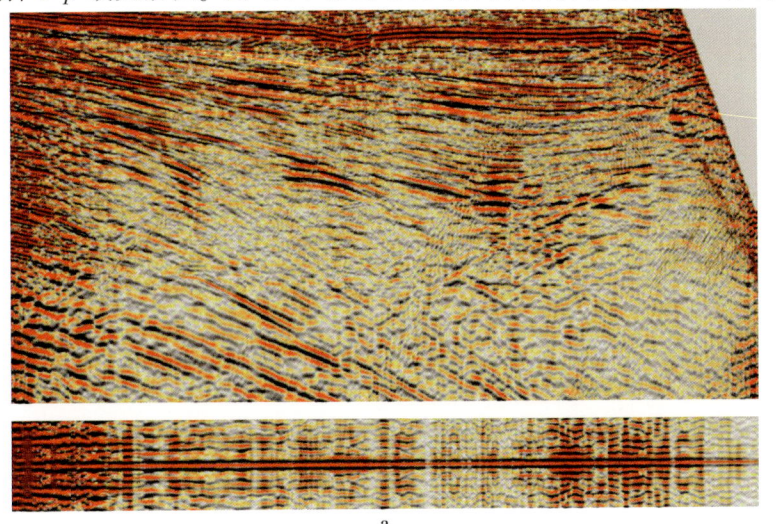

a

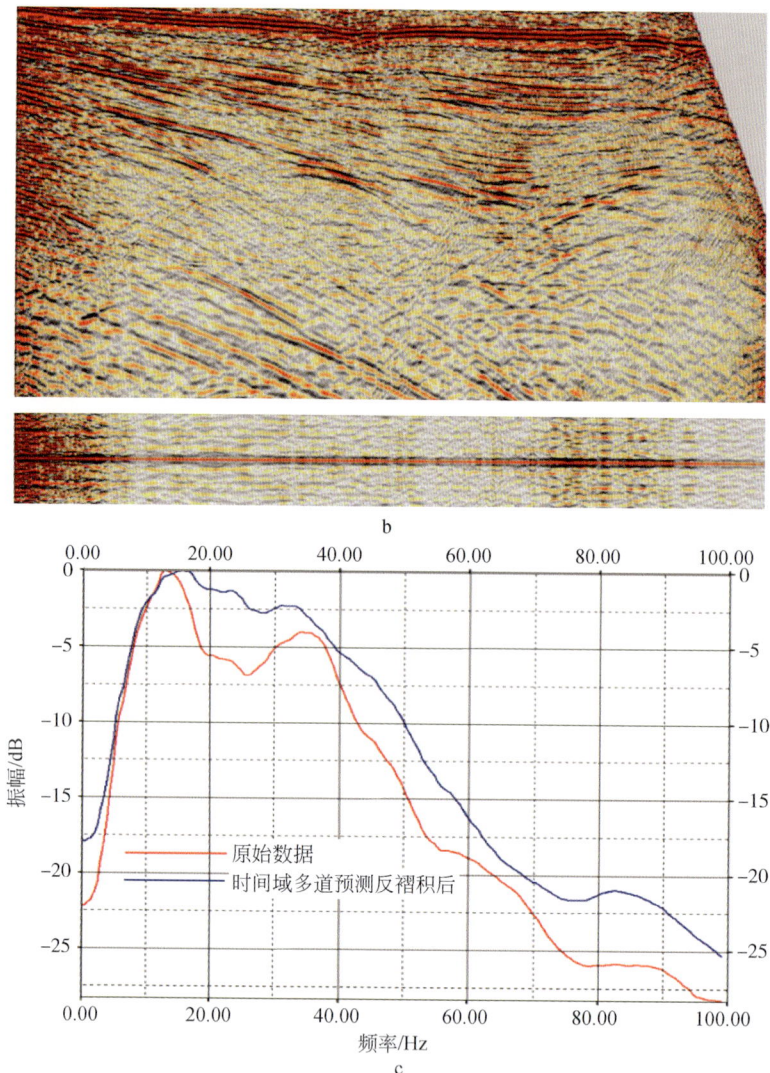

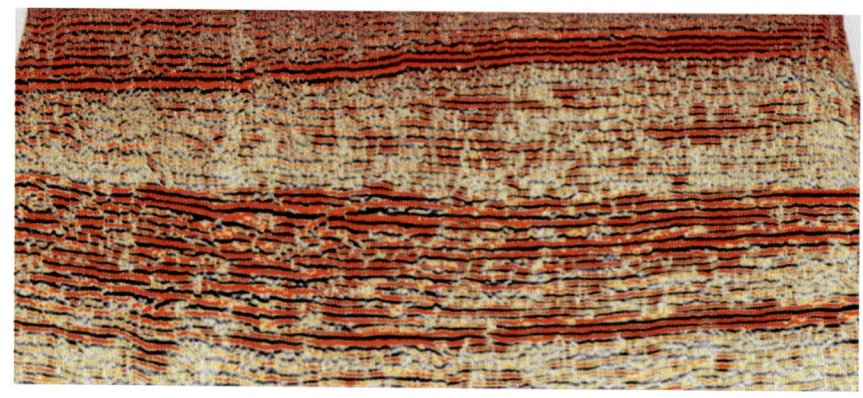

图 4.33 中深层反褶积前后叠加剖面及频谱（2000~3500ms）对比

a. 反褶积前叠加剖面；b. 反褶积后叠加剖面；c. 反褶积前后频谱

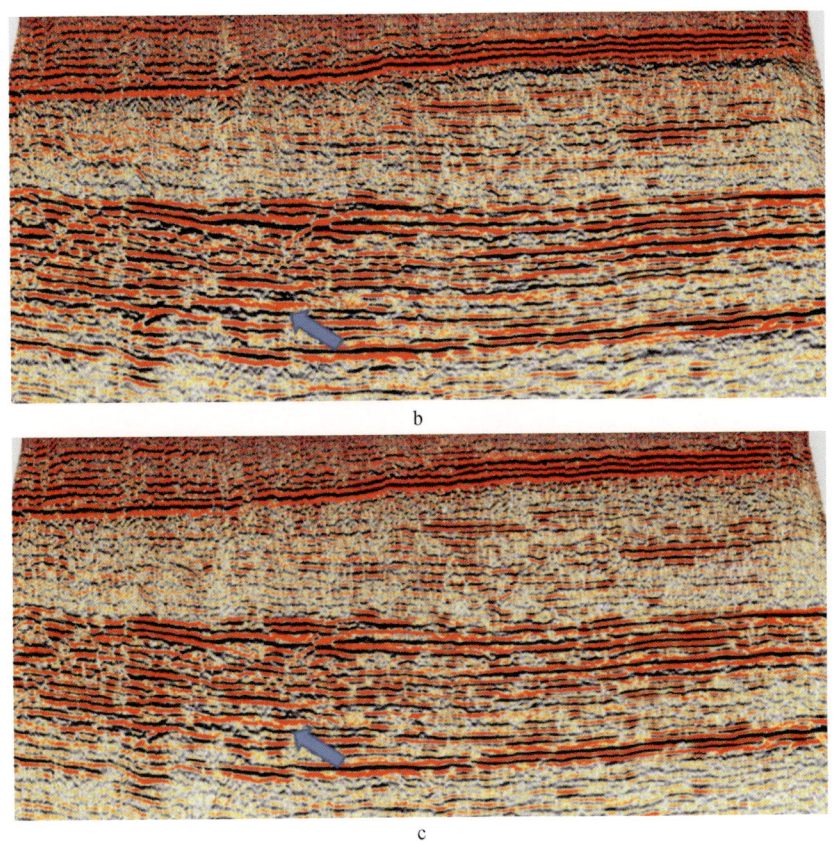

图 4.34 JZ 某工区两种反褶积方式的叠加剖面对比
a. 反褶积前；b. 时间域多道预测反褶积；c. τ-p 域反褶积

如图 4.35 所示，时间域多道预测反褶积及 τ-p 域反褶积频谱及自相关分析可见，从资料处理来看，多道预测反褶积与 τ-p 域反褶积相比较，信噪比高，同相轴的连续性好，反射波组特征好；而 τ-p 域反褶积的分辨率高，有效频带宽，能很好地压制基底的复波。因此，需结合试验结果与处理要求综合选择合适的反褶积方法。

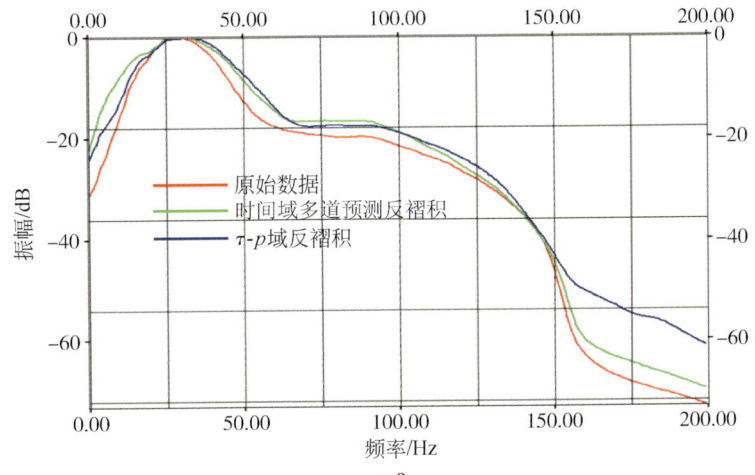

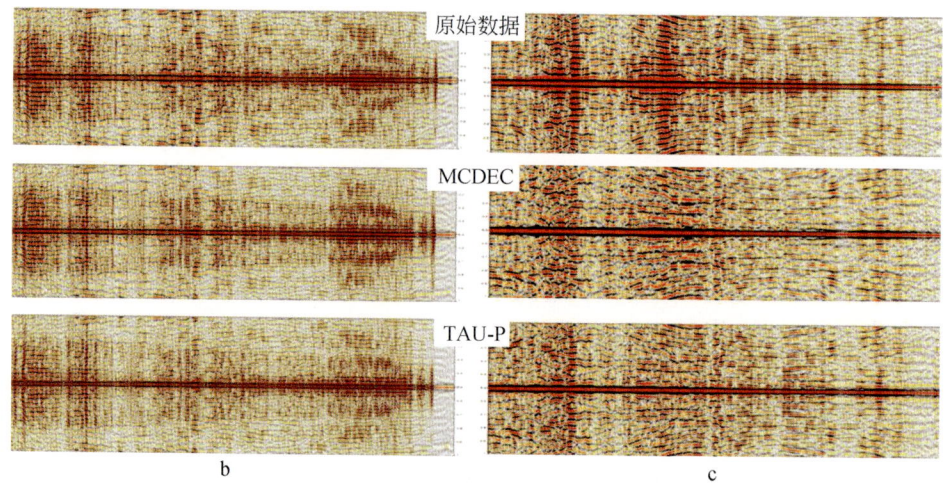

图 4.35　MCDEC 及 τ-p 反褶积频谱及自相关分析

a. MCDEC 及 τ-p 反褶积频谱；b. 自相关分析 300~1800ms；c. 自相关分析 1800~3600ms

反褶积处理后，有效频带拓宽了，陷波得到了一定的提升，提高了地震剖面的分辨率；同相轴能量更集中，波组特征更清楚，层次感增强；在很大程度上衰减了短周期的多次波、层间多次波和鸣震，使得同相轴的连续性增强，从而突出了有效波。

（三）浅水多次波衰减

多次波问题一直是海洋地震资料处理的难点，尤其是在浅水及深浅水过渡带等环境下。在浅水海底和海平面之间来回震荡的短程多次波即浅水多次波，由于其与同深度产生的一次反射波几乎同时到达，所以会使一次反射波的振幅，频率和相位发生畸变，且较难发现和识别。压制该多次波对于精准的偏移速度分析、复杂地质构造成像、波组特征精细刻画以及小断层成像都至关重要。

浅水去多次波（SSMPA）技术主要利用多道预测算子以及海底附近一次反射波信息，来预测浅水多次波模型，然后应用自适应相减法对多次波进行去除。这种方法为数据驱动，对速度、水深等信息的依赖程度较低。

本次连片处理过程中，LD10 等几个工区内都存在区域性不整合面，而这种区域不整合面是产生多次波的主要界面。由于此反射界面具有很强的屏蔽作用，从而导致中、深层的有效反射波能量很弱，常为反射空白带。

从图 4.36a 所示剖面上可以看出，该工区多次波非常发育，这样强烈的多次波不仅导致了偏移剖面的虚假层位，而且掩盖了有效反射层，特别是中、深层的有效反射信息完全淹没在多次波之中，其能量弱、品质差，难以在地震剖面上辨认出来。

因此，LD10 等几个工区在反褶积前使用了浅水去多次技术，浅水去多次波和预测反褶积联合使用可以在浅层多次波压制方面取得较好的效果，对剖面质量有很大的提高，如图 4.36b 是用浅水去多次波联合衰减方法消除多次波之后得到叠前时间偏移剖面。比较图 4.36a、b 可以发现，由高速屏蔽层产生的强烈多次波和海底多次波已基本被消除，屏蔽层以下的有效波能量显著加强，基本达到可连续追踪。剖面的波组特征明显，地层结构清晰，特别是剖面右侧的高陡断层和中、深层位置的大型挤压背斜构造形态清晰可见。

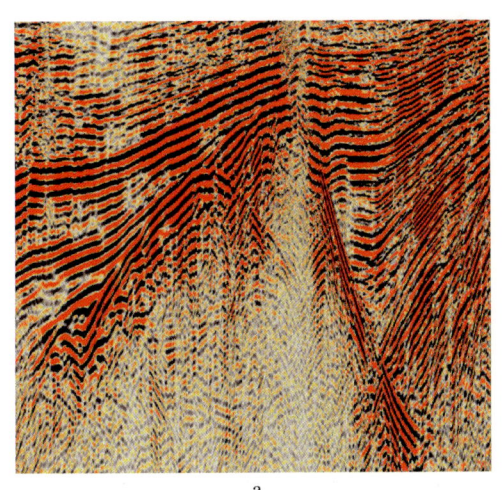 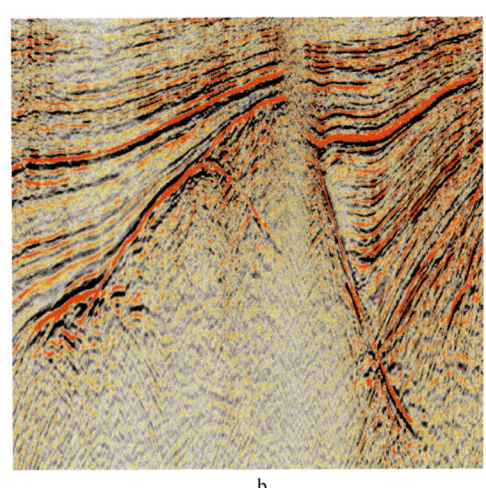

图 4.36　浅水去多次效果图
a. 去多次前；b. 去多次后

浅水去多次试验以 PL2-2 为例。如图 4.37 及图 4.38 所示，对比了对浅水与中深层去噪结果，试验选取去噪后、反褶积后以及浅水去多次波加反褶积之后的频谱、自相关结果和叠加剖面进行对比，来验证用浅水去多次加反褶积的方法比直接反褶积的效果更好。

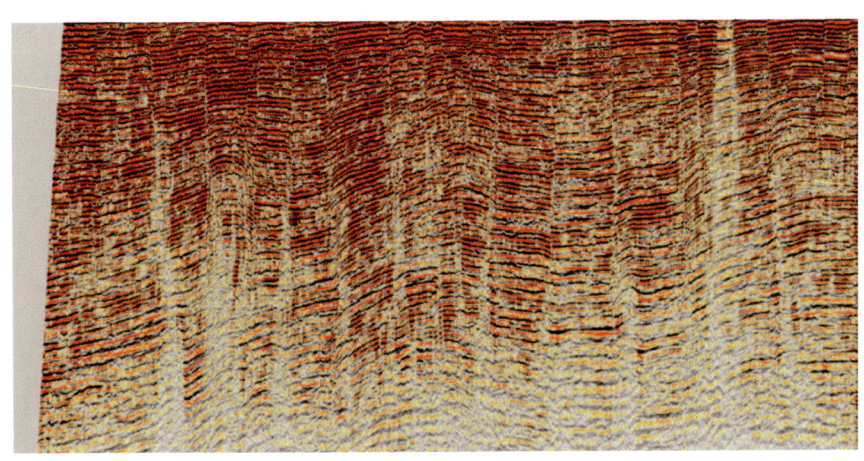

a

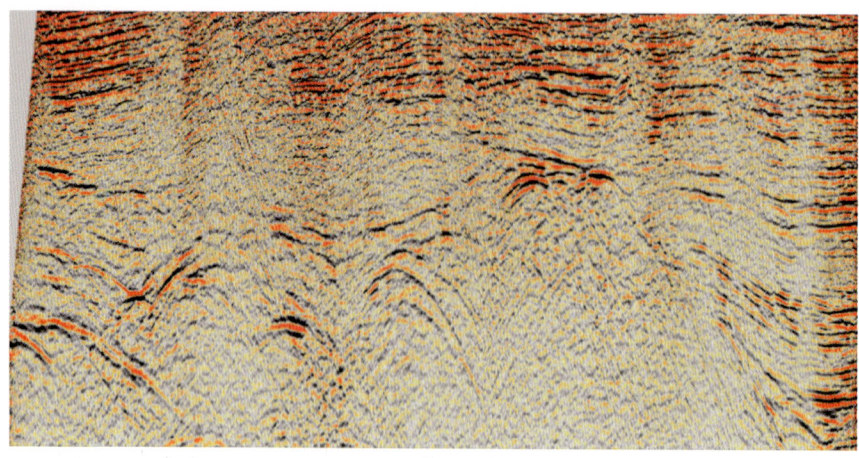

a

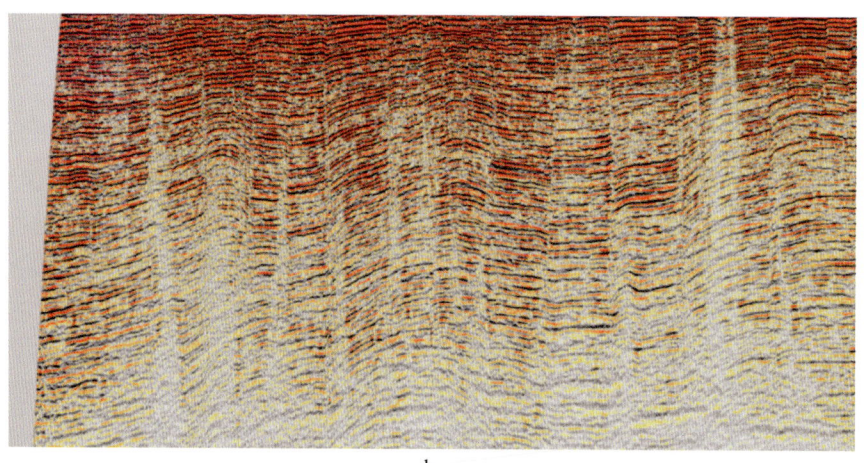

b

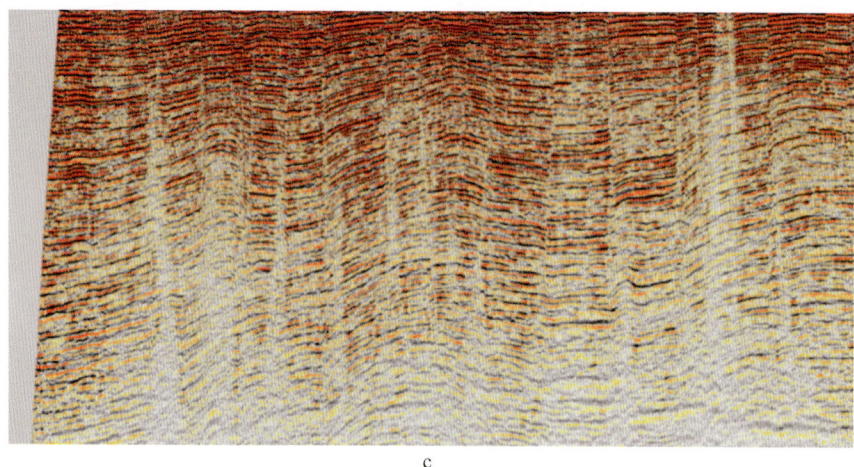

c

图 4.37 去噪后 (a)、反褶积 (b) 及浅水去多次波加反褶积 (c) 叠加剖面 (浅层 300~1800ms)

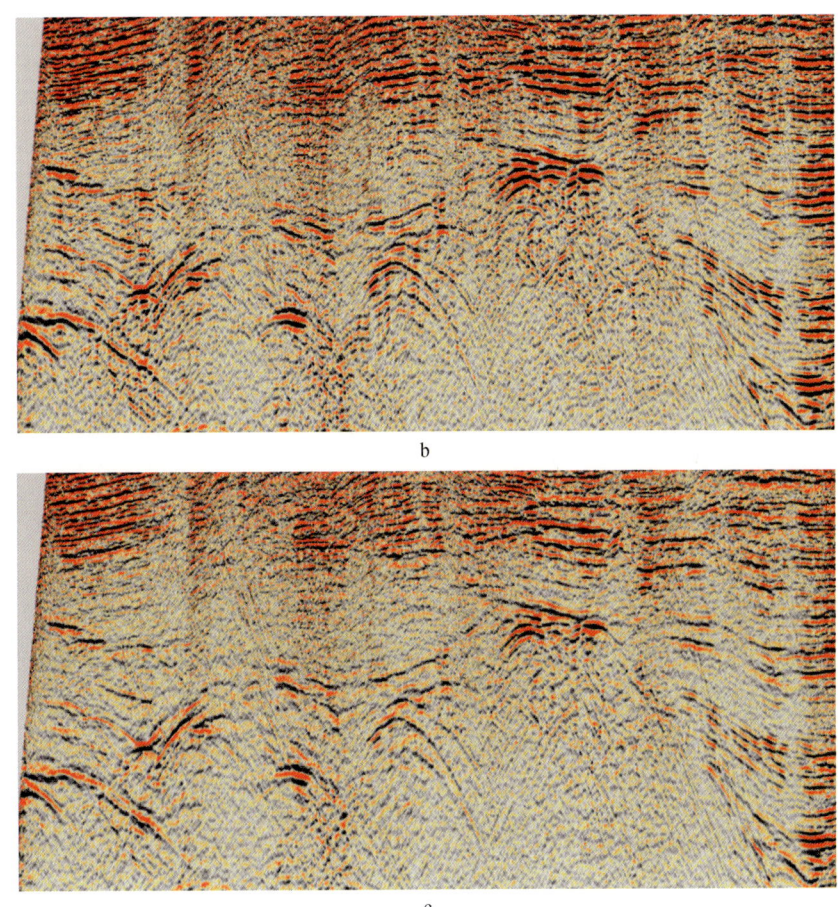

图 4.38　去噪后（a）、反褶积（b）及浅水去多次波加反褶积（c）叠加剖面（中深层 1800～3600ms）

图 4.39 及图 4.40，为浅层及中深层频谱分析图，图 4.41 为去噪声后、反褶积及浅水去多次波加反褶积自相关处理后效果图，通过对比分析，用浅水去多次加反褶积的方法比直接反褶积的效果更好，能更好地压制复波、多次波，频率也较高。因此，对于 PL2-2 区块，最终使用浅水去多次加反褶积的方法。

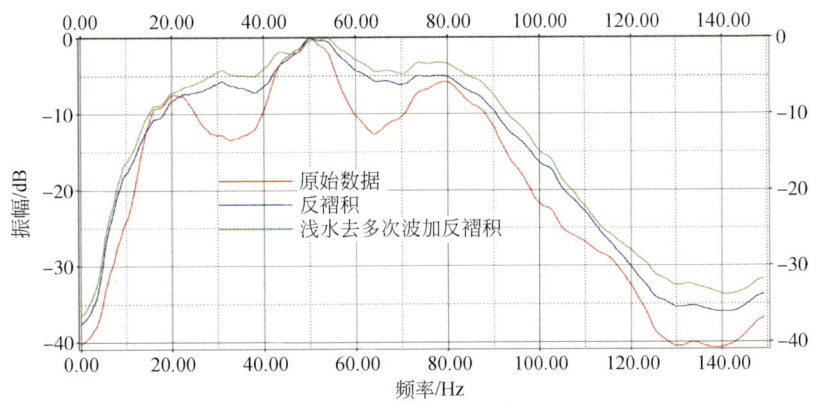

图 4.39　浅层（300～1800ms）频谱

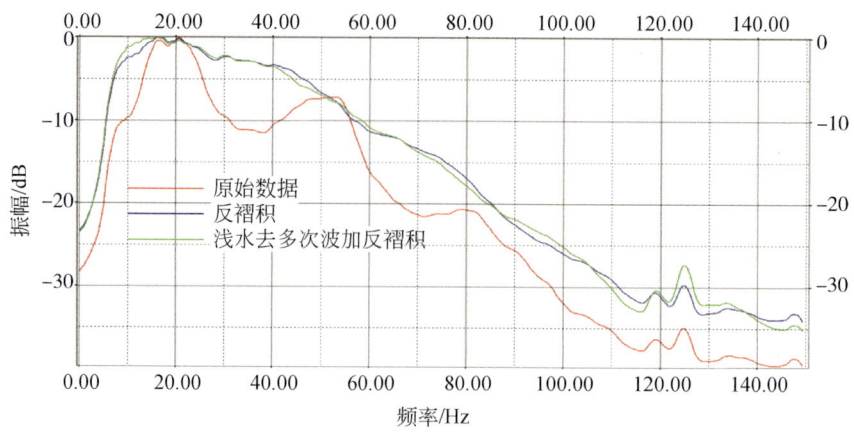

图 4.40 中深层（1800~3600ms）频谱

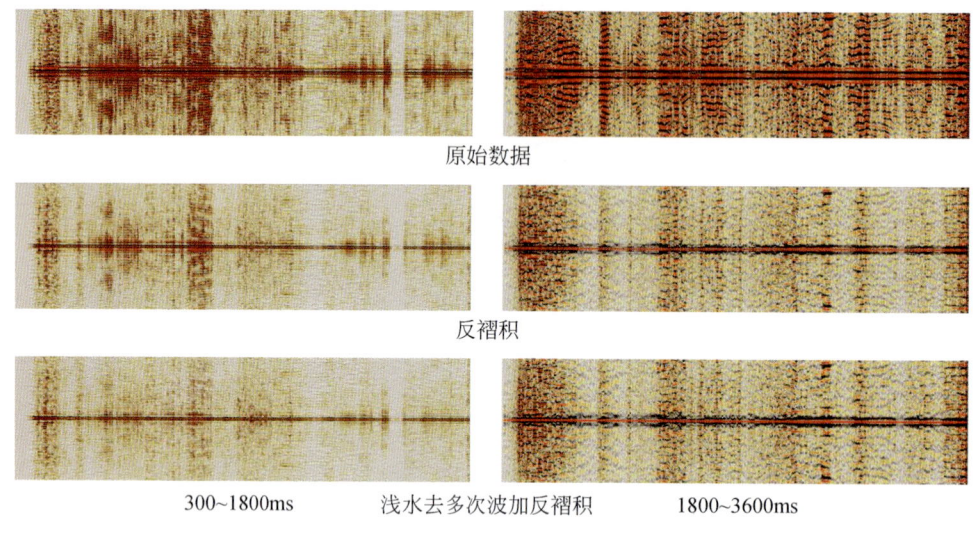

图 4.41 去噪后、反褶积及浅水去多次波加反褶积自相关效果图

同样的，浅水去多次波对不同的工区适用性不一样，例如工区 SZ29-4 经过比较，认为不做浅水去多次波处理、只做多道预测反褶积，完全可以达到压制鸣震、提高反射波组特征、补偿陷波等目的，因此不做浅水去多次波处理。

五、数据规则化

海上地震资料采集受海流等因素的影响，会产生电缆的漂移，进而造成面元覆盖次数不均匀。面元规则化技术使得覆盖次数均一化，同时将各个 CDP 置于对应面元的中心位置。

图 4.42 是针对时间切片进行数据规则化前后的对比，在进行数据规则化之前的时间切片上出现空道与缺失信息的区域。通过数据规则化处理之后，对缺道处的信息进行了补

齐，使得时间切片信息更加完整连续。

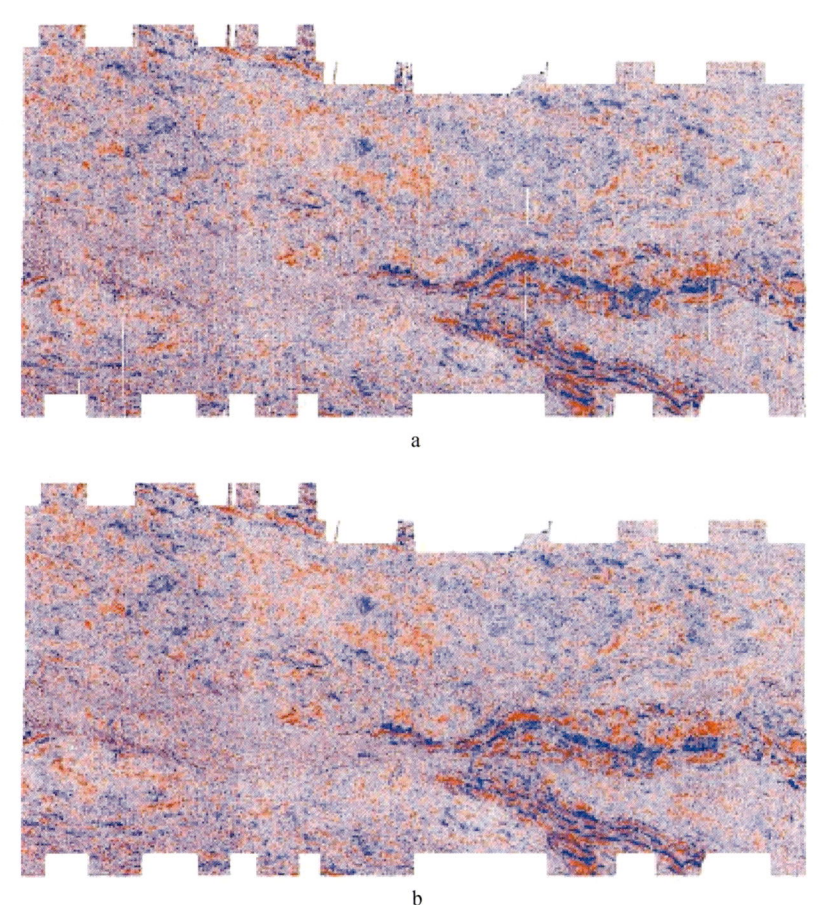

图 4.42　数据规则化前后 500ms 时间切片
a. 数据规则化前；b. 数据规则化后

图 4.43 展示的是数据规则化前后叠加剖面的对比，从叠加次数分布图可以看出，进行数据规则化之后的叠加剖面在叠加次数上更为均匀与规则。由于偏移距过大，浅层的一些同相轴在数据规则化之前被切除，规则化处理后的剖面上得到了部分恢复。在中深层部分其信噪比得到提高，同相轴更加连续。

六、$\tau\text{-}p$ 域多次波衰减

多次波是影响地震资料成像的一个非常重要的因素，多次波衰减是海洋地震资料处理的关键步骤之一，也是处理难点。对于浅水地震资料，短周期多次波占主导地位，反褶积是有效的应对解决方法。对于中远偏移距长周期多次波，则可以采用高分辨率拉东域衰减多次波的方法进行衰减。

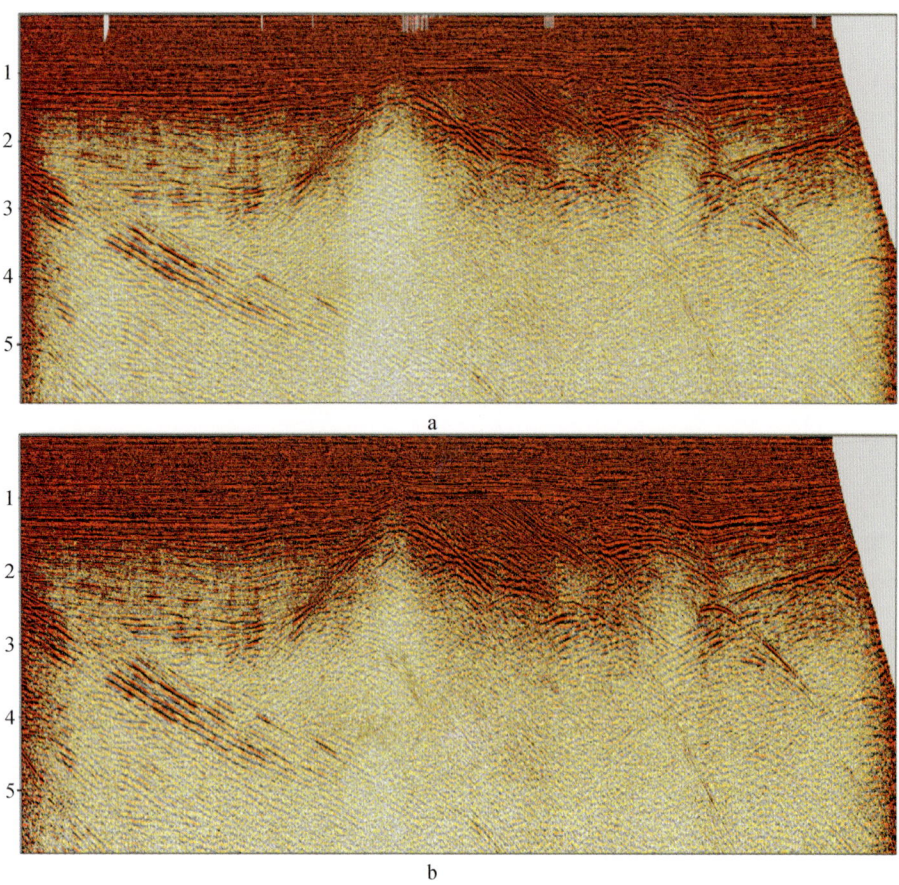

图 4.43 数据规则化前后叠加剖面
a. 数据规则化前；b. 数据规则化后

高精度拉东变换法是在拉东变换的基础上实现的。将实际地震资料经过拉东变换转变到 τ-p 域中，会产生一系列稀疏的拉东谱，给定一个曲率的门槛值，曲率大于既定值的为多次波，曲率小于既定值的为一次波，进而实现一次波和多次波的分离，达到消除多次波的目的。图 4.44 为拉东变换方法压制多次波的原理图。

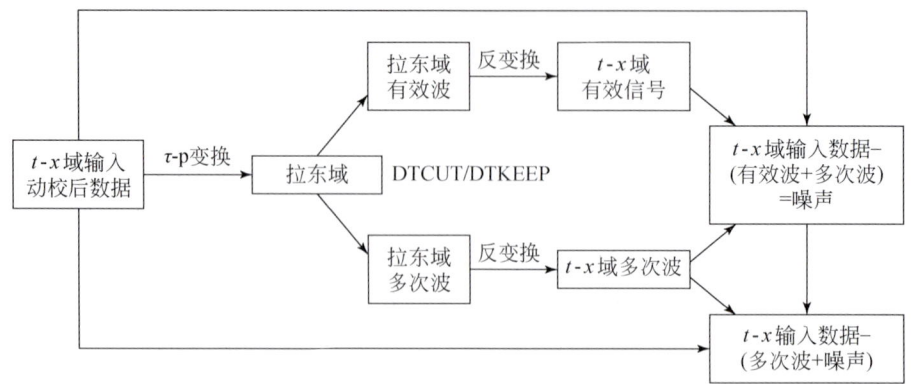

图 4.44 高精度拉东域衰减多次波方法的原理图

高精度拉东域多次波衰减方法主要依据一次波与多次波的旅行时差来衰减多次波。其主要试验参数是用来分离多次波（或线性噪声）区域的门槛值，门槛值越小对能量的损失越大，而值越大，则有些多次波不能被有效地衰减。

图 4.45 为选取多次波发育严重的 SZ29-4 inline6177 为例。试验时主要对 NTRF、DTCUT、NC、DDT 等参数进行了试验，通过道集及叠加剖面选取最优参数。

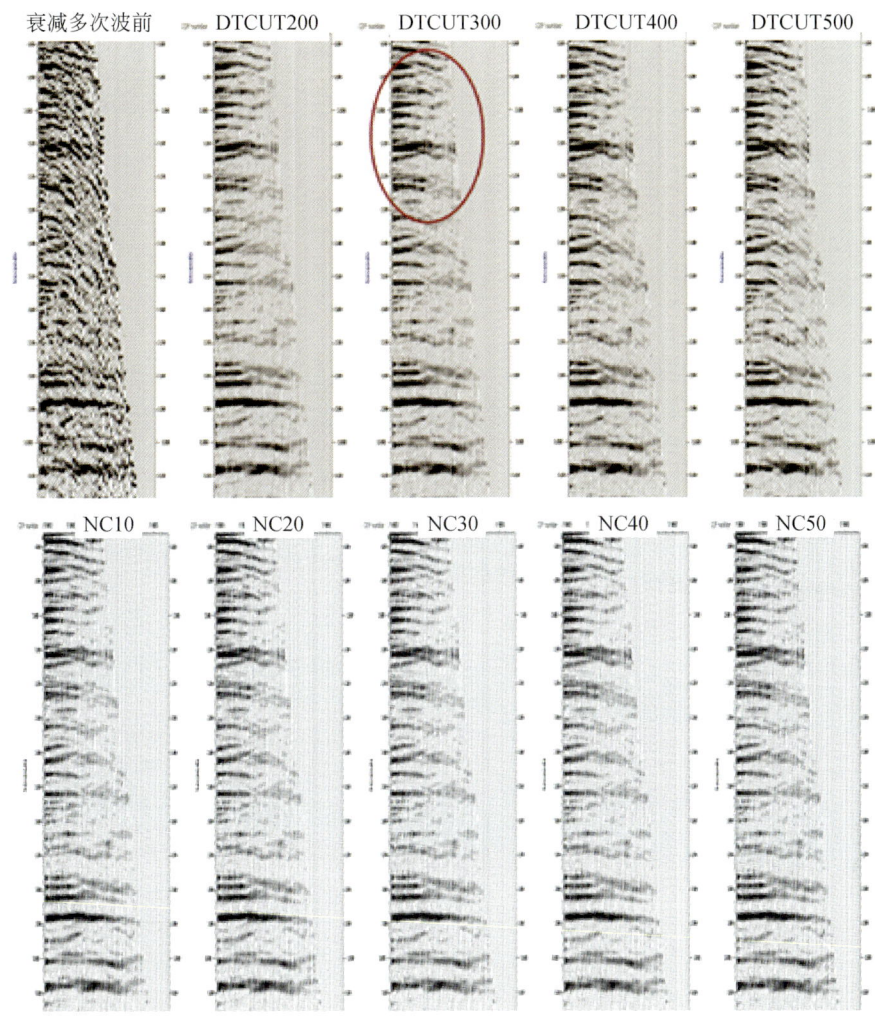

图 4.45　对 RAMUR 模块 DTCUT、NC 的测试

在图 4.45 的红色框图对应的区域，选取 DTCUT=300 比选取 DTCUT=200，能更好地保护一次波；同时，在图 4.45 中，选取 DTCUT=300 比选取 DTCUT=400 和 DTCUT=500，能更好地压制残余多次波。图 4.46a 给出了多次波衰减前的共中心点道集，图 4.46b 给出了多次波衰减后的共中心点道集。对比多次波衰减前后的道集，可以看出衰减多次波处理有效地压制了多次波，突出了有效波。

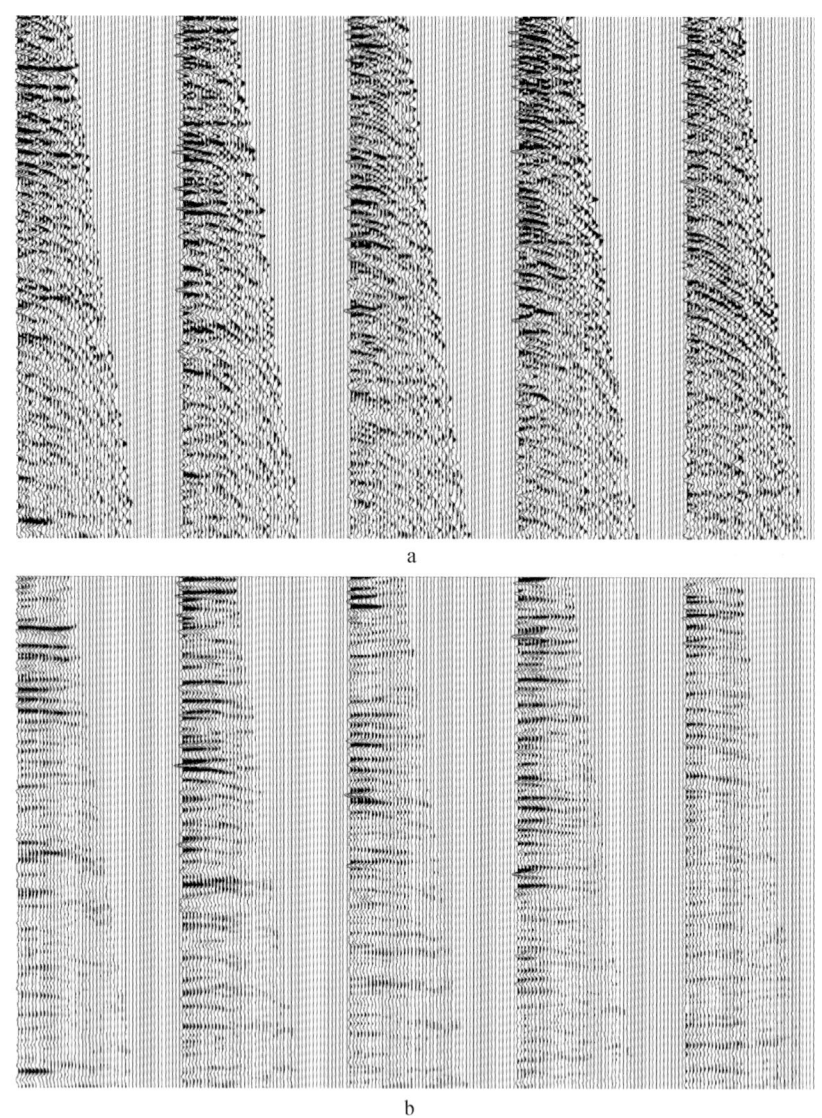

图 4.46 多次波衰减前后道集
a. 衰减前；b. 衰减后

图 4.47a 为多次波衰减前的叠加剖面，图 4.47b 为多次波衰减后的叠加剖面，衰减多次波处理后剖面有效波更加突出，同相轴的连续性增强了，构造形态更加真实可靠，而且信号的有效频带没有损失。

局部地区浅层基底多次波并没有去除干净，如图 4.47 所示的 SZ29-4 inline6177 剖面。为此人工定义了一个海底，并进行了二次多次波衰减，基底多次波去除效果明显。如图 4.48 所示蓝线为人工定义的海底，对该海底以下的数据进行多次波衰减，并从二次多次波衰减的道集及叠加剖面上来比较二次多次波衰减的效果。

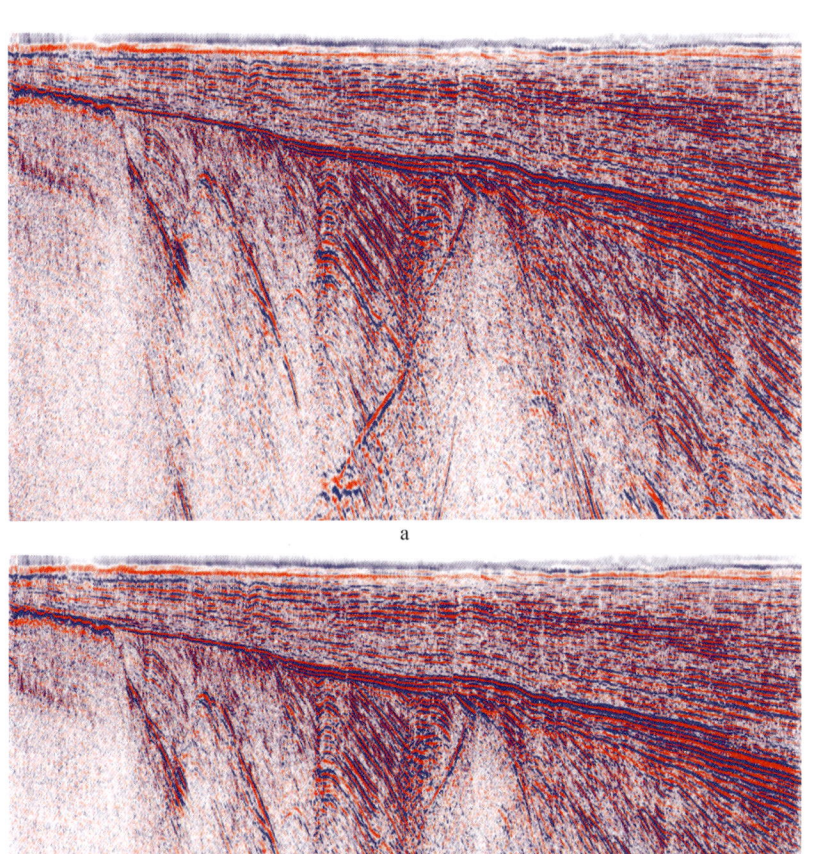

图 4.47 多次波衰减前后叠加剖面
a. 衰减前;b. 衰减后

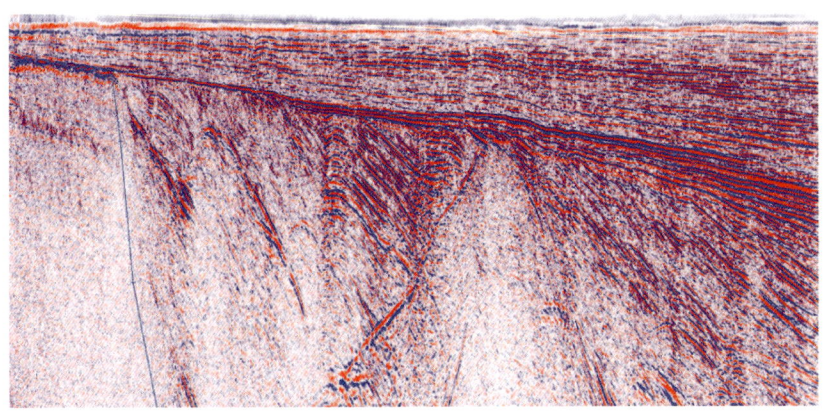

图 4.48 二次多次波衰减人工定义海底

图 4.49 为测线 SZ29-4 inline6177 共中心点道集浅部的示意图。图 4.49a 为二次多次波衰减前的共中心点道集，图 4.49b 为二次多次波衰减后的共中心点道集。对比图 4.47a、图 4.47b 可知，经过二次多次波衰减之后，同相轴的连续性变强，信噪比变高。

图 4.50 为测线 SZ29-4 inline6177 共中心点道集深部的示意图。图 4.50a 为二次多次波衰减前的共中心点道集，图 4.50b 为二次多次波衰减后的共中心点道集。对比图 4.50a、图 4.50b 可知，经过二次多次波衰减之后，残余多次波得到明显压制，信噪比变高。

图 4.51 为两步去多次波及多次波衰减前的剖面对比，图 4.52 为两步去多次波衰减前后及前后差值剖面图，可以看出经过两步法去除多次波，多次波得到很好的衰减，经多次波衰减处理后的剖面有效波更加突出，叠加剖面的信噪比变高，同相轴连续性增强，构造形态也更加真实可靠。

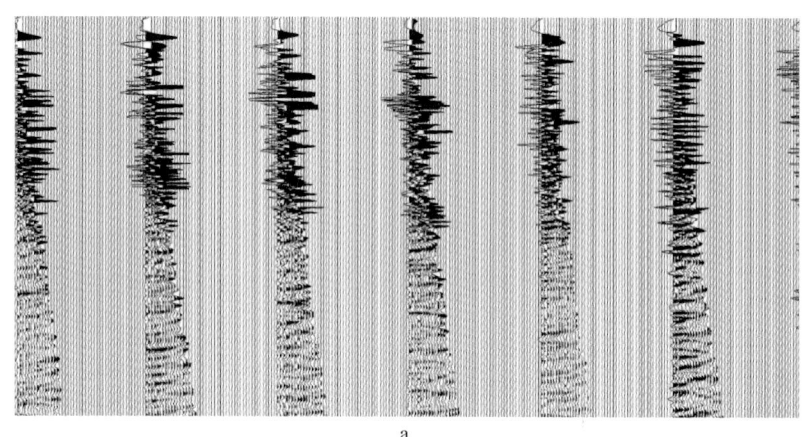

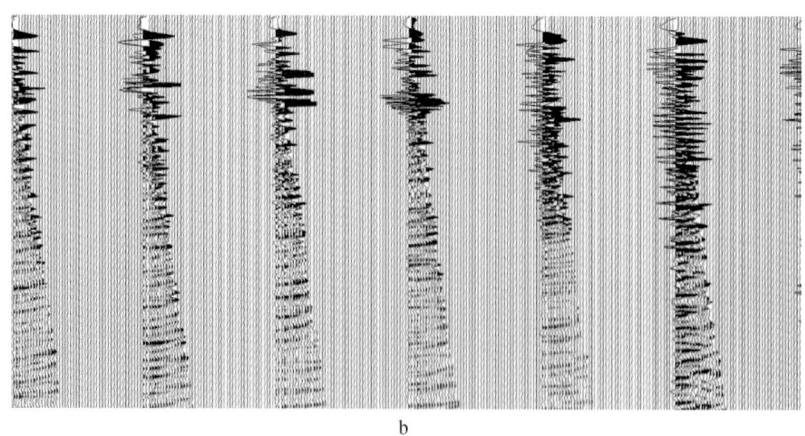

图 4.49　二次多次波衰减前后道集对比

a. 衰减前；b. 衰减后

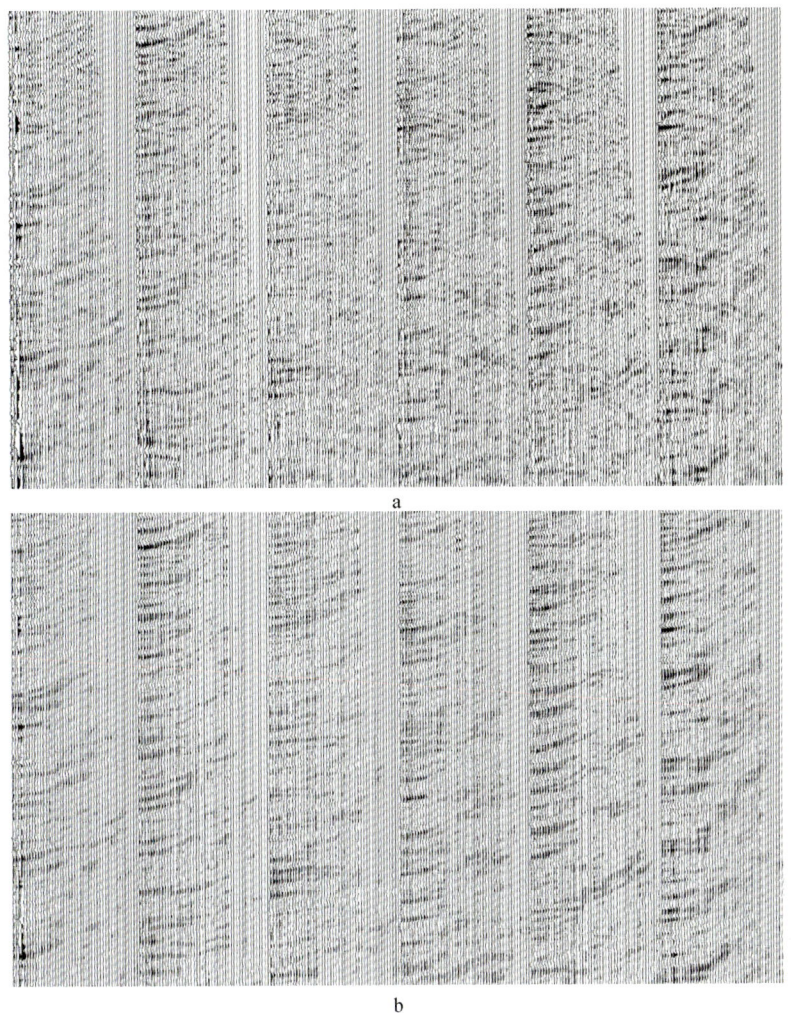

图 4.50 二次多次波衰减道集对比
a. 衰减前；b. 衰减后

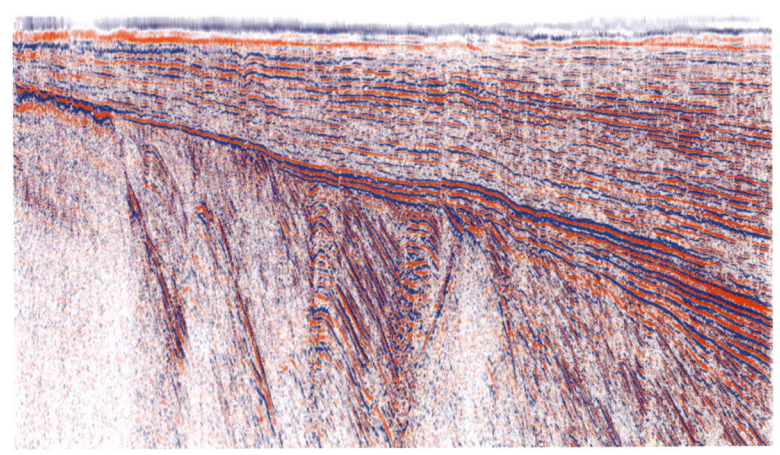

a

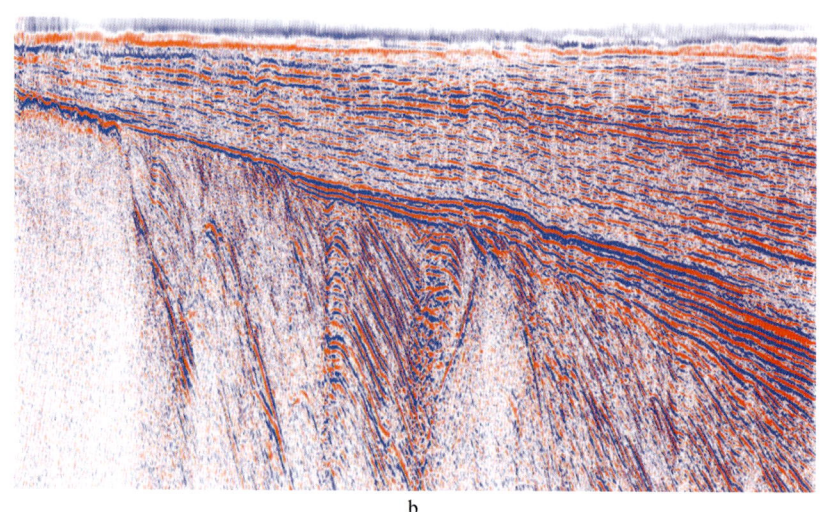

b

图 4.51　两步多次波衰减剖面对比
a. 衰减前；b. 衰减后

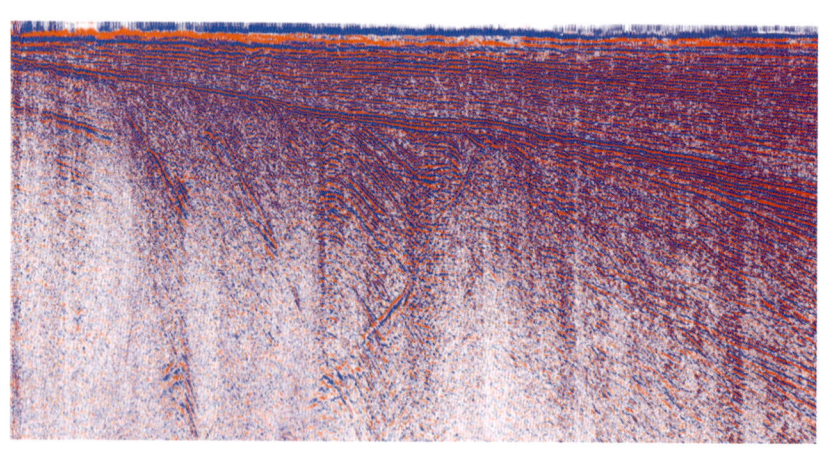

a

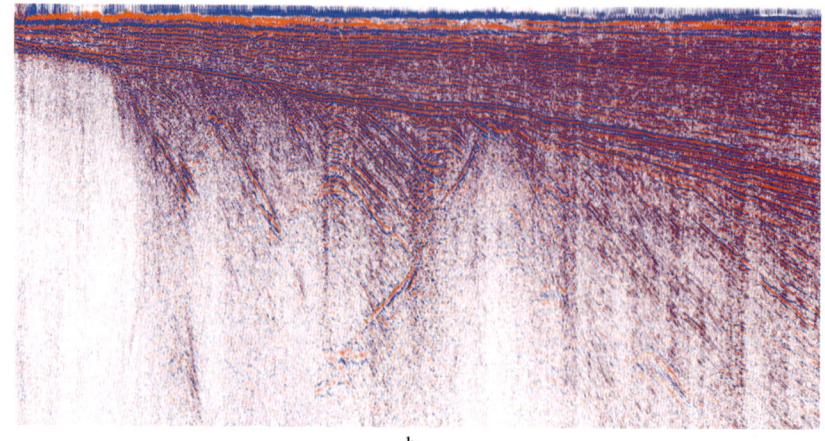

b

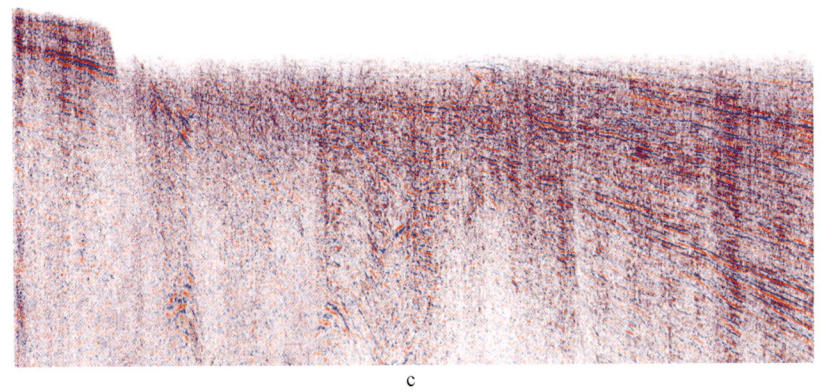

c

图 4.52 两步衰减多次波前后及前后差值剖面
a. 衰减前；b. 衰减后；c. 衰减差值

同样可以从频谱的角度来说明一下去除多次波的效果，从下面图 4.53 所示的几幅频谱图中可以看出，由于衰减了浅层一次波对应的多次波，而使中深层多次波对应的高频率部分的频谱（这些高频部分对应一次波的多次波）衰减了。其中，蓝色为多次波衰减前振幅谱，红色为多次波衰减后振幅谱。

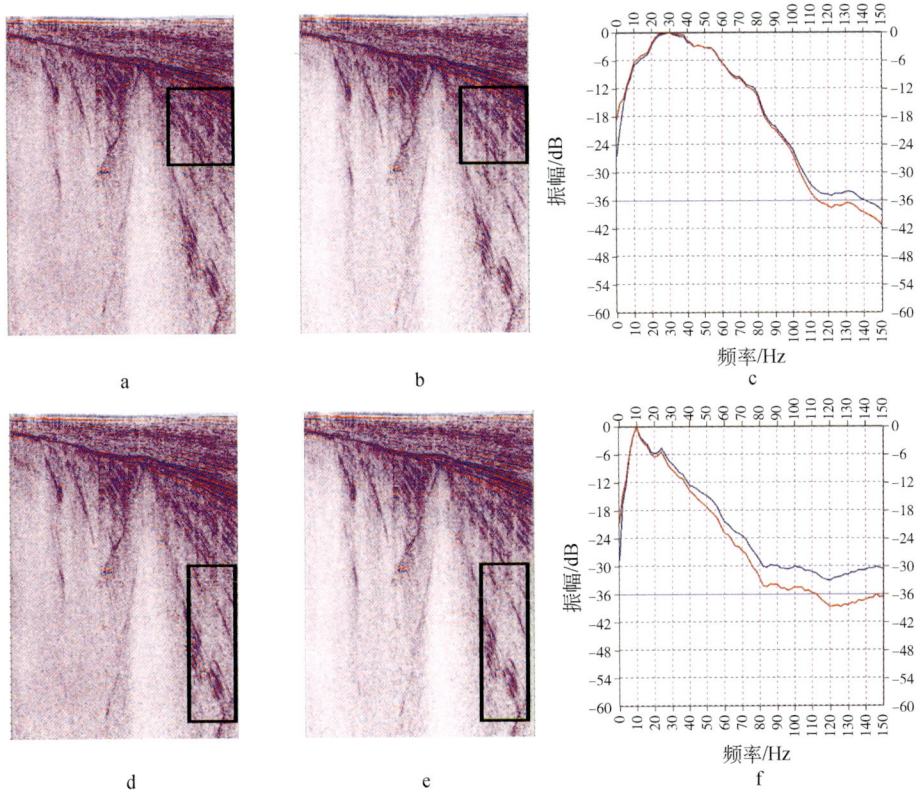

图 4.53 不同 cdp 多次波衰减前后振幅谱变化
a. 时窗：1000 ~ 2000ms 多次波衰减前；b. 时窗：1000 ~ 2000ms 多次波衰减后；c. 时窗：1000 ~ 2000ms 振幅谱；
d. 时窗：2000 ~ 4000ms 多次波衰减前；e. 时窗：2000 ~ 4000ms 多次波衰减后；f. 时窗：2000 ~ 4000ms 振幅谱

图 4.54 为共中心点道集中多次波衰减前后的速度谱变化。从速度分析上来看，去多次前速度谱上多次波能量团比较强，去多次波后速度谱上多次波能量得以削弱。因此，衰减多次波后，更加有利于拾取一次波的速度值。另外，由于拉东域衰减多次波强烈依赖于速度的准确性，为了避免由于速度的不准确造成有效波的损失，对于有疑问的地方解释不同的速度进行迭代处理，以此确认最佳的速度。

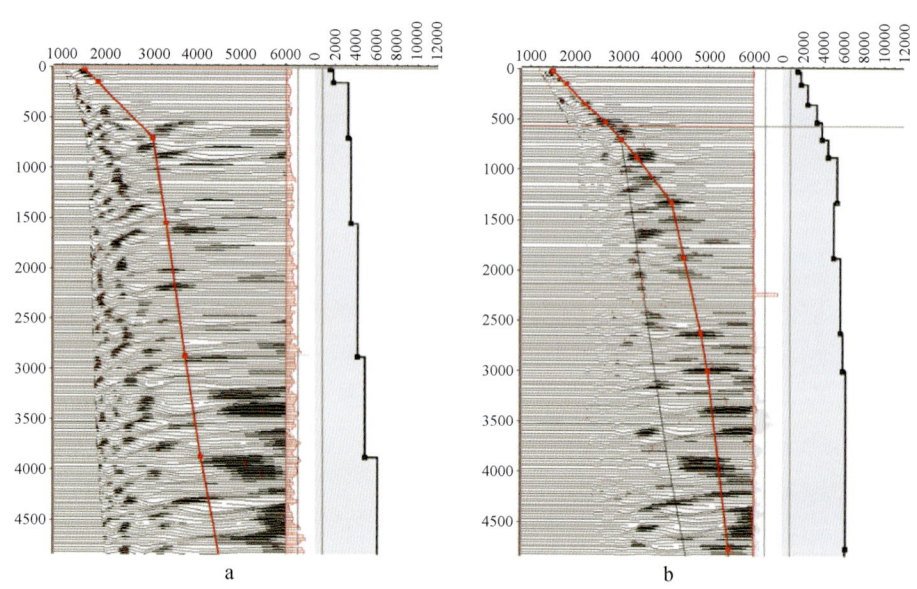

图 4.54　多次波衰减前后速度谱
a. 衰减前；b. 衰减后

七、连片处理

连片处理前期，把每块三维资料单独进行去噪、反褶积、面元中心化、衰减多次波等处理，使其达到最好效果，然后进行连片处理。考虑到各工区存在的差异，及最好连片处理应该达到的效果，经过试验否定了最初定的由小到大"滚雪球"式的连片处理方案，采用了"化整为零"的连片处理方法。将整个辽东湾分为南片、中片、北片三块，先分块连片处理，再整体连片处理。

整个连片处理过程可以概括为"化整为零"，第一步将相邻三个工区连片处理为一个区块，第二步实现南片、中片、北片连片处理，第三步实现整体无缝连片处理（图 4.55）。

为了保证整体连片处理质量，实现相邻区块间无缝，大区块间平稳过渡的连片处理准则，制定出以下处理原则：品质差向品质好区块进行连片处理，小区块向大区块进连片处理，附属构造向主构造进行连片处理。

（1）原则一：品质差向品质好区块进行连片处理，如图 4.56 所示，JZ-A 工区资料品质相对较差，在拼接的过程中，以资料品质较好的 JZ-B 工区为主工区进行拼接。

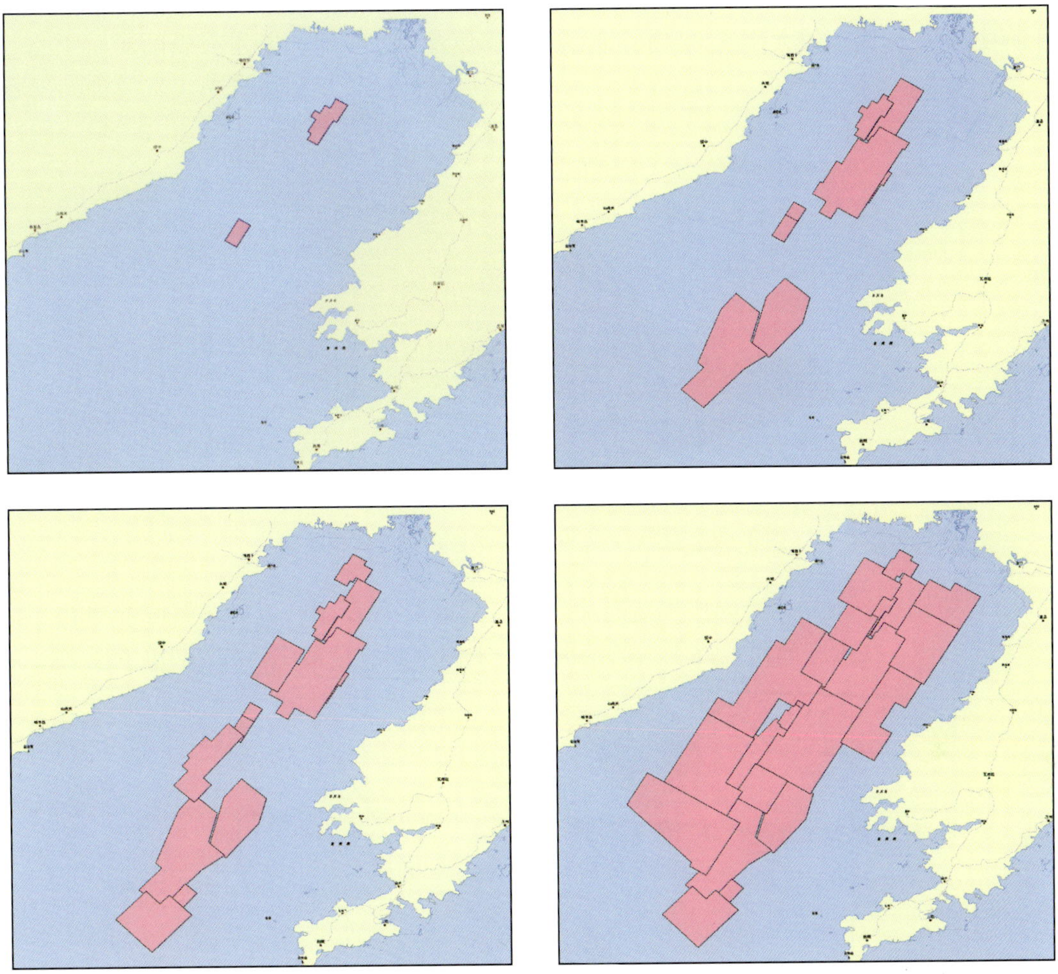

第四章　辽东湾地震资料连片处理思路与方法

图 4.55　辽东湾三维连片处理示意图

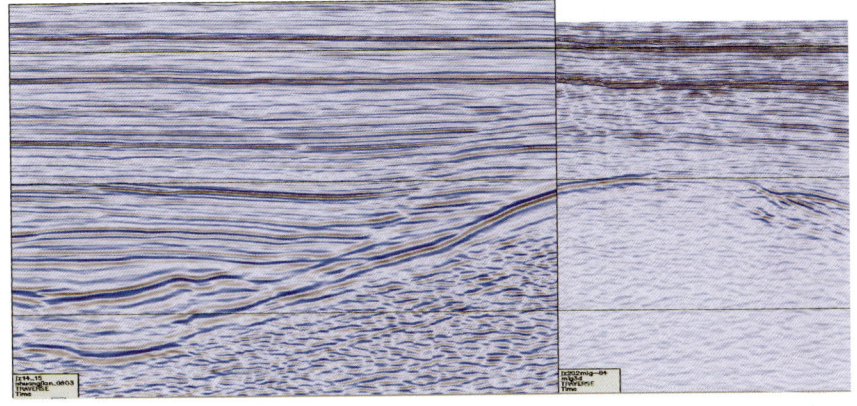

图 4.56　JZ-A 工区（右）与 JZ-B 工区（左）拼接前偏移距面

（2）原则二：小区块向大区块进行连片处理，如图4.57所示，SZ-A工区面积小，在拼接的过程中向面积较大工区SZ-B工区匹配。

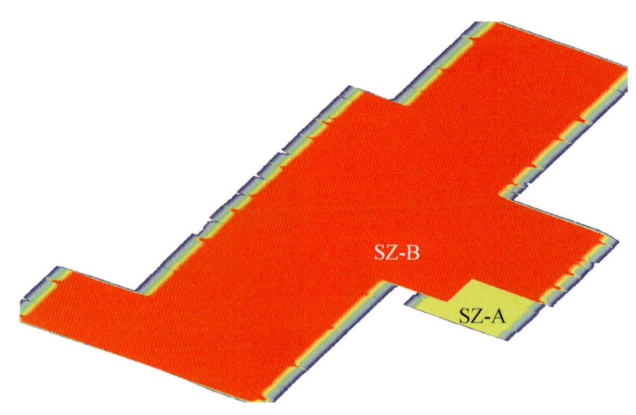

图4.57　SZ-A工区与SZ-B工区地震数据覆盖图

（3）原则三：附属构造向主构造连片处理，如图4.58所示，以渤东斜坡带和PL两个相邻工区为例，在资料品质差异不大的情况下，采用附属构造向主体构造匹配的原则。

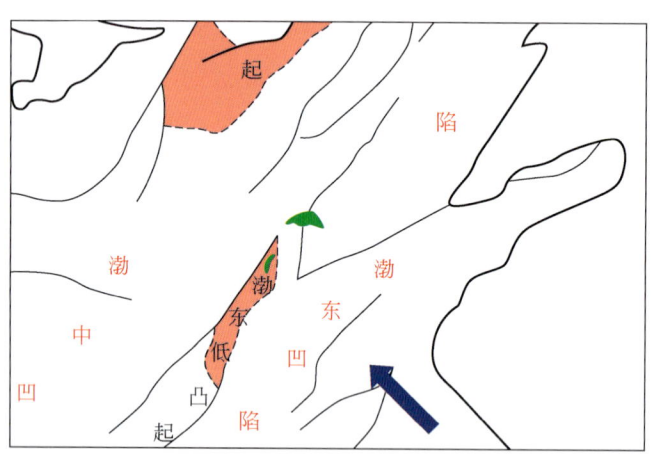

图4.58　渤东斜坡带工区与PL工区构造示意图

另外，工区间的连片处理按照"六个统一"的原则：时差、极性、振幅、频率、相位、速度统一。所以连片处理过程分别为时差校正、振幅匹配、相位匹配、频率匹配。图4.59所示，以PL+BD与LD工区进行的连片处理为例，介绍整个连片处理过程。

由于PL+BD与LD为不同时期采集得到的数据，受到采集技术水平的差异和采集参数的变化，使得二者资料的质量存在很大差异，分析图4.60所示的偏移距面可以得知，二者在时差、振幅、频率及相位等方面均不一致。因此，叠前需要对区域内的数据进行时差、振幅、频率和相位一致性处理。主要通过时差校正、振幅匹配、相位匹配、频率匹配等处理方式，消除二者之间资料的不一致性。

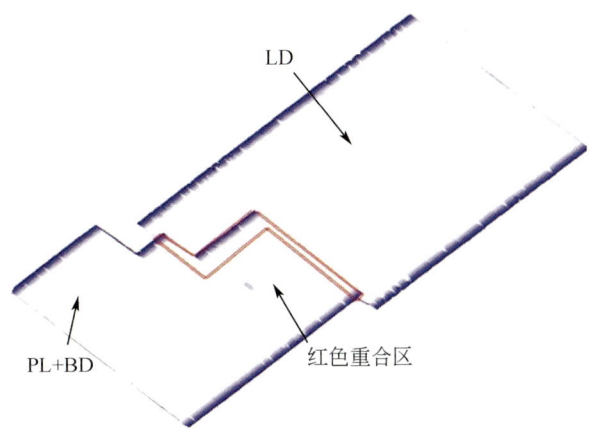

图 4.59　PL+BD 与 LD 面元覆盖图

注：两片工区覆盖次数均为 45 次

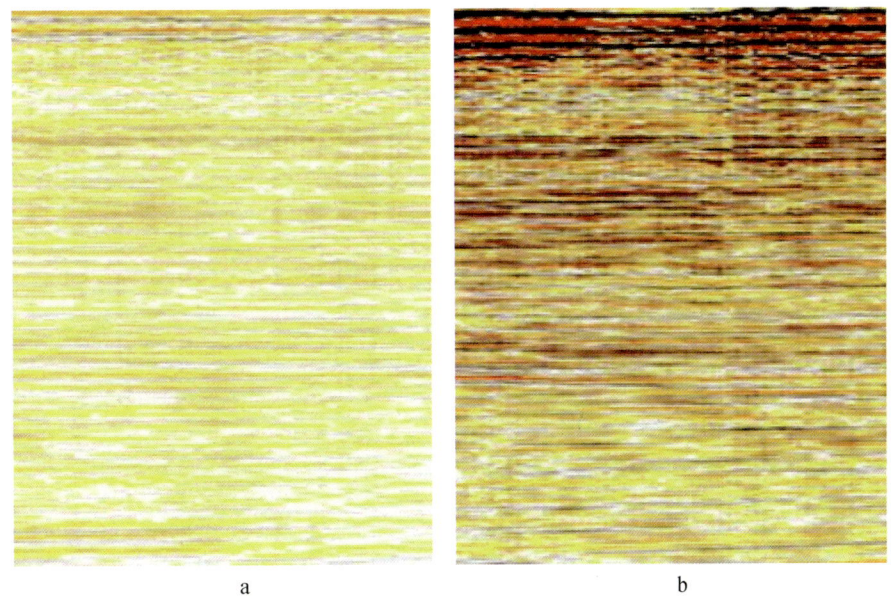

图 4.60　PL+BD（a）与 LD（b）偏移距面对比

如图 4.61 所示，从两工区的海底来看，存在微小时差。从剖面上来看，存在振幅差异。在十以内数量级的范围内，目的层同相轴有错动，存在相位差。

从面积上来讲 LD 面积大，从频率上来讲 LD 频率稍高，为了提高拼接质量，实现二者的无缝链接，结合前面提到的处理原理，因此连片处理方案选定 LD 为目标区，将 PL+BD 向 LD 进行匹配。

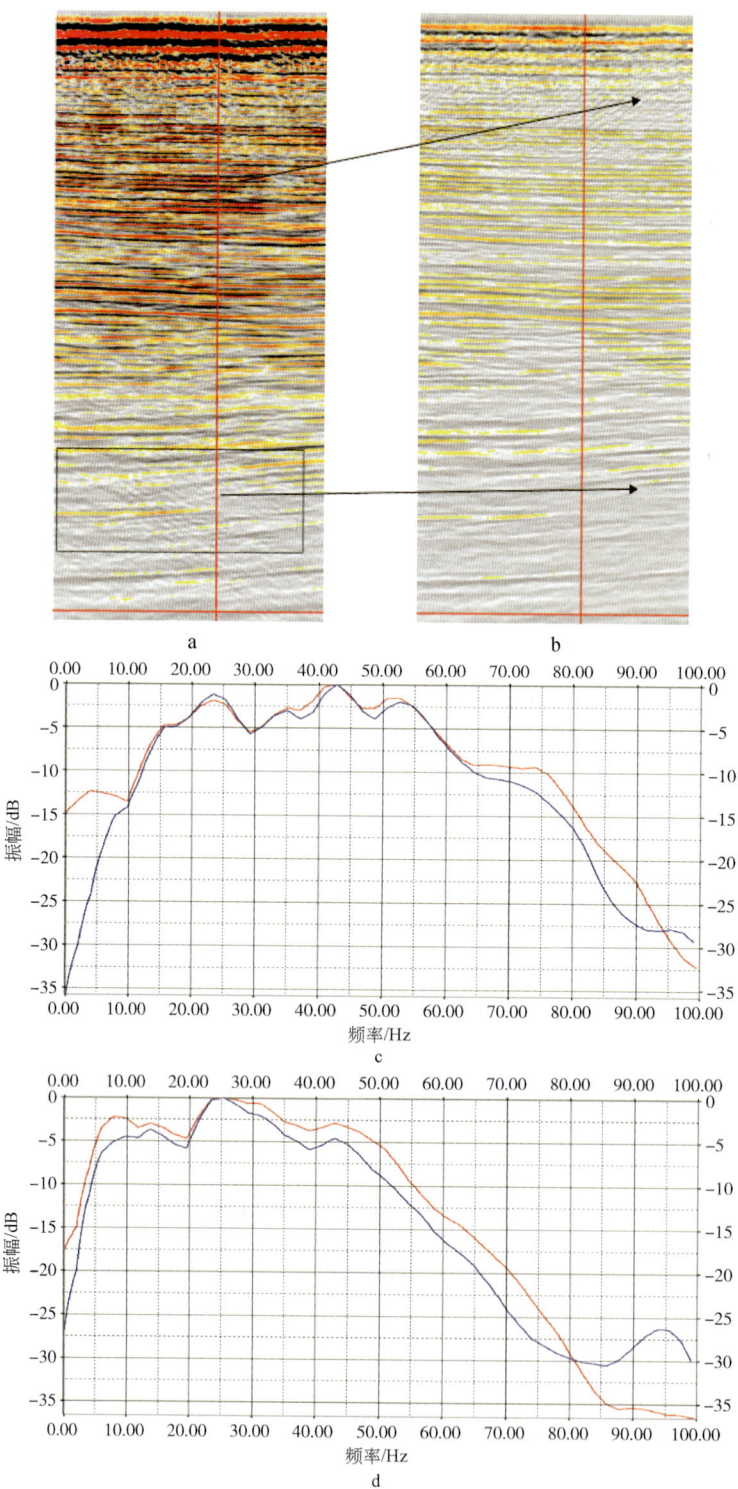

图 4.61 LD（a）与 PL+BD（b）剖面及对应频谱分析（c）、(d)

(一) 时差校正

通过图 4.62 进行时差分析,可以发现两块工区大约存在 5ms 的时差。由于时差的存在,导致偏移距面存在差异,导致两块工区同相轴连续性存在问题。因此,为了消除时差带来的影响,需要进行时差校正。如图 4.63 所示,经过时差校正,基本可以消除两个工区的时差差别,两块工区同相轴的连续性明显增强,为后续处理创造了良好的条件。

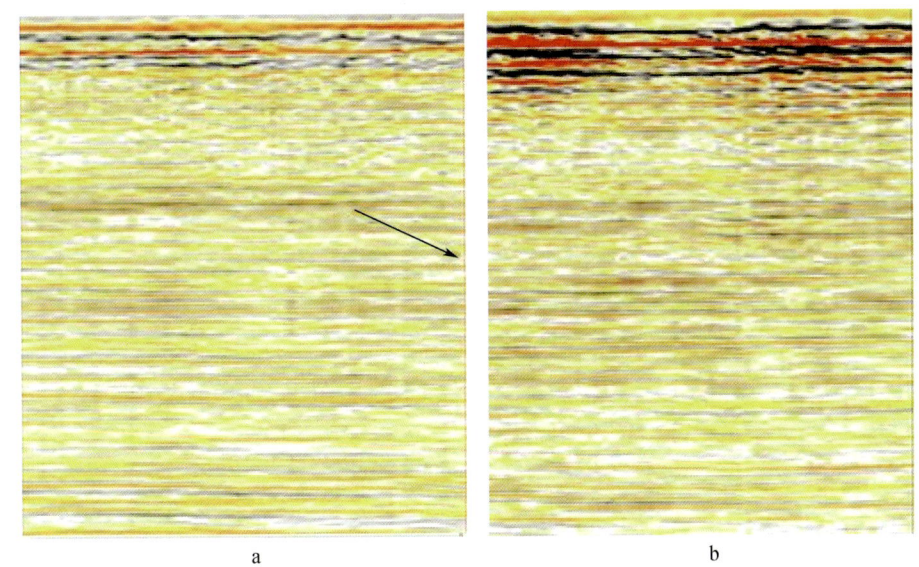

图 4.62　PL+BD (a) 时差校正前与 LD (b) 偏移距面对比

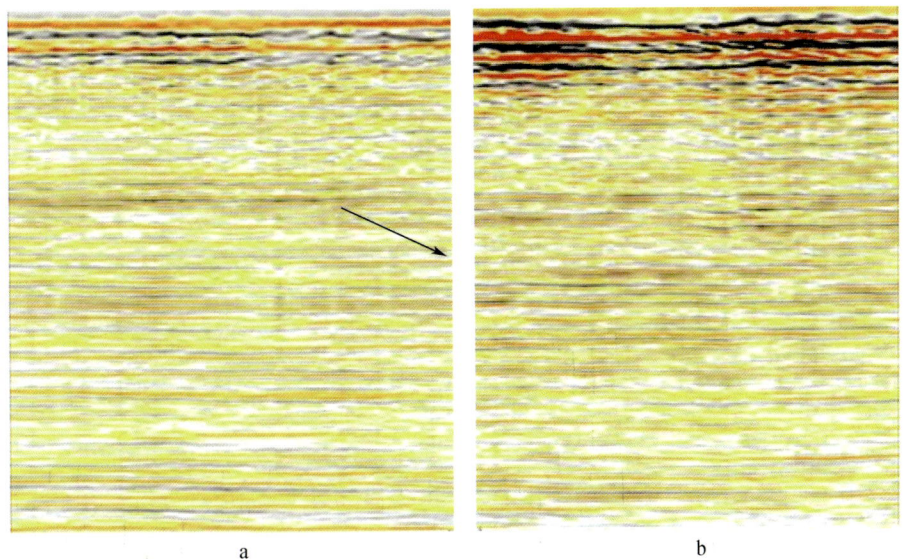

图 4.63　PL+BD (a) 时差校正后与 LD (b) 偏移距面对比

（二）振幅匹配

由图 4.64 可以看出，在进行振幅匹配前，两个工区存在较大的能量差异，于是选择重复区域在偏移距面上进行振幅匹配，求取各偏移距面匹配算子，然后应用于整个工区，经过振幅匹配后，LD 工区的振幅能量得到很好的补偿，两个工区的能量差异基本消除，如图 4.65 所示。

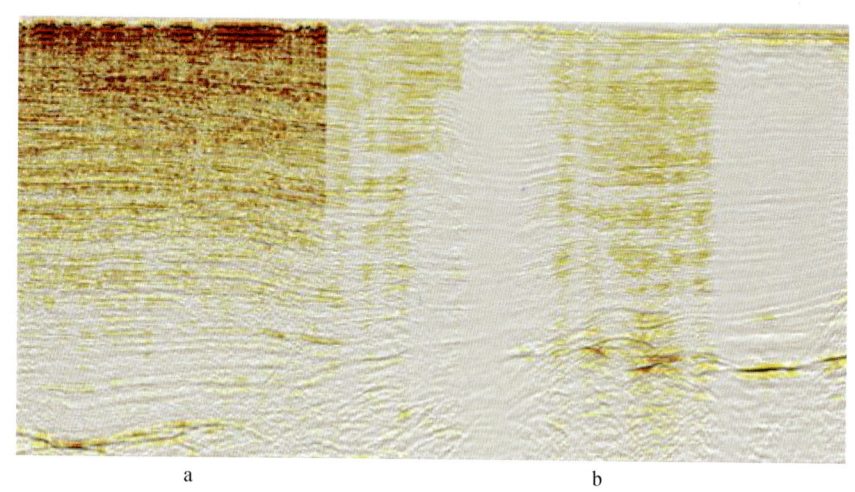

图 4.64　PL+BD 与 LD 振幅匹配前
a. LD；b. PL+BD

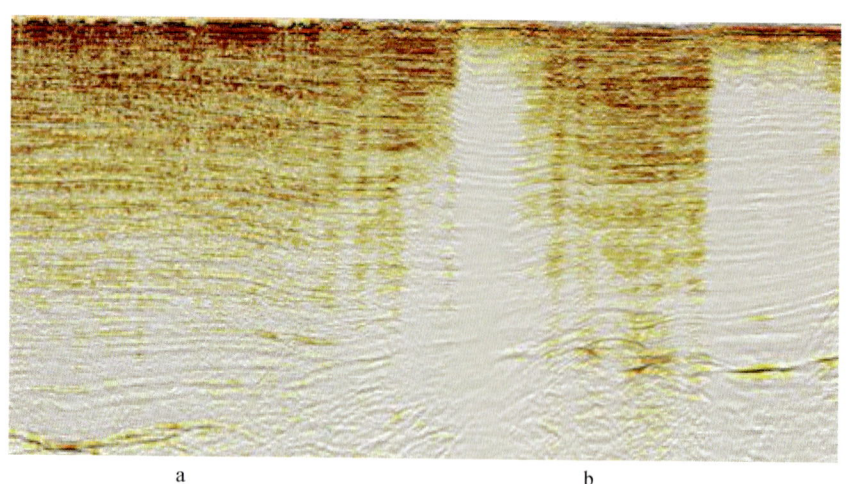

图 4.65　PL+BD 与 LD 振幅匹配后偏移距面
a. LD；b. PL+BD

(三) 相位匹配

由图 4.66 可以看出，在进行匹配前，两个工区存在一定的相位差异，导致两个工区同相轴连续性比较差，在两个工区的重复区域分偏移距面求取相位匹配算子，然后应用于整个工区，经过相位匹配后，消除了两者之间的相位差异，剖面如图 4.67 所示。

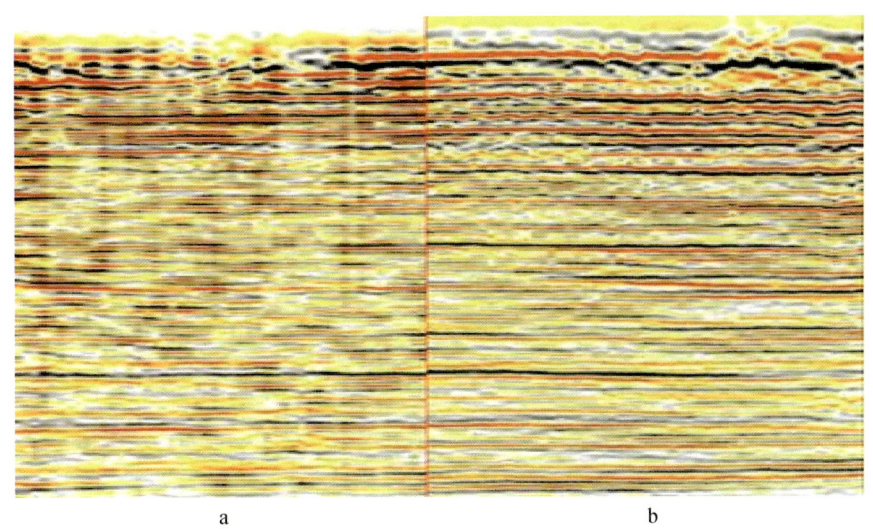

图 4.66　PL+BD 与 LD 相位匹配前近偏移距面
a. LD；b. PL+BD

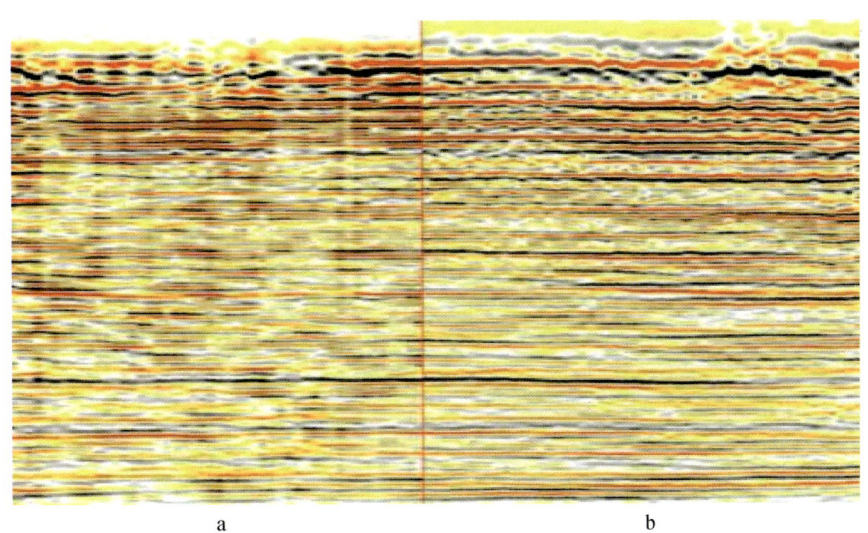

图 4.67　PL+BD 与 LD 相位匹配后近偏移距面
a. LD；b. PL+BD

(四) 频率匹配

如图 4.68～图 4.70 所示，两区块频率匹配前剖面在信噪比和频谱上均存在一定差异，二者同相轴连续性较差，并且信噪比较低，频率匹配后，PL+BD 的信噪比与 LD 相近，无论是浅层还是中深层，频谱都接近于 LD。

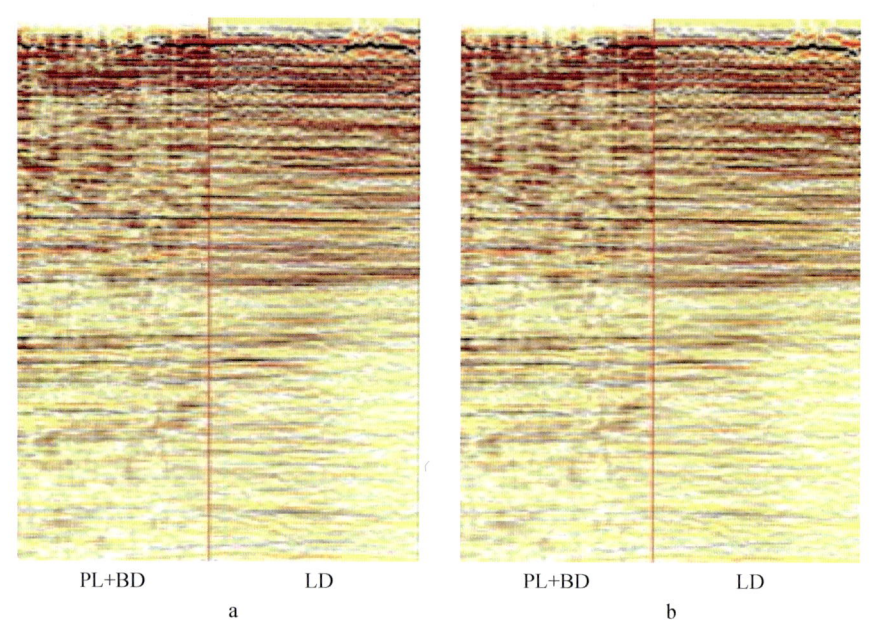

图 4.68　PL+BD 与 LD 频率匹配前 (a) 后 (b) 近偏移距面

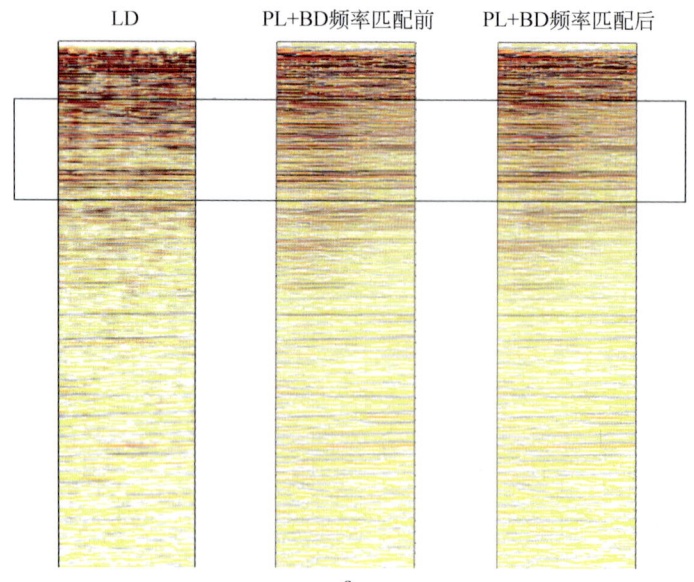

a

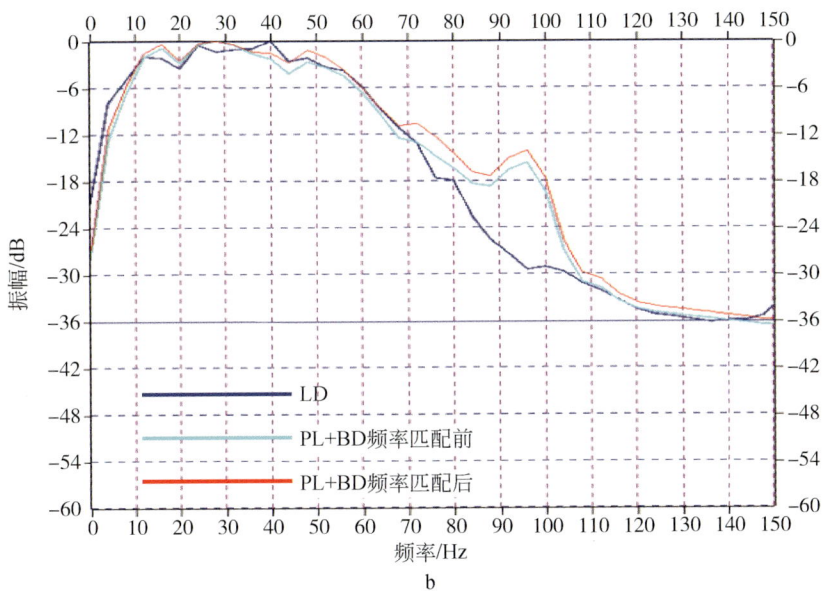

图 4.69　PL+BD 与 LD 频率匹配前后浅层剖面（a）及频谱分析（b）

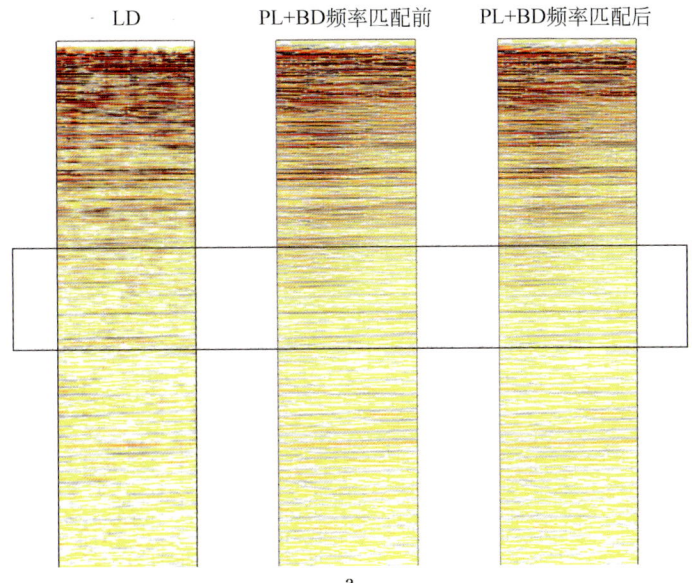

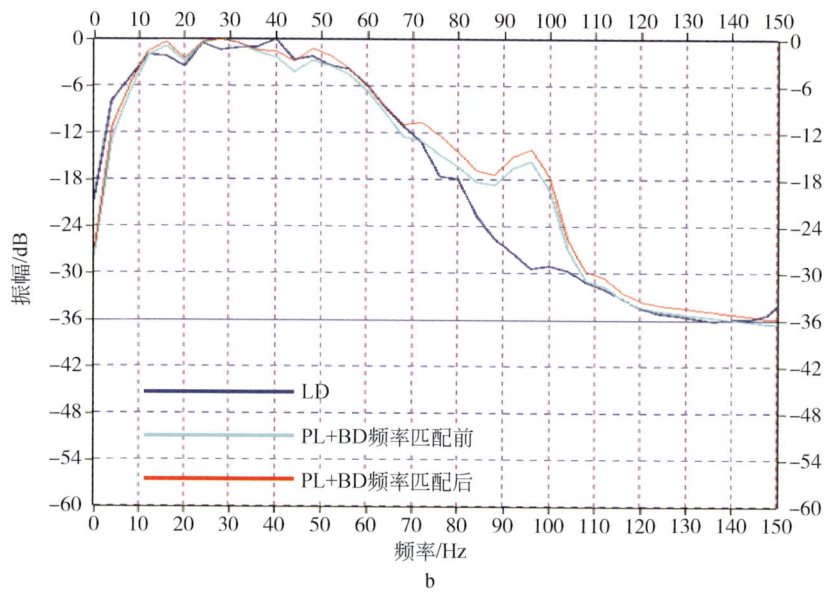

图 4.70　PL+BD 与 LD 频率匹配前后中深层剖面（a）及频谱分析（b）

（五）连片处理效果

从图 4.71 和图 4.72 可以看出，经过时差校正、振幅、相位、频率匹配后，已经消除了两个工区间存在的时差、振幅、相位、频率等方面的不一致性，在拼接点处两个工区已无明显的能量和相位等的差异，经过上述处理后，叠加剖面同相轴连续性变好，信噪比得到增强，整体叠加剖面的质量明显提高，两工区实现无缝连片处理，为后续的地震资料的处理及解释创造了良好的条件。

图 4.71　PL+BD 与 LD 连片处理后叠加剖面（inline 2900）

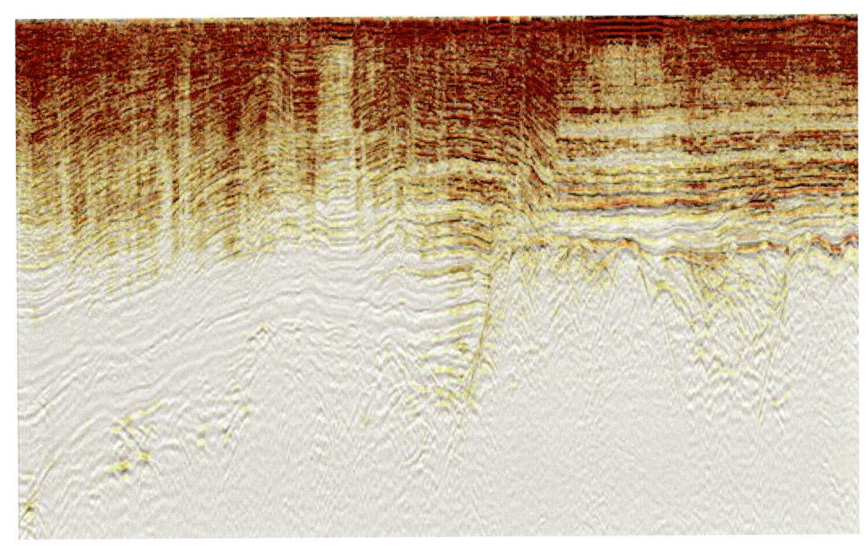

图 4.72 PL+BD 与 LD 连片处理后叠加剖面（crossline 11000）

八、速度分析

此次连片处理过程共进行五次速度分析，如下所示。

第一次速度分析在整体拼接进行，速度分析所用网格为 500m×500m，产生的速度等值线图如图 4.73 所示，其中横坐标为水平宽度，纵坐标为深度。由图可见，该地区浅部地层速度变化比较平缓，起伏较小；地层中深部地区（1000～3000m）深度处速度变化较为剧烈，有较大起伏，存在隆起或背斜的构造形态；深部地层速度变化相对平缓，没有太大起伏，构造特征不明显。在图中可看出，测线两端有较明显的构造形态。本次分析结果用于第一次速度线偏移。

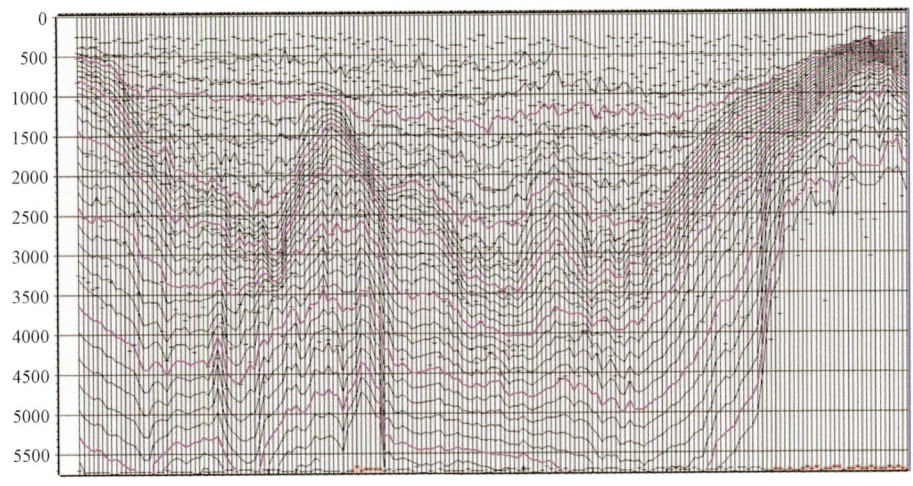

图 4.73 第一次速度分析等值线图

第二次速度分析是在偏移反动校后进行，速度分析所用网格为500m×500m，产生的速度等值线图如图4.74所示。在此速度等值线中可看出，与第一次速度分析相比，浅部地层速度变化不大；深部地层速度变化曲线更加清晰，地层构造更加明显，在测线两端也出现了更加清晰的构造形态。产生的速度用于速度线偏移百分比扫描。第二次速度分析结果用于速度线偏移百分比扫描。

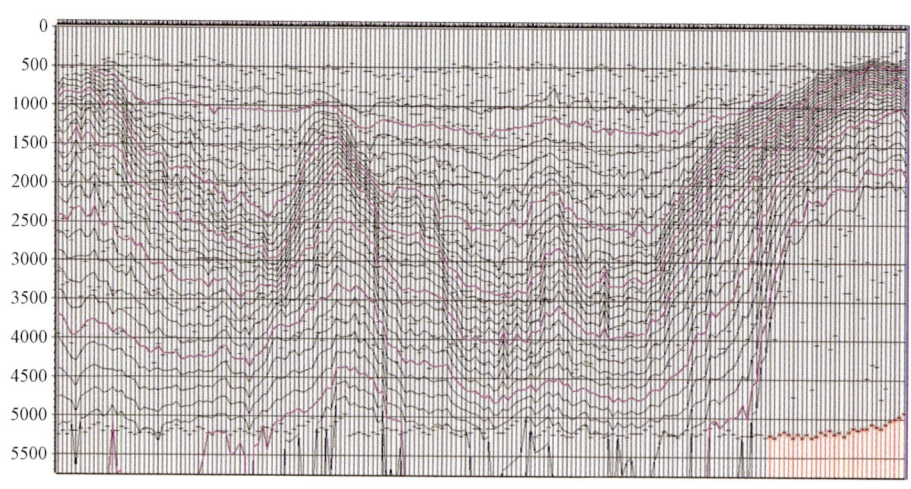

图4.74　第二次速度分析等值线图

第三次速度分析是在偏移百分比扫描以后进行的，速度分析所用网格为500m×500m，产生的速度等值线图如图4.75所示。与第二次速度分析结果相比，从浅层到深层速度等值线的走势都变得更加平稳，在此次速度分析中，浅部地层速度信息得到了很好的扩充，有更加准确的速度值，并且更接近真实速度；其中，中深部地层中的构造形态出现了一定程度的改变，等值线更加平滑；同时深部地层速度信息得到了扩充，地质构造形态更加清晰。此次速度分析产生的速度用于正式偏移生产。

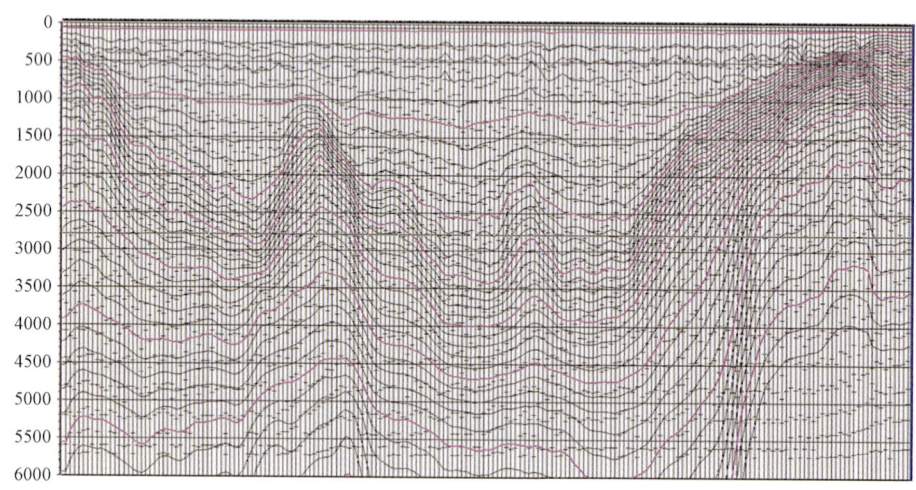

图4.75　第三次速度分析等值线图

第四次速度分析是在偏移生产之后进行的，速度分析所用网格为 500m×500m，产生的速度等值线图如图 4.76 所示，与第三次速度分析结果相比，整体等值线的走势变化不大，但是地质构造形态的相对位置发生了变化，这意味着速度分析结果更加精确。此次速度分析产生的速度用于偏移后衰减多次波。

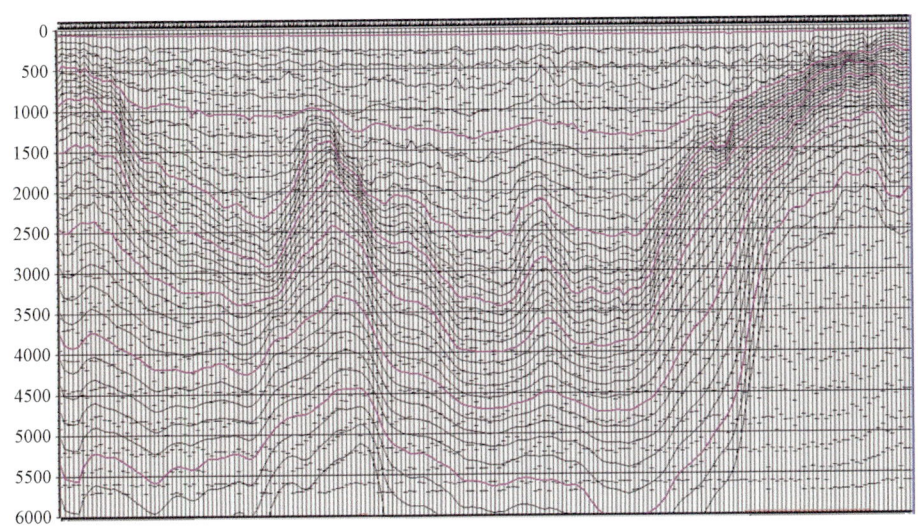

图 4.76　第四次速度分析等值线图

第五次速度分析为高密度速度分析，速度分析所用网格为 100m×100m，产生的速度等值线图如图 4.77 所示。与第四次速度分析结果相比，等值线的整体走势变化更为平缓，其中深层的速度也可以更好地被分析出来，从而可以更好地刻画地下的构造情况，速度值也更为准确，更加接近真实地层速度。此次速度分析产生的速度用于拉平道集，最终进行叠加。

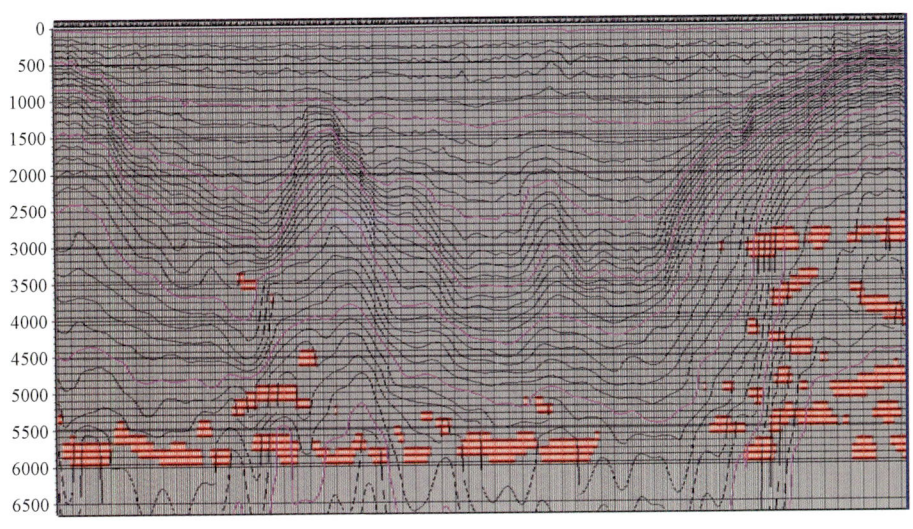

图 4.77　第五次速度分析等值线图

九、叠前时间偏移

Kirchhoff 偏移具有灵活、方便、效率高的特点，其模块较为成熟，实际生产利用率高，可适用于 0~90°的地层，脉冲响应可适应各种最大倾角限制，能够较好地适应不同的观测系统。对于本次连片处理的辽东湾地区存在很多断裂构造，构造复杂，存在各种倾角，所以本次连片处理采用 Kirchhoff 偏移的方法可以更加高效地达到较好的偏移效果。Kirchhoff 偏移受多种因素影响，如偏移孔径的选取，保幅加权函数的应用以及反假频滤波方法的应用等。本书在上篇理论的基础上，结合生产实际，重点对以下参数进行了优选。

（1）偏移孔径。

偏移孔径是指沿 INLINE 方向和 CROSSLINE 方向，偏移算子最大空间延伸的距离，通常是指半径的长度。偏移孔径的大小直接影响了偏移结果的准确度，决定了参与偏移成像过程的数据量的多少。

辽东湾整体拼接完成后，偏移前数据共 32T，对这个庞大的海量数据进行叠前时间偏移耗时是非常大的。偏移孔径的大小是决定偏移效率的关键因素之一，在保证偏移质量的前提下对偏移孔径进行扫描，选择计算效率最优的偏移孔径能最大优化计算效率，缩短偏移周期。同一段试验线偏移试验中偏移孔径为 4000m 时，偏移耗时 6394s；偏移孔径为 6000m 时，偏移耗时 8639s；偏移孔径为 8000m 时，偏移耗时 11430s。由于地震资料浅、中、深层构造不同，对于偏移孔径的要求也不同，为了提高偏移效率，本次资料处理采取时变偏移孔径，100~1000ms 偏移孔径为 4000m，1000~3000ms 偏移孔径为 6000m，3000~6000ms 偏移孔径为 6000m，偏移效率提高了 1/3（表 4.4）。

表 4.4 偏移孔径参数选择

时间/ms	孔径/m
100~3000	4000m
3000~6000	6000m

（2）偏移角度。

偏移角度是指偏移成像过程中保留的最大角度。角度的大小限制了偏移算子的空间扩展范围，同时对偏移算法和偏移运算量有很大影响。偏移角度越大，断面成像越好，但在浅层时由于全工区基本上都是平层，选用角度较小时成像效果较好，而在中深层选择大角度时构造成像较好。但是角度过大会带来偏移噪声，因此采用如表 4.5 的参数。

表 4.5 偏移角度参数选择

时间/ms	角度/(°)
100	30
500	60
1500~6200	90

十、偏移后处理

(一) 三维去噪

经过 Kirchhoff 偏移得到了相应的偏移剖面,分析偏移后的叠加剖面,没有发现规则的噪声干扰,仅有部分随机噪声残留在浅层部分。我们应用三维去噪方法在两个方向上做了随机噪声的压制。结果说明随机噪声得到了很好的压制,剖面的整体信噪比得到了改善。

由图 4.78 可以得知,经过三维去噪后,随机噪声得到了很好的压制,同相轴更加清晰,连续性增强,信噪比明显提高,剖面的整体成像质量得到明显提升,为后续的储层预测提供了高质量的成像剖面。

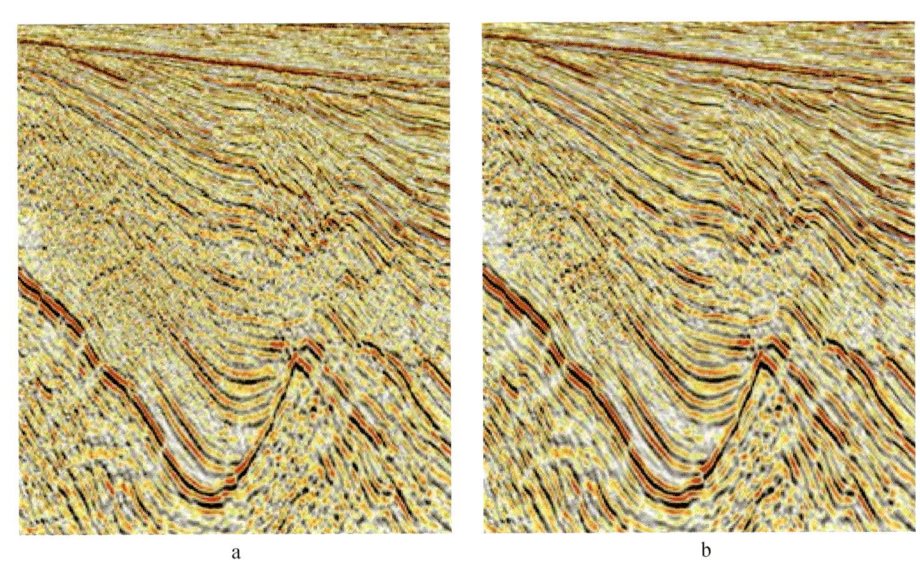

图 4.78 三维去噪前后对比:
a. 去噪前;b. 去噪后

(二) 滤波处理

实际地震信号由有效信号和干扰信号两部分组成,其中有效信号是带宽有限的信号,在时频域集中分布在一个相对较小的范围内;而干扰信号包括相关噪声(面波、多次波等)和随机噪声(环境噪声、测量噪声和大地背景噪声等),其分布在整个联合时频面上,使人们有时难以认识实际有效信号。

根据频谱分析及频率扫描试验,结合剖面构造的变化,应用了时变滤波。这种滤波方法对带宽有限和非平稳信号估计具有强大的能力,迭代时变滤波不仅计算上有效,而且有较好的信噪比。这种方法不仅能有效地压制面波，而且能够很好地保护有效波成分；使地震记录连续性增强、分辨率提高。

在试验中，确定的滤波档如表 4.6 所示。

表 4.6 滤波档选取图表

带通滤波参数	时窗/ms
(2, 5, 80, 100)	0~1500
(2, 5, 45, 65)	2000~4000
(2, 5, 25, 45)	4500~6000

（三）AGC 处理

针对不同地质剖面的不同构造，以及对生成的频谱和偏移剖面进行对比分析，利用不同因子进行 AGC 处理试验，来更好地显示地震剖面，对比分析三维噪声的去除效果，所确定动平衡参数如表 4.7 所示。

表 4.7 动平衡参数图表

算子长度/ms	应用时窗/ms
300	0~1500
500	1300~4000
700	3800~6000

参 考 文 献

陈小宏，刘华锋.2012.预测多次波的逆散射级数方法与 SRME 方法及比较.地球物理学进展，27（3）：1040~1050

龚旭东，陈继宗，庄祖银，等.2010.深水地震资料处理关键技术浅析.勘探地球物理进展，33（5）：336~341

龚旭东，周滨，高梦晗，等.2014.复杂过渡带海底电缆地震资料处理难点及关键技术-以渤海 CF 过渡带勘探区块为例.中国海上油气，（1）：49~53

龚旭东，周滨，高梦晗，等.2014.检波点水深误差对 OBC 双检资料合并处理的影响与对策.石油物探.53（3）：324~329

李丽君.2011.改进的波场外推海底多次波压制方法.海洋地质前沿，27（4）：61~64，70

李振春，张军华.2004.地震数据处理方法.东营：中国石油大学出版社

王志亮，周滨，龚旭东，等.2013.高密度高分辨地震勘探技术在渤海 PL 地区的应用.中国石油勘探，18（2）：37~44

曾波，赵旭.2010.噪声减去法压制线性干扰.油气地球物理，（3）：12~15

张卫平，杨志国，陈昌旭，等.2011.海上原始地震资料干扰波的形成与识别.中国石油勘探，16（4）：65~69

第五章　辽东湾地震资料连片处理技术突破

第一节　辽东湾地震资料处理难点

一、海量数据处理

辽东湾连片处理面积共计16864km²，是当时国内最大的连片处理项目。原始炮集资料数据量达200T，涉及磁带50000多盘，其中3480磁带23429盘，3490磁带8752盘，3590磁带8058盘，3592磁带4267盘，光盘2600余张。海量数据的前期整理、输入输出和后续管理都对现有的设备和系统提出了更高的要求。数据加载需要大量的时间和人力，处理过程中需要做数以万计的试验，合理分配存储空间，在整体偏移过程进行合理进行节点和时间分配，这是渤海湾连片处理工作开展初期及运行过程中的难点。

采集年份、采集方式、采集方向的多样造成资料间频率、相位、能量以及覆盖次数的差异。每片资料的噪声类型、多次波强弱程度等都不尽相同，各片资料在连片前要单独处理，达到各自的最佳处理效果，这就要求对不同片区进行不同的流程设计和大量的参数试验，并在每块工区的处理过程中都要体系化、标准化，以保证每片资料都能够得到一致的成像效果。

二、拼接条件复杂

辽东湾拗陷地质情况相对复杂，新生代以来多期构造运动，形成了复杂的断裂系统，且断层组合相对复杂，断块破碎，主体构造具有明显的三凹两凸的构造格局，自东向西依次为辽东凹陷、辽东凸起、辽中凹陷、辽西低凸起、辽西凹陷。复杂的地质情况会造成强的干扰波以及部分反射波能量弱等问题，影响地震资料的品质。此外，辽东湾海域水深相对变化较大，其中JZ17-23工区为过渡带采集，水深为0m，LD10等大部分工区水深大约为20~30m左右。复杂的地质构造、水深和工区障碍物等外界条件使得各工区之间资料品质差异很大，为工区间的两两拼接提出了很高的要求。

整个辽东湾29片工区中5块工区为1985~1995年采集，约1611km²，资料品质相对较差，其中JZ20-2、SZ36-1N等为单源单缆采集；11块工区为1996~2005年采集，资料品质相对较好；13块工区为近几年采集，海底电缆资料相对较多，资料品质也相对较好。

采集方式包括20片拖缆资料及9片海底电缆资料,其中包含单源单缆,单源双缆,双源双缆,双源三缆,双源四缆等,海底电缆资料包括PATCH采集和SWATH采集,这几乎包括了所有常见的海上资料采集方式。

辽东湾多块三维地震资料品质之间存在方位、时差、频率、相位、能量、覆盖次数等差异。如图3.4所示,相邻工区地震资料存在明显的时差,资料品质差异巨大。29片资料整体连片处理后需要消除这些差异,同时保证资料整体品质的提升,无缝连片处理难度很高。

三、构造变化大

按常规速度网格解释密度,整个工区包括500多条速度线,64577个速度点,一遍速度解释达32251km,偏移前后四遍速度解释的千米数多达13万km。

辽东湾探区构造复杂,如何整体调整、统一速度场是难点之一。连片处理前工区间由于边界效应,老资料成像不清楚,工区间的速度可能有明显的差异,特别是构造变化较大的工区,如图5.1所示,LD-A与LD-B之间构造变化大,从各工区单独看,速度走向不好把握,因此速度分析的过程中必须宏观地从全拗陷乃至全盆地的视角出发,才能保障工区间的速度合理平稳的过渡。

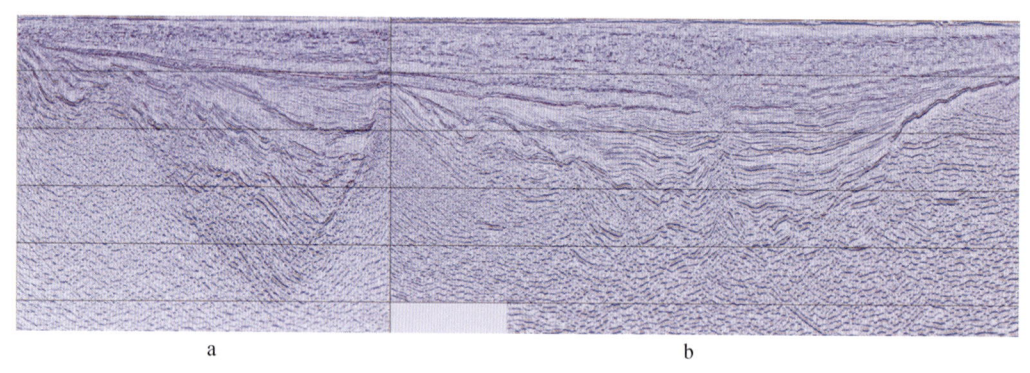

图5.1　LD-A工区(a)与LD-B工区(b)地震资料情况

第二节　处理难点的针对性技术

一、海量数据针对性措施

针对区块多,数据量大,大范围连片困难等特点,制定了一套适合于多工区大面积连片的处理体系,包括海量数据输入输出、试验流程标准化、大数据质控、分块偏移、时变偏移孔径等技术方案。

（一）海量数据输入输出

29 块工区的原始数据磁带共计 50 000 余盘，数据大小达 200T。人工数据加载的工作量是普通工区的几十倍，3480、3490 带一盘的加载时间为 5 分钟左右，3590、3592 带一盘的加载时间为 1.2 小时，所有磁带的加载时间总共需要六个月左右。在处理过程中，严格质控每一步，保证处理结果准确无误，更新硬盘数据，这样才能保证现有设备下充足的数据存储空间。海量数据的输入输出过程采用 SDS 数据管理并分配计算机内存，读入道头信息并存储为文件，在后续的使用过程中进行调用。多核内存及数据流的并行处理是海量数据输入输出的保障。

（二）试验流程标准化

处理流程规范化，每个处理流程要有详细的质控措施，每一处理步骤要有质量控制剖面，每一个工区单独把关，在标准试验流程的前提下将经验参数具体化。

（三）海量数据质控

监督机制前移，创新地将"节点式监督"改为"渗透式监督"，随时进行技术把关和结果质控，监督参与到每步处理步骤的质控检查；处理过程中，严格执行"点、线、面、体"的质量控制体系，严格把关关键炮点、关键测线、关键切片、关键数据体，确保过程资料质量过关。

（四）分块偏移

将辽东湾 29 个工区分为北、中、南三个区块分别进行偏移，来解决区块多、数据量大的问题，这对三个区块间重复区域的偏移处理过程提出了更高的要求。在偏移过程中，为了使倾斜层、断层和绕射体等构造正确归位，必须考虑到偏移孔径的选取，不同的边界、目的层深度、倾角具有不同的偏移孔径。辽东湾区域不同区块之间的重复区域达到 12km，需要保证 6km 是满覆盖的。

为了提高计算效率，保证计算精度，偏移过程采用时变偏移孔径对地震数据进行处理。在偏移孔径的计算过程中，需要考虑到实际地层倾角、第一菲涅尔带和不连续绕射点对应的偏移孔径。根据各工区的偏移剖面可知，浅层部分地质构造较为简单，地层倾角较小，应该选取较小的偏移孔径；而对于目的层以及构造较为复杂地层倾角大的区域，需选取较大的偏移孔径，时变偏移孔径的应用可以更好地节约偏移过程的时间，提高偏移效率，解决大数据量在偏移处理过程中出现的成本问题。

二、针对性连片处理技术

连片处理技术是指将一组相互间存在重叠部分的图像序列进行空间匹配对准,经重采样融合后形成一副包含各图像序列信息、宽视角、场景完整、高清晰的新图像。图像配准是连片处理的核心技术,直接关系到图像拼接算法的成功和效率。

(一)创新拼接方案

立足老经验,开发新方法,力争好效果是克服拼接问题的关键。创新的连片处理过程采用"化整为零"的拼接思路,将整个辽东湾分为南片、中片、北片三块,先分块拼接,再整体连片处理。

(二)拼接原则

为了保障整体连片处理质量,实现相邻区块间无缝、大区块间平稳过渡的连片处理准则,制定的拼接原则为品质差向品质好区块拼接,小区块向大区块拼接,附属构造向主构造拼接。

在具体进行连片处理过程中,工区间的拼接按照"六个统一"的原则:时差、极性、振幅、频率、相位、速度统一。所以拼接过程分别为时差校正、振幅匹配、相位匹配、频率匹配。

(三)时空变换求取拼接算子

由于时间切片中时差的存在,会导致两块工区在拼接时同相轴的连续性存在问题。因此,为了消除时差带来的影响,需要进行时差校正。此地区拼接过程采用"时空变换"方法。时变、空变求取和应用拼接算子,进一步保证区块之间的一致性。

由图 5.2 拼接前后时间切片对比可以看出,拼接前后的图像在视觉上存在细微的差别,还原了地层的大部分信息,拼接后的图像纹理连续性好、色度一致性强、图像配准精度高。总体看来,匹配效果良好。由此可看出,此方法可以较好地处理图像拼接缝隙,达到较为理想的拼接目的,为后续的连片处理奠定了基础。

三、三维立体十字交叉速度解释

速度解释和偏移生产阶段,摒弃了传统的先对全工区统一进行速度分析再进行整体偏移的处理流程,同样基于"化零为整"的思路,首先完成工区南块的速度分析,在进行南块偏移生产的同时,进行中块速度分析,依次完成南块、中块、北块速度分析和偏移,最终形成一个完整的数据体,实现了机器不等人,人不等机器的并行作业模式,极大提高了

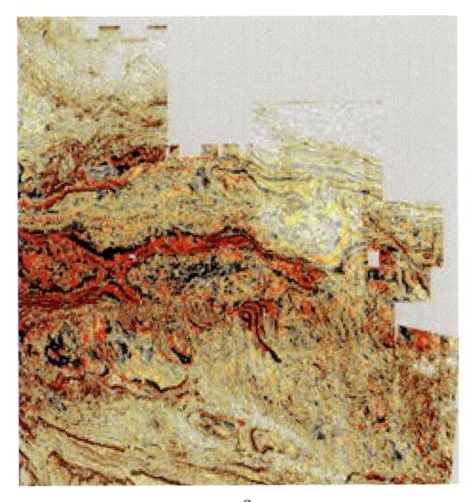 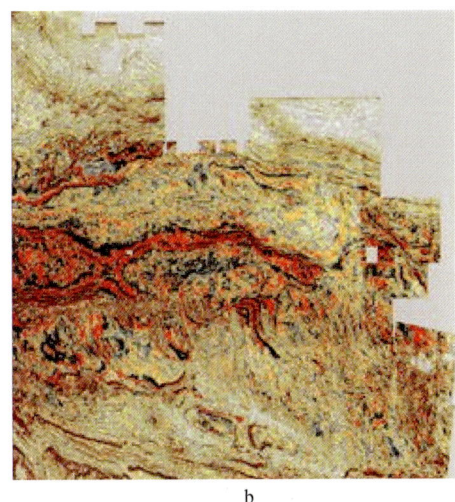

图 5.2 时空变换拼接算子求取前 (a) 和去除后 (b) 时间切片对比

生产效率。

针对速度解释难度高的问题，采用十字交叉速度解释方法，即速度场是一个三维空间场。以前的速度分析中，我们较多的是在主测线上进行的。这种分析方法很显然没考虑速度场的三维特性。因此，借鉴了层位解释技术，创新发展了十字交叉速度解释法，保证了主测线和联络测线的速度趋势。

这里把地质模型和速度的变化联合起来，如图 5.3 所示分别为东西向和南北向的速度与构造平面图。分析粉红色速度曲线得知，东西速度场总体呈西高东低变化，而南北速度场呈北高南低变化。速度的这种变化与构造的变化趋势吻合，这表明了速度的精度得到了很大提高，为精细构造解释奠定了基础。

四、低频保护技术

低频信号相对于高频信号有更强的能力来处理吸收、散射和屏蔽现象，因此低频信号对中深层成像的精度非常重要（郭树祥，2008）。主要体现在：

（1）地震低频信息的能量在穿透高速层时，能降低内部的衍射波。

（2）处理过程中采用低频信号的贯通性能够大大改善深层速度分析的精度。

（3）低频信号载有更多的弱反射信息，可以用来研究地质构造内部反射特性。

（4）地震波低频信息可以提高成像精度的关键是对偏移速度误差不敏感。

在连片处理过程中，滤波处理、去噪处理、反褶积（$\tau-p$ 反褶积）等步骤都有可能会损伤信号中的低频成分。为了提高中深层成像的精度，需要在处理过程中对信号中的低频部分进行保护，可以采用频率约束反褶积、高低频分频的剩余静校正、低频约束速度分析等方法来保护信号中的低频成分。

低频成分对地层穿透能力强，对于中深层构造成像影响非常明显，处理过程中保护低频成分可以有效地提高中深层的成像质量。图 5.4 所示，辽东湾连片重处理得到的最终偏

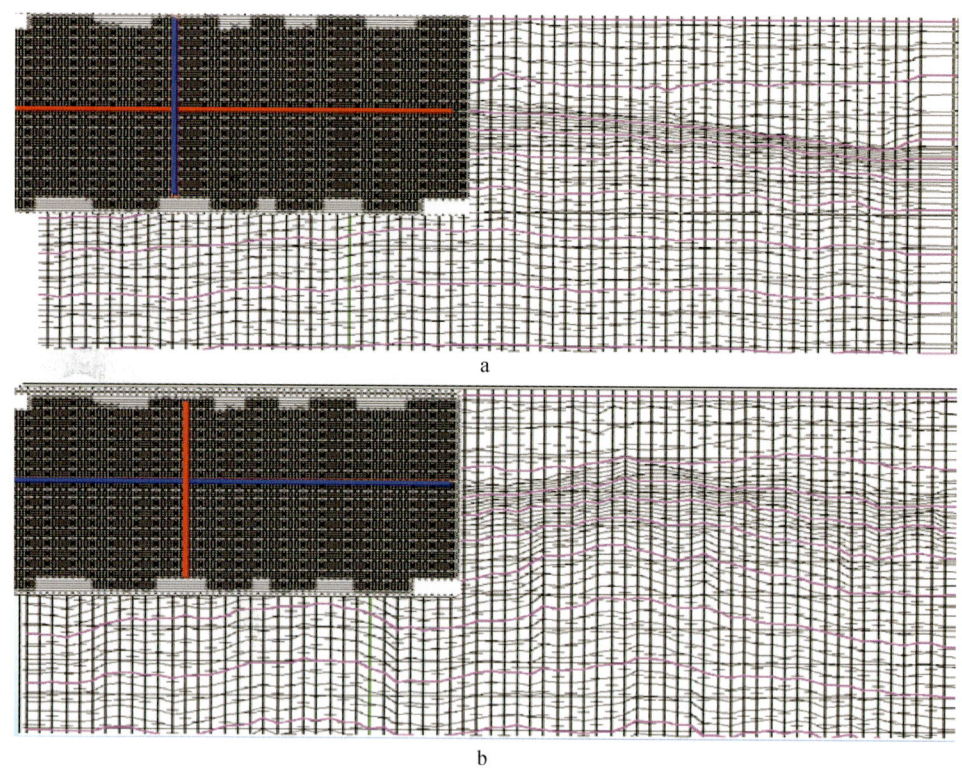

图 5.3 十字交叉速度解释
a. 东西向；b. 南北向

移成果低频成分普遍好于老资料，有利于后续的解释和反演工作。

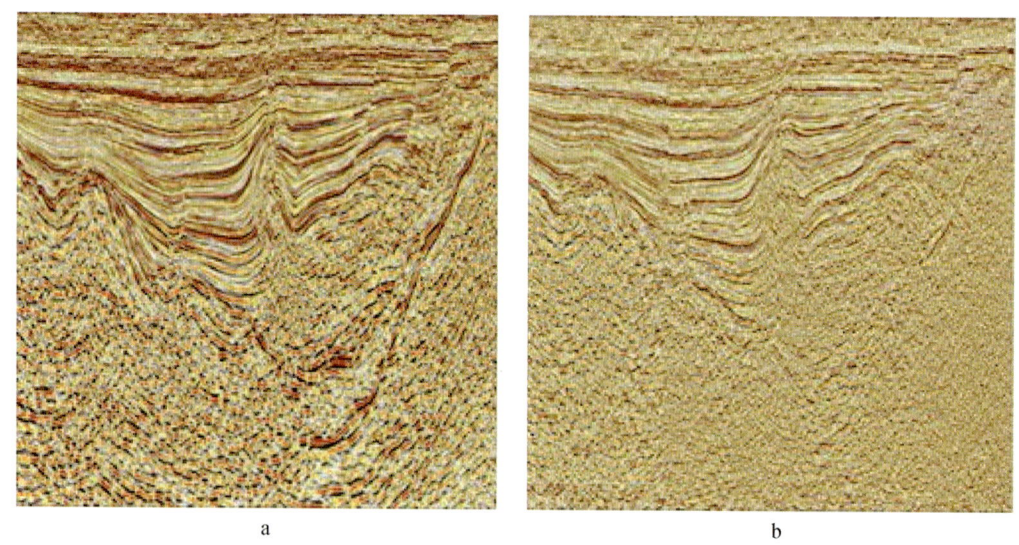

图 5.4 三维地震资料叠前连片处理前后地震剖面对比
a. 连片处理结果；b. 老资料

在连片处理的具体工作中，总结得到一系列的技术方法与经验。

（1）通过精细且复杂的连片处理过程，可以很好地解决由于处理造成的构造被分割、整体构造形态认识不清等问题，因此，连片处理是地震勘探中的重要方法。

（2）连片处理过程中新技术、新方法的开发应用，如海底涌浪噪声衰减、变门槛值的高精度拉东变换多次波衰减技术等，是提高处理质量的根本保证。

（3）解决深层、速度复杂地区的准确成像问题的关键是需要有精确的叠前时间偏移处理技术。

三维地震资料叠前连片处理技术使得用于连片的各个区块的地震资料在频率、相位、能量、波组特征上得到统一，可以帮助解释人员更好地完成地质情况的认知。连片处理技术的重点在于全区观测系统的定义、静校正、地表一致性处理、子波整形、全区速度模型的建立、叠前时间偏移等过程的处理。与此同时，还需要在处理过程中做好质量控制，来保证处理效果的准确。在保真保幅的前提下通过高精度算子进行拼接，达到了连片处理要求，是一次非常完美的连片处理；大面积样点采样和网格化算子的运用提高了拼接效率和算子精确度；反距离加权法的运用使得重复区数据选择科学合理；连片处理后噪声问题得到妥善解决，去噪效果理想，进一步提高了地震资料的质量。

第三节　连片叠前偏移处理应用效果分析

连片处理需要解决的地质任务非常复杂，本次处理从地震资料品质特点出发，深挖地震数据处理特色技术，创新应用已有处理方法，以"化整为零分块处理，化零为整整体拼接与偏移"的理念为指导，圆满解决了各个三维区块间的原始资料拼接的问题，提高了资料的整体品质。连片处理后的资料消除了不同工区之间存在的能量、时差等差异，使得辽东湾地区的资料可以进行统一研究，得到的跨界构造更加清晰，连片后的资料具有更为丰富的地震地质信息。

一、连片叠前偏移处理成果效果分析

图5.5为连片处理前后的新老资料相干切片对比。从连片处理前后基本覆盖辽东湾地区1000ms相干切片上可以看出，连片叠前偏移处理后的剖面信噪比明显提高，特别是在复杂构造带（也是油气有利聚集带），连片处理后不仅控制圈闭的小断层更易于解释，小断块的位置分布以及块与块之间的关系也更加清晰。

从上图可以看出，连片处理使得辽东湾原本零散工区的多块三维地震资料从根本上变成了一个统一的数据体，便于其区域构造的整体解剖及其含油气特征的整体分析。

图5.6、图5.7分别是连片处理前和连片处理后1000ms，2000ms的时间切片对比图。时间切片不仅可以直观地帮助观察和分析断裂、构造的平面发育特征，还能纵向推演地质体间的接触关系和发育演化规律。将处理前后的时间切片图进行对比不难发现，统一后数据体的时间切片可以更有助于准确描述辽东湾整体构造和沉积体的发育及分布规律。

a　　b

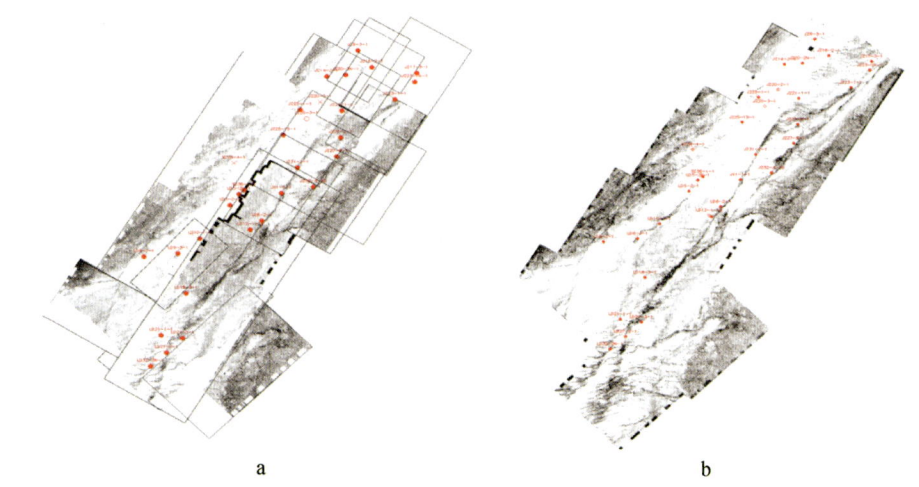

图 5.5　连片处理前（a）后（b）资料相干切片对比（1000ms）

a

b

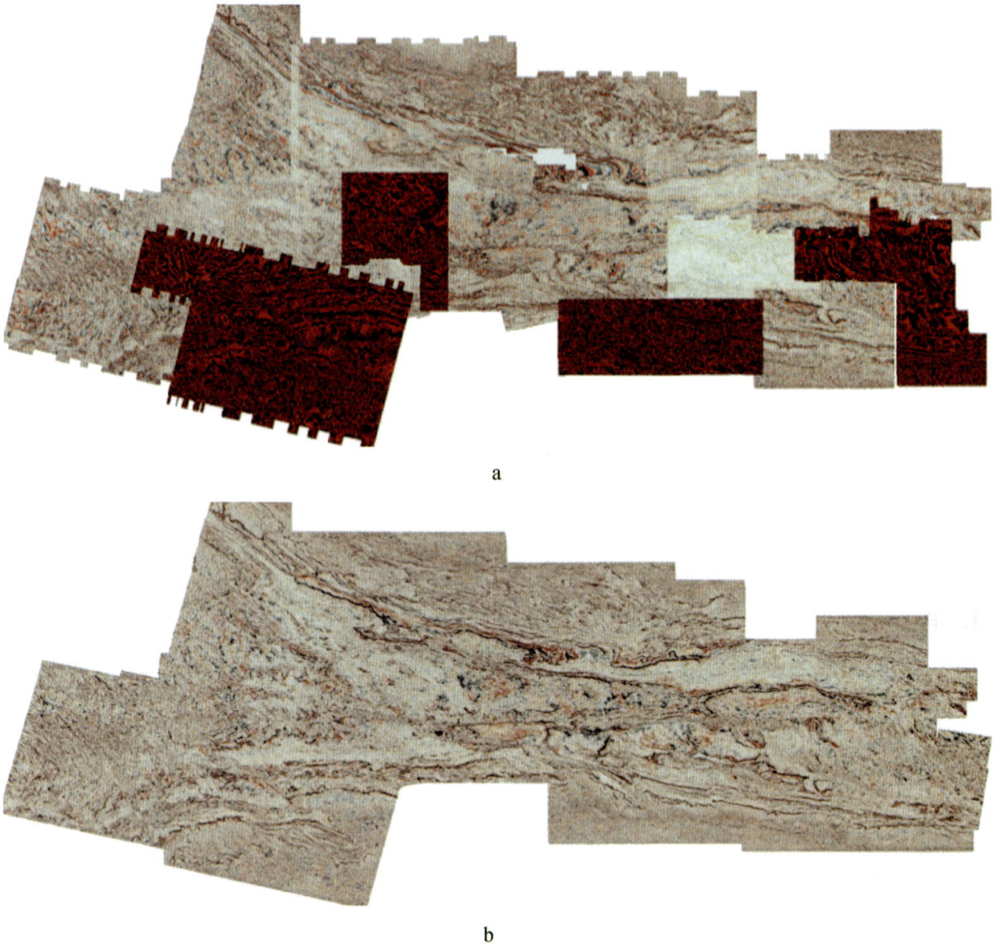

图 5.6　连片处理前（a）后（b）的资料时间切片对比（1000ms）

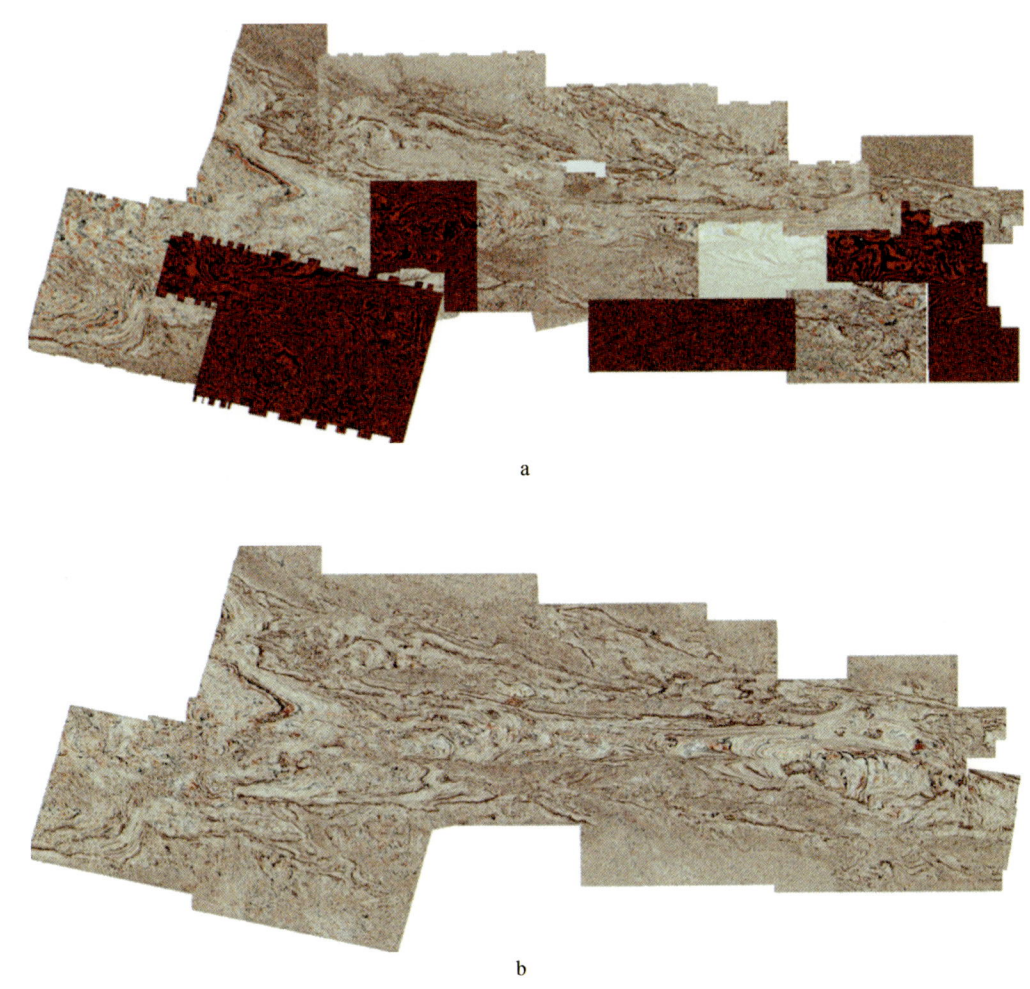

图 5.7　连片处理前（a）后（b）的资料时间切片对比（2000ms）

由图 5.6 和图 5.7 可知，辽东湾连片处理成果效果改善明显，具体体现在以下几个方面。

1. 消除区块间资料品质的差异

对于不同勘探工区而言，原始采集得到的地震记录的资料品质差异较大，如激发条件不同会造成区块间能量的差异，采集方法和观测系统不同会造成观测面元属性、覆盖次数、炮间距分布等方面的差异。因此在后续的连片处理时，不同区块资料在连片过程中会出现能量、相位、频率、信噪比等方面的差异，为了更好地实现不同区块资料的连片处理，通过对不同时期、不同工区的资料进行一致性处理，使得这些资料在能量、频率等方面保持一致。具体效果如图 5.8 所示。

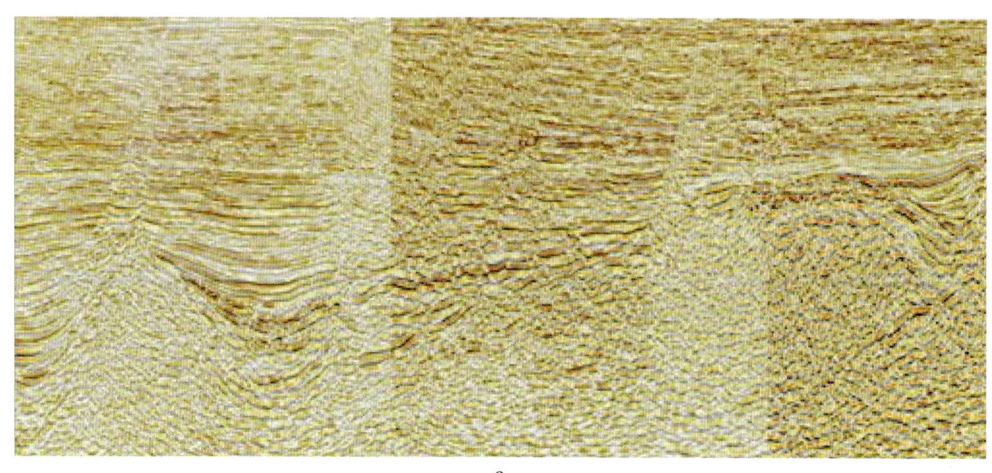

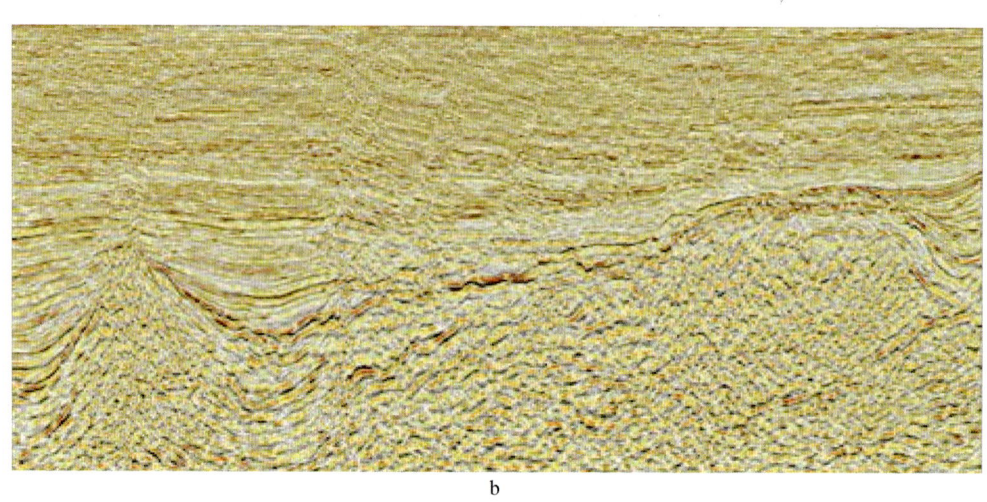

图 5.8 02/31 与 PL22 工区连片前后对比图
a. 连片处理前；b. 连片处理后

一致性处理前，02/31 工区地震资料的能量相对较弱（图 5.8a 左侧），PL22 工区与渤东斜坡拼接处（图 5.8a 右侧）存在一定的相位和频率的差异，同相轴连续性较差，拼接前整体构造并不明显，能量分布不均匀。通过一致性处理后，拼接得到的剖面能量整体较为均衡，提高了分辨率，同相轴连续性增强，频率、相位、信噪比等方面的差异较小，成像质量得到了显著提升；从细节上看，拼接后的剖面波阻特征明显，地质构造层位清晰，可以比较直观地分析该区域的地质构造形态，有利于得到更为丰富的储层、构造等信息。

2. 解决跨界构造问题

三维连片处理是将空间分布的不同地表条件、不同采集参数、不同年度施工采集得到的多块三维地震数据，以统一的处理网格、处理流程和参数进行处理，以实现数据特征在空间分布上的连续性和一致性，力求达到与整体一次采集后处理的剖面效果相近，从而提高地震数据的整体品质和整体解释的可信度。因此准确地反映地质构造特征是连片处理最直接的目的,如何将不同区块中差异化的地震资料相匹配是连片处理过程中的主要问题。

原始地震资料进行单块处理时,资料覆盖次数不足,满足不了偏移孔径的要求,边界处跨界构造成像效果不理想,重新处理后,跨界构造的成像结果得到改善。

多区块资料的拼接可以有效改善跨界目标的成像品质,得到更为精确的跨界目标的地质构造信息,有利于跨界目标的构造解释,落实未被发现的圈闭构造,对油气的勘探和开发具有重大意义。

图5.9为连片处理前后的对比图,SZ工区三维地震资料是2007年采集的,JX工区三维地震资料是2006年采集的,原始资料中两区块拼接部分的能量聚焦性和波阻特征都很差,地质地层和越界构造形态模糊。经过连片处理后,两区块拼接部分的同相轴连续性得到改善,剖面整体的信噪比和分辨率有所提高,中深层能量得到较好补偿,波阻强弱变化自然合理,成像质量得到了显著提升。从细节上看,跨界构造的地质形态更为清晰,对解释更为有利,基本达到与整体一次采集、处理结果相近的效果。

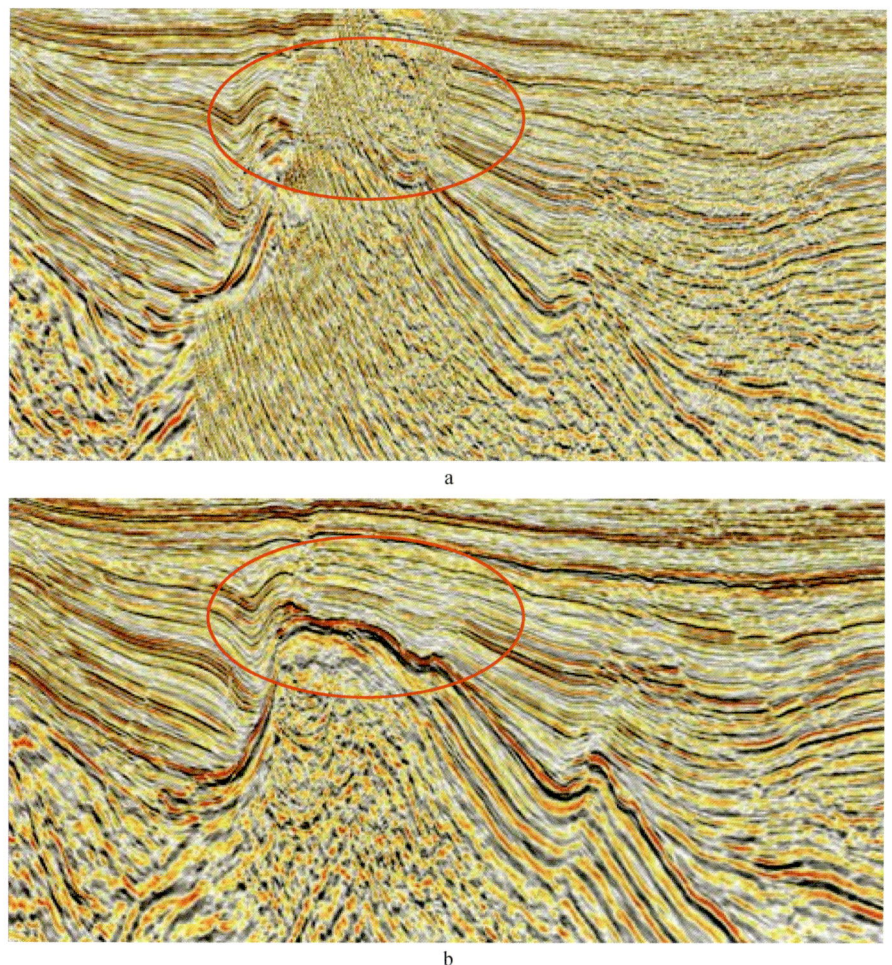

图5.9 SZ和JX工区连片处理前后对比图
a. 老剖面;b. 连片处理剖面

3. 改善高陡倾角成像

地震资料偏移过程中需要考虑到偏移孔径与偏移倾角的问题，其中偏移孔径的大小决定了参与偏移成像过程中数据量的多少，直接影响了偏移结果的准确度；偏移角度的大小限制了偏移算子的空间扩展范围，也会对偏移结果产生影响。多区块资料间的拼接可以消除偏移的边界效应，满足了更大的叠前偏移的偏移孔径，特别是大倾角的成像效果，因此新拼接资料较老资料更加真实合理。

图 5.10 为拼接前后对比图，SZ 工区三维地震资料是 2007 年采集的，原始资料剖面浅层和中层的成像较为清晰，但深部能量较弱，成像效果不理想，断层两侧成像模糊，无法准确根据其附近的地质构造情况来预测有利油气储集带。经过连片处理，有效补偿了中深层能量，地质构造特征和层位信息更加丰富，同相轴的连续性得到改善，纵向分辨率有所提高，波阻强弱变化更为自然，成像质量提升显著。从细节上看，连片处理后的剖面断层两侧高陡构造成像更佳，形态与地层接触关系更合理，断层区域的准确成像将有助于后续处理解释过程中对油气聚集、寻找优势储集空间等问题的研究。

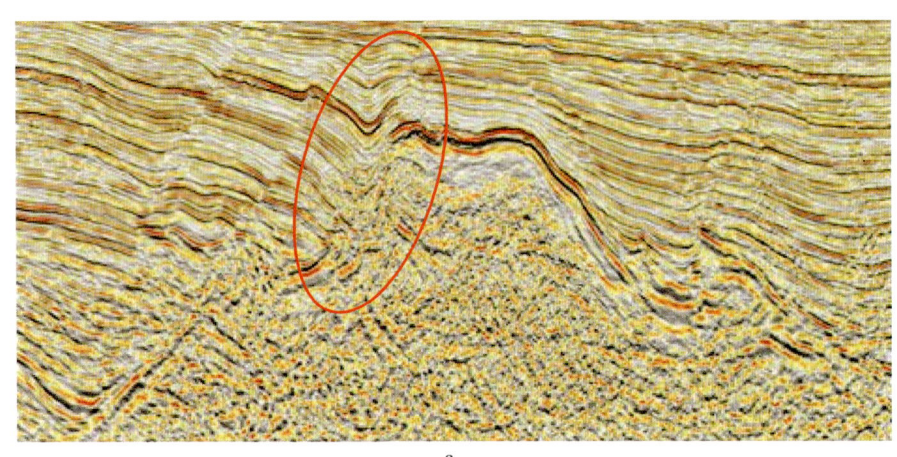

a

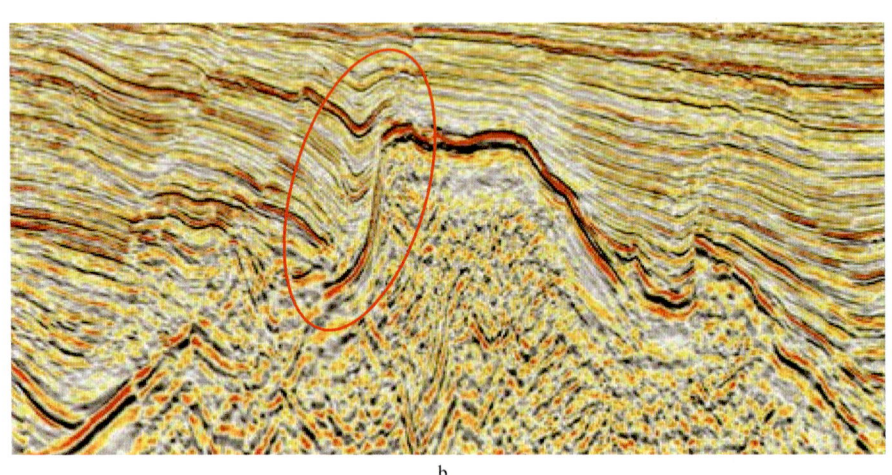

b

图 5.10　SZ 工区连片处理前后对比图

a. 老剖面；b. 连片处理剖面

4. 改善潜山边界及内幕成像

图 5.11 为拼接前后对比图，LD 区块三维地震资料是 2003 年采集的，原始资料中潜山地层对应的同相轴能量相对较弱，潜山顶部和两侧反射特征并不明显，内部成像模糊，波阻特征不清晰。经过连片处理后，整体剖面的能量得到了显著增强，信噪比和分辨率有所提高，其中潜山面波阻特征清晰，同相轴能量突出，地质层位、构造分明，成像质量也得到了提升；从细节上看，拼接后潜山顶部和右翼断层成像更佳，潜山内部成像层次和地层关系更为清楚。

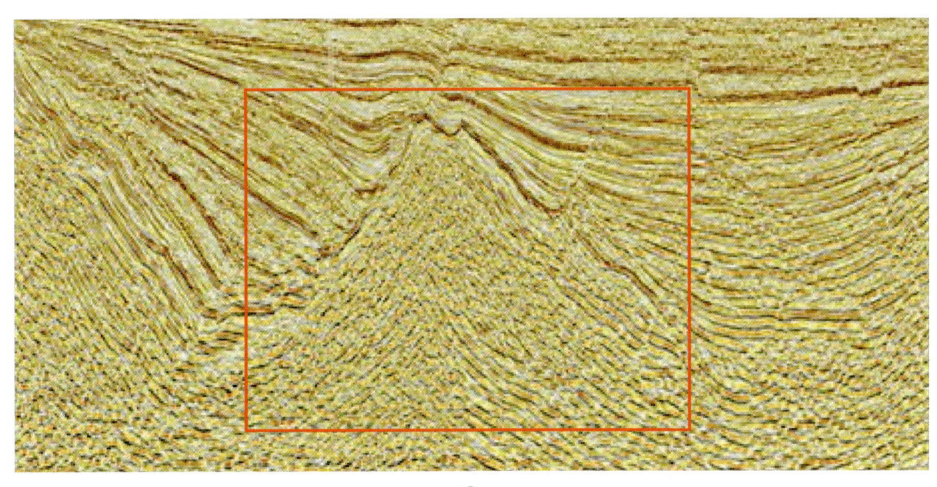
a

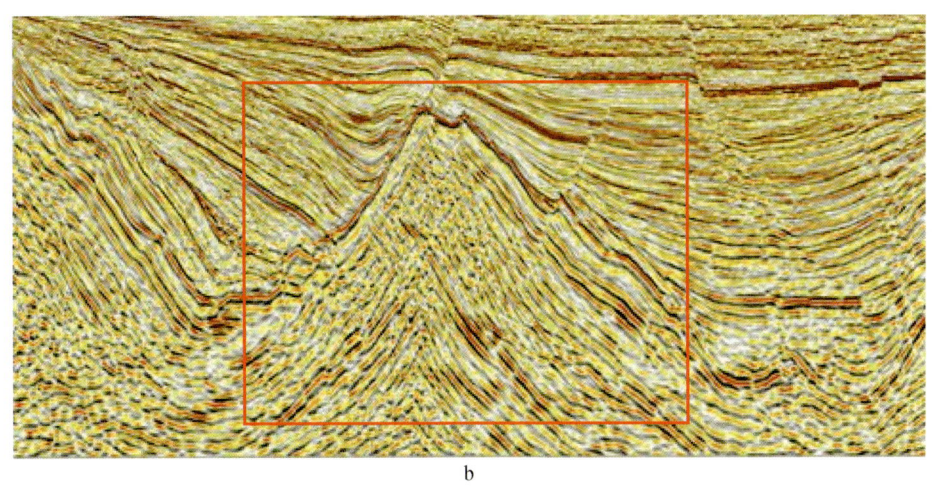
b

图 5.11　LD 工区连片处理前后对比图
a. 老剖面；b. 连片处理后剖面

二、地质应用效果分析

作为渤海海域重要的油气产区，辽东湾探区现有 29 个三维地震工区，面积为

16864km², 探井个数214口（图5.12）。旧工区的面积范围大小不一，不同工区的目的层位地震解释及范围都各不相同，且不同工区地震数据体之间多存在时间误差，不同工区相同层位之间的地震解释结果存在误差，工区交界处的解释难以统一、地质认识难度大，从而给辽东湾探区的整体构造解析和油气勘探带来了困难。通过三维地震资料连片处理可以有效地消除不同工区之间的相位差异，尤其对不同工区交界处具有非常好的效果。对于进一步深化辽东湾探区地质认识、寻找有效圈闭、理清成藏主控因素等具有重要的理论和实际意义。

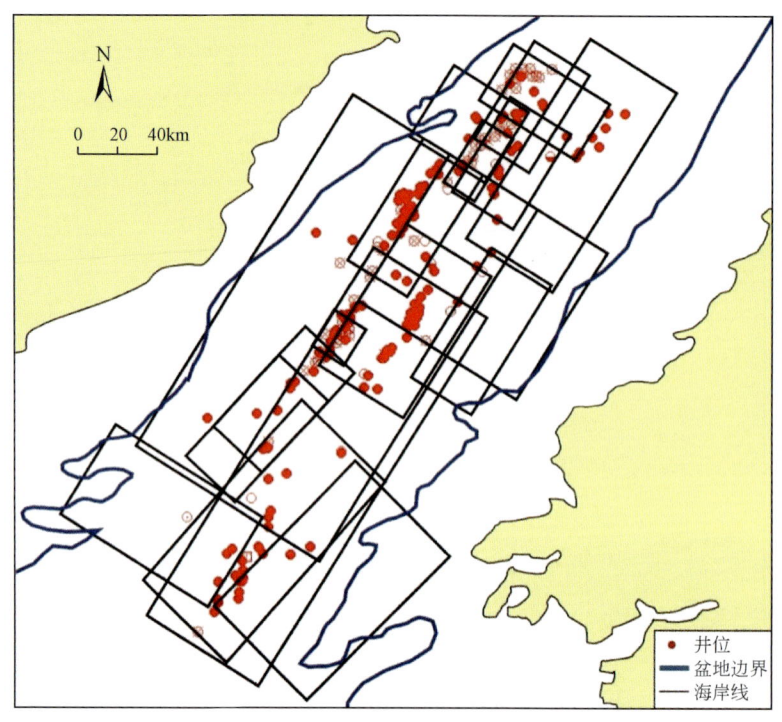

图 5.12 辽东湾探区三维工区及探井分布示意图

（一）连片处理资料地质解释特点分析

与以往三维工区资料不同，连片处理后的地震资料将辽东湾探区作为一个整体进行分析，消除了不同工区间的相位差异，同时也给后期的地震解释和地质研究提供了方便，尤其是针对不同工区的拼接部位。

1. 消除了不同工区的相位差和层位时差

如图 5.13 所示，ESSO3d、JZ16-21 工区 T0 界面存在 160ms 左右的时差，且这两个工区和 JZ25-1S、JZ19-20 工区之间存在着明显的相位差。同一套层位的振幅、频率和连续性等均存在差异，会给层位解释、闭合带来困难，连片资料处理有效地消除了不同工区的相位差，也为地震同相轴的对比以及进一步的层位解释提供了方便。

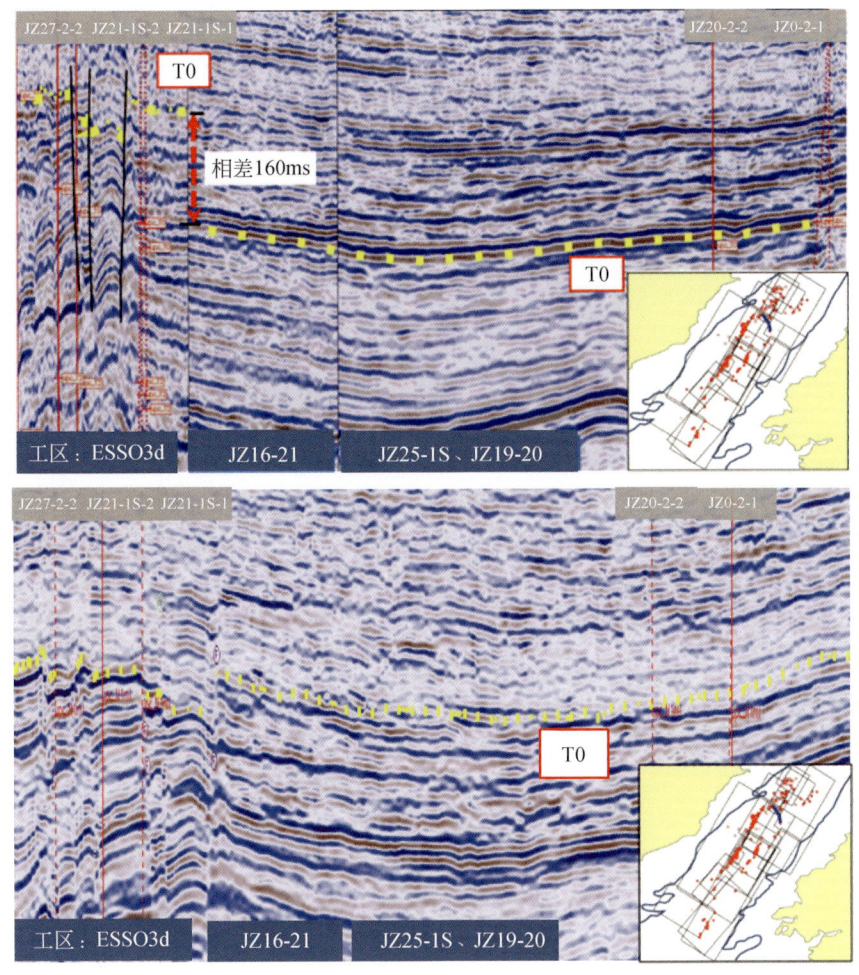

图 5.13 连片工区 T0 解释结果

2. 解决了不同三维工区数据拼接处的构造认识不清问题

如图 5.14a 所示，ESSO3d 和 JZ 工区不仅同相轴存在相位差，而且两侧构造特征也存在较大差异，ESSO3d 显示的是洼陷边缘，而 JZ 则显示出了陡坡带的明显特征，二者之间的构造特征究竟如何难以解释。连片处理资料基本解决了这一问题（如图 5.14b），三维工区交界处构造特征清晰，也消除了不同工区的相位差。

3. 有利于构造的整体性认识和差异性对比

如前所述，旧三维工区之间的相位差和层位时差、拼接处的资料品质差等问题制约了对研究区构造特征的整体认识，尤其是在不同工区的拼接部位，解释结果直接影响到了断层或构造单元的横向延伸问题，如在辽东湾地区延伸较长的辽中 1 号断裂，作为郯庐断裂带的分支断裂，穿过了多个三维工区，其延伸距离多长、是否具有分段性、不同分段构造特征的差异性如何等，这些问题旧的三维资料难以得到正确的认识，进而给沿着该构造带的油气成藏主控因素和富集规律研究等带来了困难。通过新的连片处理资料解释，在很大程度上解决了这一问题，尤其是针对同一断裂或构造单元的横向延伸和差异对比。

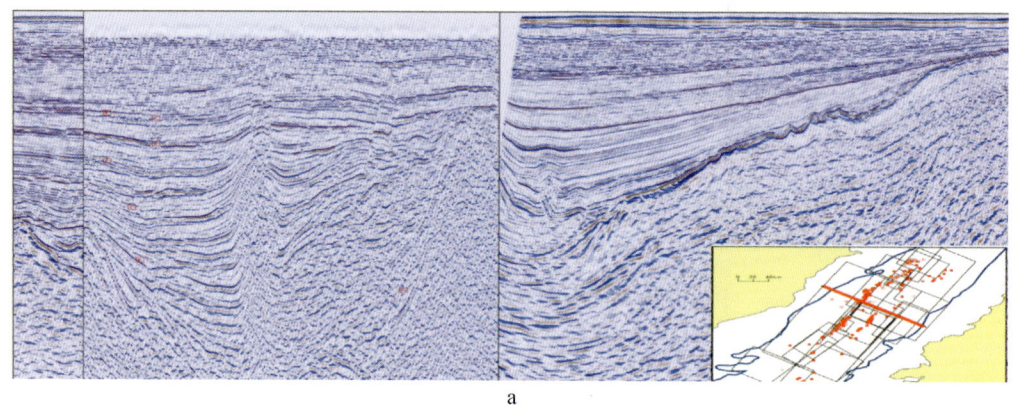

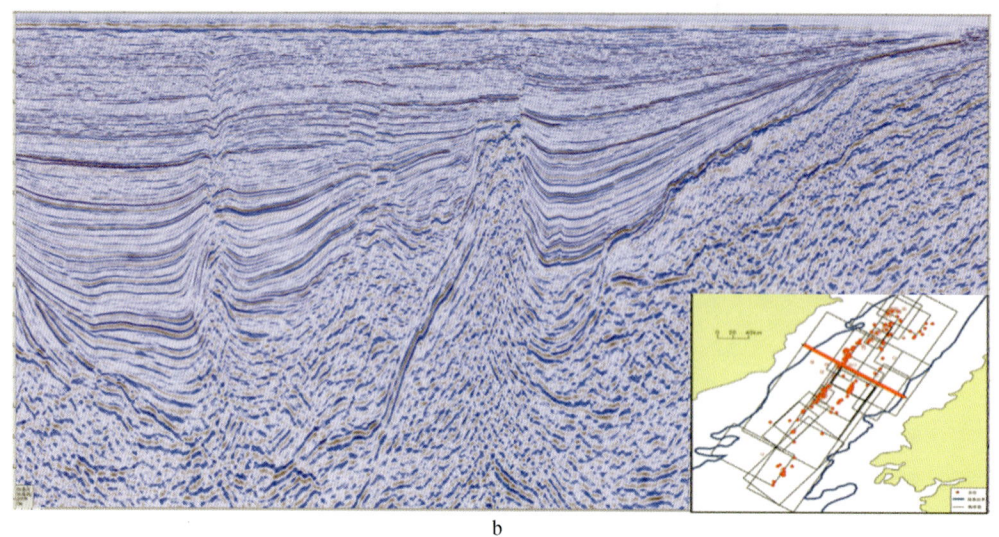

图 5.14 ESSO3d、JZ 工区旧三维资料拼接剖面 (a) 和连片处理资料剖面 (b)

(二) 地质应用效果分析

1. 深化了辽东湾探区断裂体系发育特征的认识

通过对连片处理资料的详细分析解释，结合各主要反射层的三维立体显示、相干切片分析，认为辽东湾拗陷发育七条大型控凹断裂，分隔了凸起和凹陷，同时发育三组大型断裂带，构成了辽东湾地区的整体断裂格局。其中辽西地区发育四条主断裂，分别为辽西1号断裂、辽西2号断裂、辽西3号断裂、辽西南1号断裂；辽中地区发育辽中1号断裂、辽中2号断裂两条断裂；辽东地区发育辽东1号断裂（图5.15）。三组断裂带分别为辽中南洼断裂带、辽西走滑断裂带、辽中凹陷西斜坡断裂带。

整体而言，研究区东部的辽东1号、辽中2号、辽中1号断裂走滑作用普遍较强，且同一断层走滑强弱存在分段性。以辽中1号断裂为例，通过三维连片处理资料，明确了该

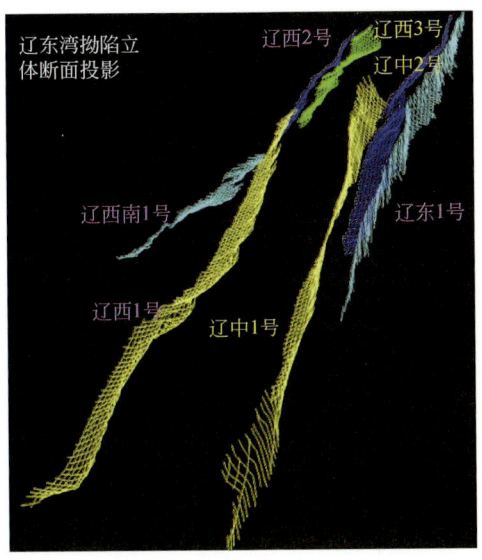

图 5.15 辽东湾拗陷主干立体断面投影图

断裂的延伸长度,南起 LD22-1,北至 JZ21-1S。该断裂走滑程度强,且不同段的走滑强度存在差异:北部走滑弱,次级断裂较多,与主断裂构成帚状体系;中部走滑强,断裂带紧闭,连续性好;南部走滑弱,断裂带较宽,断裂面不连续,由一系列近 EW 向次级断裂构成;辽中南洼段走滑强,断裂带紧闭,浅部发育雁列式断裂体系(图 5.16)。剖面上辽中 1 号断裂断面陡立,切割深度深;断面倾向多变,北部 SE 倾,中部 NW 倾,南部 NW 倾,具有"丝带效应";主断裂与上部次级断裂组成花状构造或似花状构造(图 5.17)。

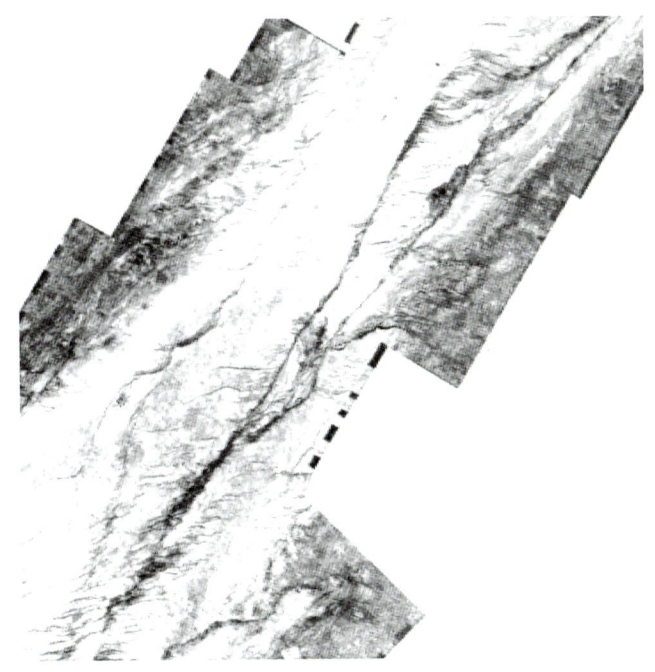

图 5.16 辽中 1 号断裂 1000ms 水平相干切片

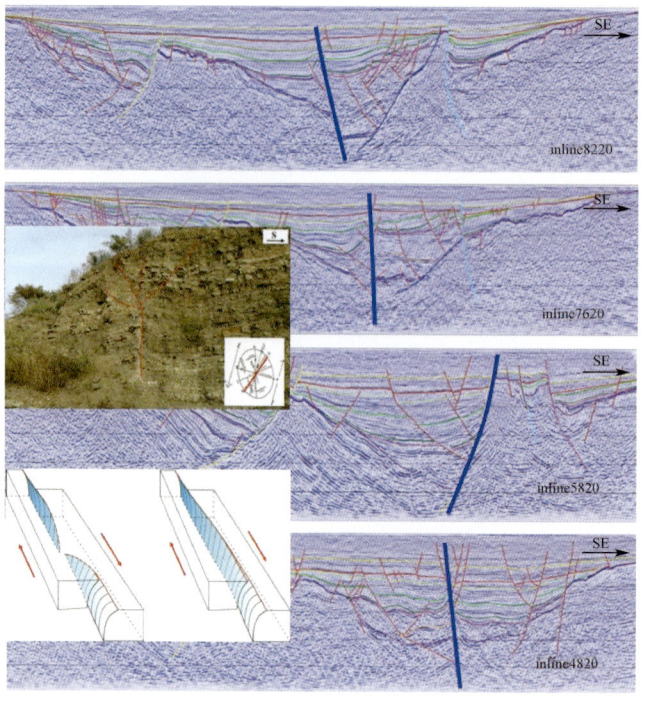

图 5.17　辽中 1 号断裂剖面特征

以往研究认为，辽西地区不存在明显的走滑断裂，主断裂多为伸展性质，后期叠加走滑。通过新的连片处理资料解释发现，在辽西地区同样存在大的走滑断裂系统，断裂走向 NNE、NE 与主干断裂平行，不连续，具明显分段性，剖面上南北两段主断面直立，与上部次级断裂组成花状构造；中段主断面倾角较缓，与次级断裂组成似花状构造（图 5.18）。

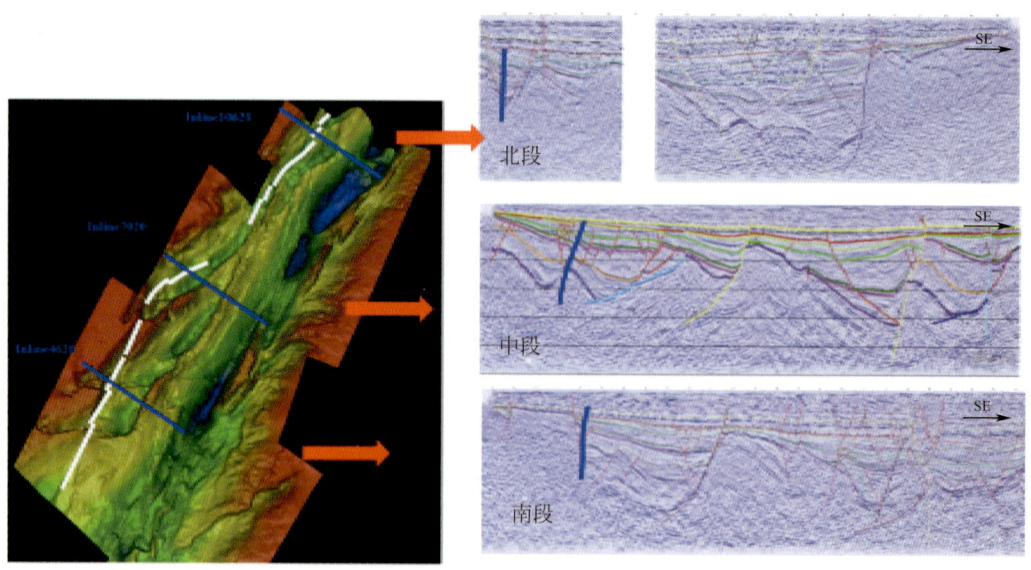

图 5.18　辽西走滑断裂带剖面发育特征

新的连片处理资料解释,为同一断裂的整体研究和差异对比奠定了很好的基础。本次研究发现,辽东湾地区具有走滑性质主干断层通常并不是一条延伸较直的断层,而是在平面上多存在弧形弯曲、侧接和不连续现象,进而造成了局部构造和次级断裂体系的差异性。如走滑断裂的弧形弯曲,不同的弯曲方式派生出了不同的局部应力场,进而导致了释压区与增压区的交替出现,主干断裂剖面特征也存在差异。由图 5.19 可以看出,在断裂内弯的释压部位,主干断裂倾角普遍发育较缓,断裂带较宽;而在断裂外弯的增压部位,主干断裂多表现为倾角较小的近直立断层,断裂带窄。

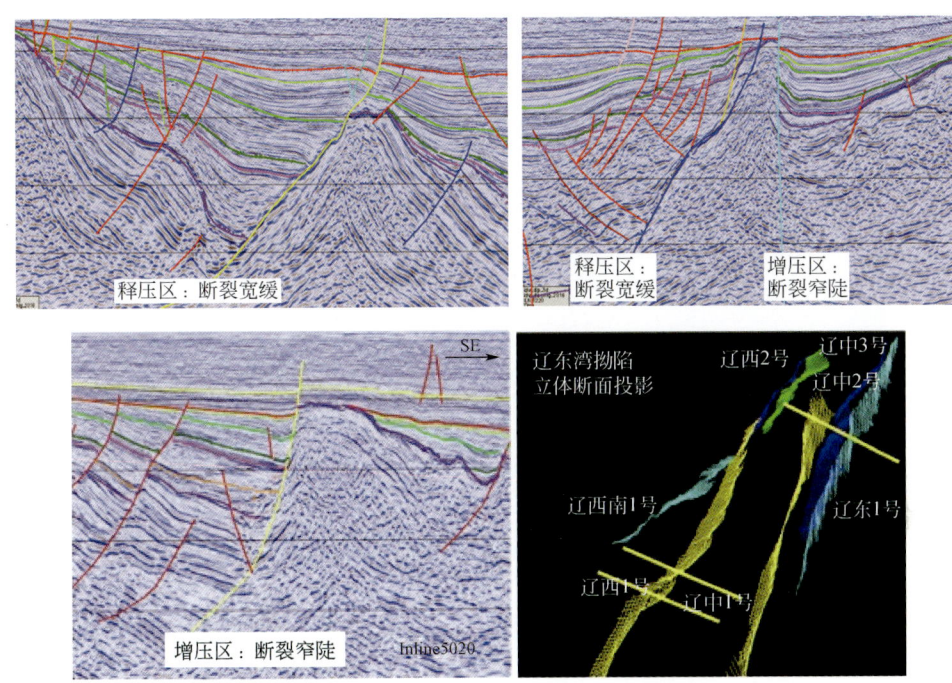

图 5.19　走滑断裂弯曲导致的释压区与增压区剖面特征差异

此外,本次连片处理资料解释在辽东湾地区识别出了多处小型隐性断裂,隐性断裂断距小,地震反射同相轴轻微错开或未错开且强烈弯曲(图 5.20)。究其原因,这些小型隐性断裂主要发育在走滑作用较强的辽中 1 号和辽东 1 号断裂附近,吻合于主干走滑断裂的外凸弯曲部位,应为走滑弯曲派生局部挤压应力所致。

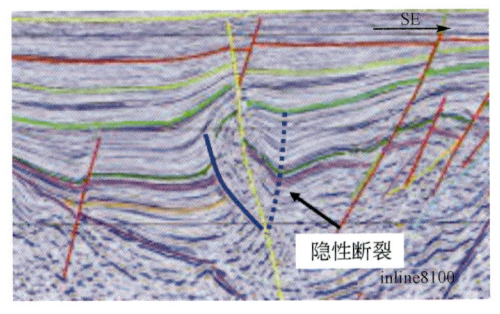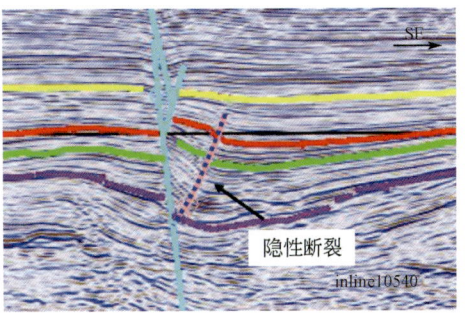

图 5.20　隐性断裂剖面特征

2. 精确了辽东湾探区构造带发育特征的解释

走滑作用强烈是辽东湾探区区别于渤海海域或渤海湾盆地其他构造单元的显著特征之一，传统的断陷盆地一般可以划分为陡坡带、缓坡带、洼陷带、中央隆起带等次级构造带（程日辉等，2000），本次连片处理资料解释发现，辽东湾地区的构造带与典型断陷盆地存在差异，如辽东 1 号断裂控制形成的辽东凹陷，由于辽东 1 号断裂部分段走滑特征明显，部分段又主要表现为伸展性质，因此将陡坡带又细分为走滑陡坡带和伸展陡坡带两种类型（图 5.21）。

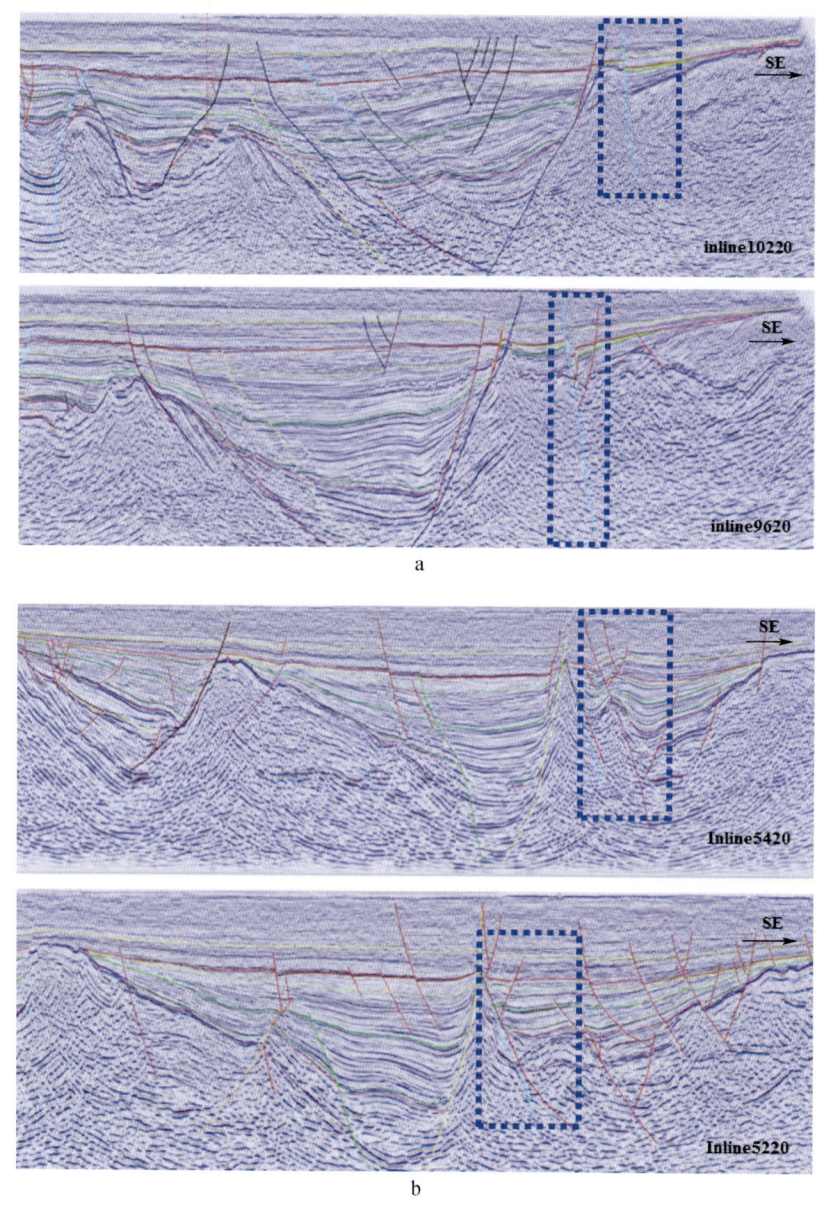

图 5.21 辽东凹陷陡坡带构造剖面特征
a. 走滑陡坡带；b. 伸展陡坡带

此外，通过最新的连片处理资料解释，本次研究在辽中凹陷西部斜坡带识别出了一系列斜坡带断裂体系，断裂整体走向 NNE，沿其走向大致可分为三段：北段在平面上表现为帚状断裂体系，NEE 向发散，SSW 收敛，在剖面上表现为铲式正断层，北段活动时间长，切割层位较多，顺向翘倾断块、滑动断阶发育，次级断裂少（图 5.22a）；中段在平面上延伸距离长，由单一断裂形成，浅部断裂面清晰，连续性较好，剖面上发育板式、铲式正断层，活动时间长，切割层位较多，组合成堑垒构造，次级断裂不发育（图 5.22b）。南段在平面上由多条断裂组成，平面延伸距离短，浅部表现为一系列次级断裂雁列式发育剖面上表现为板式、铲式正断层，活动时间长，切割层位较多，次级断裂不发育，顺向和反向翘倾断块、多级"Y"形组合发育为主（图 5.22c）。

以往的研究仅仅将西斜坡作为一个斜坡带进行处理，影响了对局部构造圈闭、沉积体系的认识，本次研究系统地对辽中凹陷西斜坡断裂体系进行了判识，针对不同分段进行了构造样式的解释分析，有利于进一步深入分析该地区的沉积储层和有效圈闭的判识。

3. 提升了辽东湾探区盆地结构特征的整体把握

依据控盆断裂体系及地层发育展布，可以将辽东湾拗陷划分为五个凹陷和三个凸起。凹陷包括辽东凹陷、辽中凹陷、辽西凹陷、辽西南凹陷和辽中南洼；凸起包括辽东凸起、辽西凸起和辽西南凸起。各构造单元又可进一步划分出（伸展、走滑）陡坡带、（伸展、走滑）缓坡带、洼陷带、中央走滑带、压扭构造带等（图 5.23）。

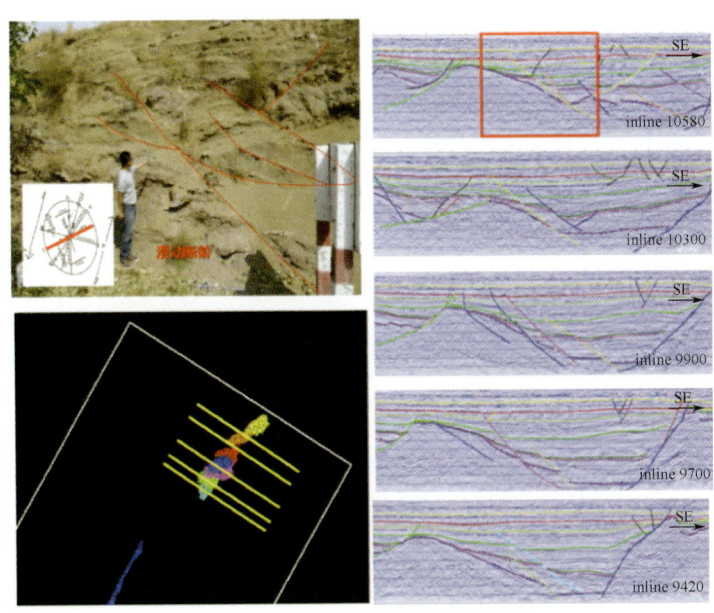

a

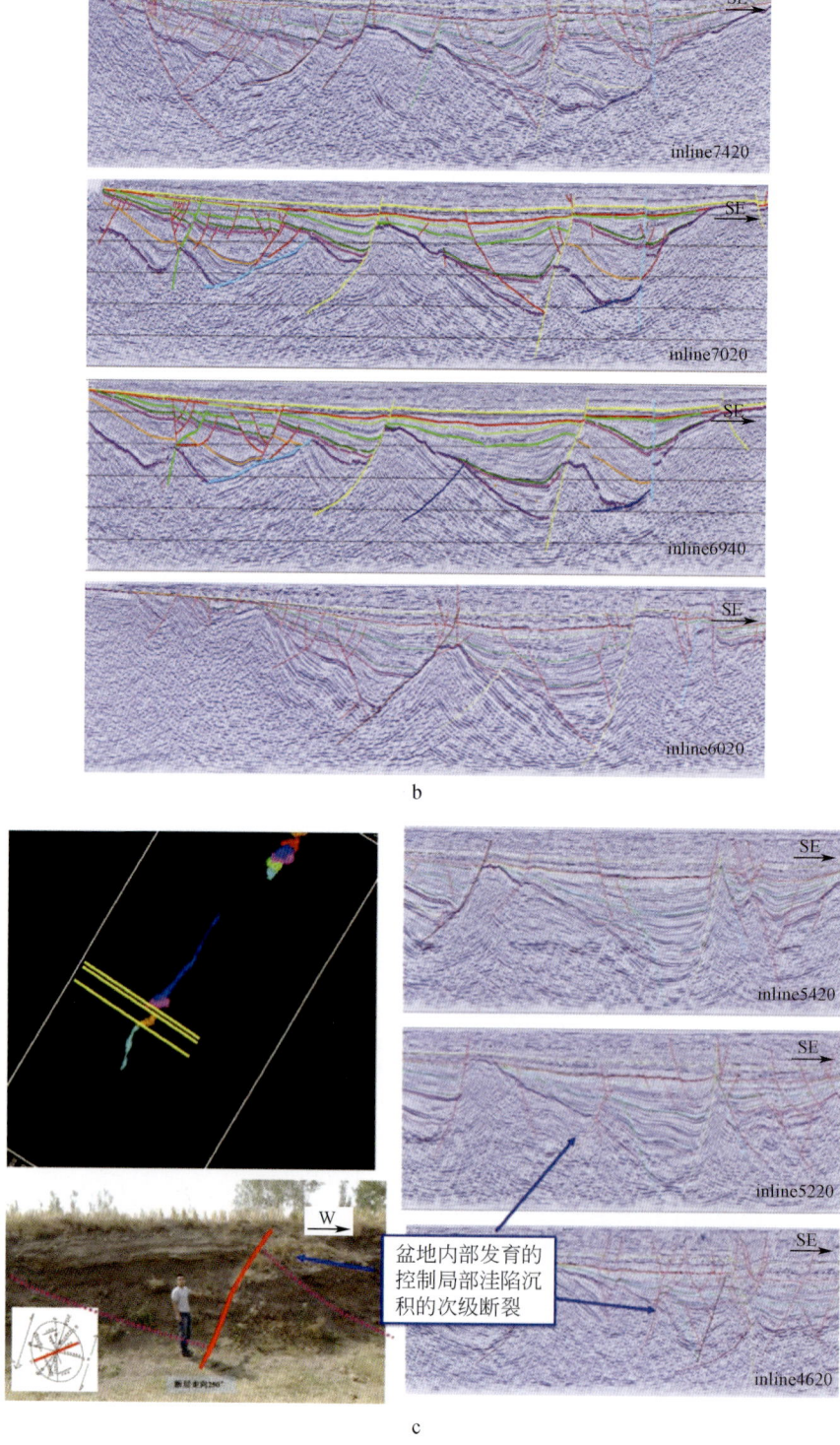

图 5.22 辽中凹陷西斜坡断裂体系剖面特征

a. 北段剖面特征；b. 中段剖面特征；c. 南段剖面特征

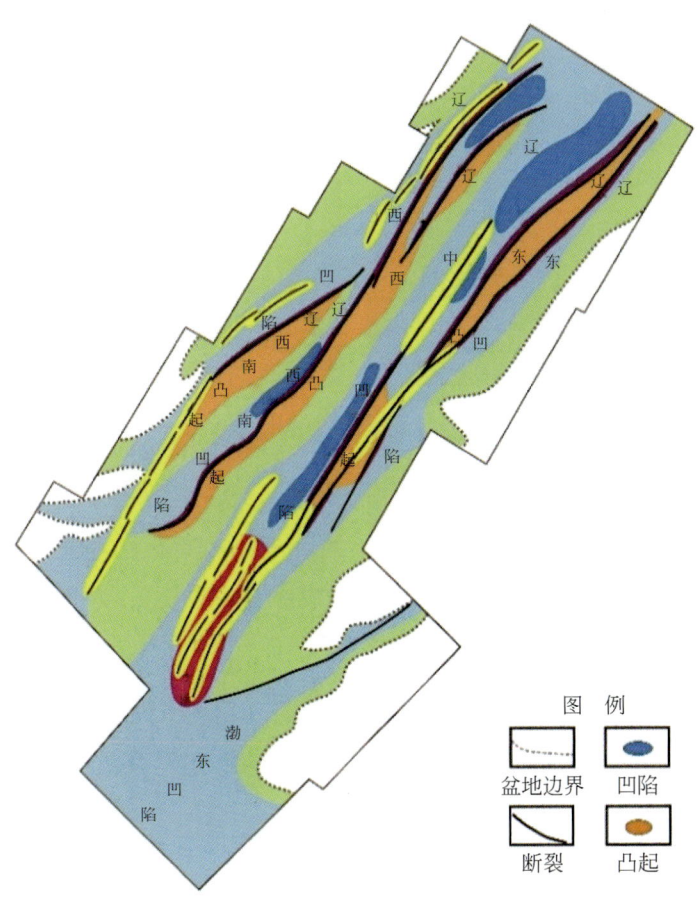

图 5.23　辽东湾坳陷构造单元区划示意图

通过对连片处理资料的分析解释发现，整个辽东湾坳陷表现为由中部 NNE 主走滑带和东、西两侧 NEE 向或近 EW 向羽列式次级构造所组成的大型走滑体系，同一构造单元横向不同分段、垂向不同层系的结构特征存在差异（图 5.24）。不同区带伸展与走滑强度的差异，导致了盆地结构的横向差异：受走滑作用较强的辽东 1 号、辽中 2 号和辽中 1 号断裂控制的辽东凸起连续性差，宽窄变化明显，凹凸相间；而受走滑-伸展断裂控制的辽西、辽西南凸起连续性好，凸起上地层较为平缓。此外，由于走滑断裂派生的局部挤压应力，导致辽西凹陷北次洼、辽西南凹陷以及辽中凹陷中北部洼陷带沿走向串珠状排列，分隔处位于主控断裂的外凸部位（图 5.25）。

与旧的多个三维工区资料解释相比，连片处理资料消除了不同工区间的相位差异，统一了整个辽东湾坳陷的层位解释，解决了不同工区的拼接部位构造特征认识不清的问题，也为辽东湾坳陷的整体构造认识奠定了基础。尤其是对同一断裂或构造单元的延伸长度、分段特征，以及不同断裂和构造单元横向、垂向差异对比，比以往的认识更加准确，对于判识有效圈闭、寻找有利勘探区带和丰富郯庐断裂带控藏理论等都具有重要的理论和实际意义。

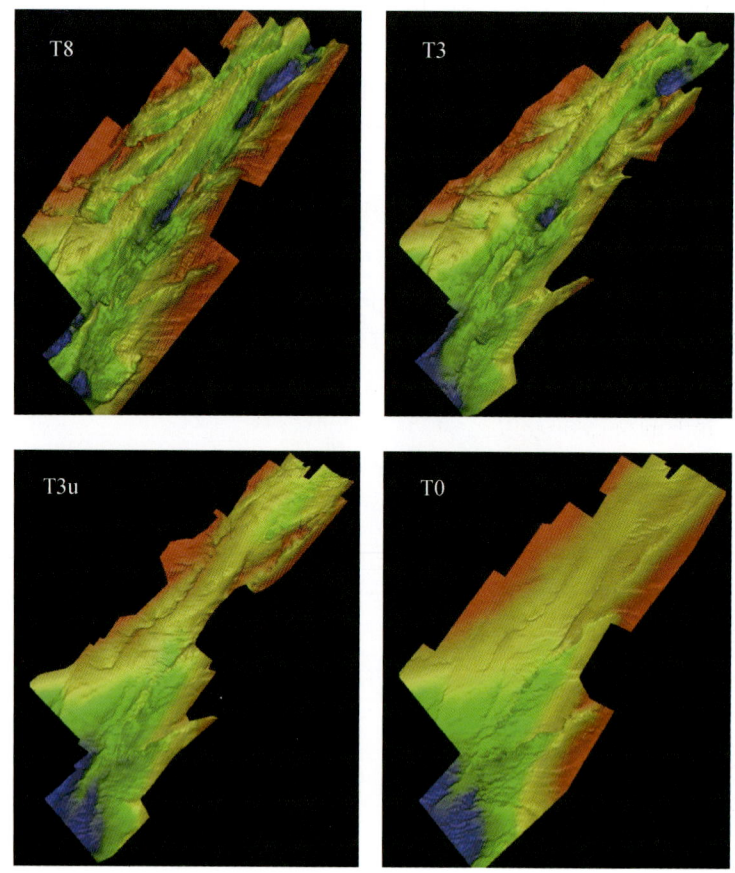

图 5.24　辽东湾地区不同层系三维立体显示图

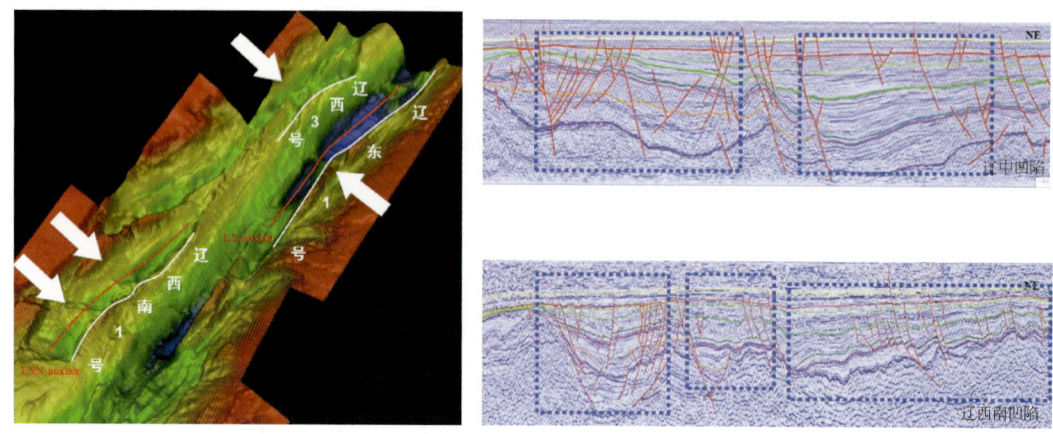

图 5.25　三维立体显示及地震剖面反映洼陷的串珠状排列

三维叠前连片处理技术是对区域内不同时期采集的多块三维地震资料进行高精度叠前拼接的处理技术，消除了不同三维区块之间采集因素、能量、频率、相位等方面的差异以及区块间的边界效应，提高了地震资料的品质，为后续的大面积三维地震解释提供了高质量的成果数据体。

近年来，油气勘探和老油区勘探挖潜的难度不断加大，区域大面积三维地震勘探已经逐渐发展成为未来三维地震勘探的一个主要方向，但是这种地震勘探会被高额的采集成本和现有的采集技术水平所限制，现阶段还不可能对大面积三维地震资料进行重新采集。根据现阶段的实际情况，可以利用三维地震资料叠前连片处理技术来达到这一目标。

本书以渤海油田辽东湾叠前连片处理为例，阐述了连片处理中的关键技术和应用效果，总结了一套适用于大面积、多区块的三维叠前连片地震资料处理体系，为渤海油田整体三维地震资料连片奠定了基础，为其他三维连片处理提供了有效的技术指导。辽东湾地区三维叠前连片处理的特点和优势主要体现在：

（1）辽东湾连片处理实现了辽东湾29块不同地震采集方式的三维工区的拼接，有效地提高了较老资料的品质，消除了不同区块间的运动学和动力学特征的差异，深化了跨界构造的认识，提高了高陡构造的成像质量。

（2）在辽东湾连片处理中，面元均化、振幅均衡等技术的应用在保持剖面原始构造特征的基础上，消除了由采集因素导致的不同区块间的波形差异，进而保证了地震资料的连续性和一致性。

（3）时空变换拼接方法、三维立体十字交叉速度解释等创新性技术的应用，使得辽东湾连片处理结果更加准确，时效性更强。

（4）辽东湾连片处理成果提高了地质工作者对辽东湾已开发区块总体地质规律和储层分布规律的认识，深化了对未开发储量区块成藏规律的了解。

三维地震资料叠前连片处理技术已经发展成为一种较为成熟的地震资料叠前处理专项配套技术，为开发地震提供了技术支撑，相信随着地震勘探和计算机水平的不断提高，三维地震资料叠前连片处理技术将会在三维地震勘探中发挥更大的作用。

参 考 文 献

程日辉，林畅松，崔宝琛. 2000. 沉积型式与构造控制研究进展. 地质科技情报，19（1）：11~15

郭树祥. 2008. 用低频信息改善地震成像质量. 油气地球物理，16（4）：5~8

贾楠，刘池洋，张功成，等. 2015. 辽东湾坳陷新生代构造改造作用及演化. 地质科学，50（2）：377~390

李德江，朱筱敏，董艳蕾，等. 2007. 辽东湾坳陷古近系沙河街组层序地层分析. 石油勘探开发，6（19）：669~676

柳永军，徐长贵，吴奎，等. 2015. 辽东湾坳陷走滑断裂差异性与大中型油气藏的形成. 石油实验地质，（5）：555~560

裴江云，张丽艳，王丽娜，等. 2011. 松辽盆地深层地震资料叠前时间偏移连片处理技术研究. 地球物理学报，54（2）：294~303

王应斌，王强，黄雷，等. 2010. 渤海海域油气藏分类方案及分布规律. 海洋地质动态，（11）：7~12

夏庆龙，庞雄奇，姜福杰，等. 2009. 渤中海域渤中凹陷源控油气作用及有利勘探区域预测. 石油与天然气地质，30（4）：398~400

徐辉，于海铖，傅金荣，张军华，等. 2009. 基于Remul法的多次波去噪研究及应用. 中国地球物

理, 632

杨宝林, 叶加仁, 刘一茗, 等. 2015. 辽东湾坳陷辽西凹陷北部和中部洼陷油气成藏条件. 新疆石油地质, 36 (1): 25~29

周心怀, 余一欣, 汤良杰, 等. 2010. 渤海海域新生代盆地结构与构造单元划分. 中国海上油气, 22 (5): 285~289